D1746408

GOVERT SCHILLING

GALAXIEN

IMPRESSUM

Aus dem Niederländischen übersetzt von Helmke Mundt.
Titel der Originalausgabe: „Galaxies", erschienen bei Fontaine Uitgevers BV unter der ISBN 978-90-5956-862-4.

Umschlaggestaltung von Büro Jorge Schmidt unter Verwendung von folgenden Aufnahmen: Das Foto auf der Titelseite zeigt die Spiralgalaxie Messier 51, aufgenommen vom Hubble-Weltraumteleskop (NASA/ESA). Die Rückseite zeigt die Sombrero-Galaxie, aufgenommen vom Hubble-Weltraumteleskop (NASA/ESA). Der Bucheinband zeigt die Galaxie Messier 33, aufgenommen vom VLT-Survey-Teleskop der europäischen Südsternwarte ESO.

Mit 136 Farb- und Schwarzweißfotos sowie 30 Farbillustrationen

Unser gesamtes Programm finden Sie unter **kosmos.de**.
Über Neuigkeiten informieren Sie regelmäßig unsere
Newsletter, einfach anmelden unter **kosmos.de/newsletter**.

Gedruckt auf chlorfrei gebleichtem Papier

Für die deutschsprachige Ausgabe:
© 2018, Franckh-Kosmos Verlags-GmbH & Co. KG, Stuttgart.
Alle Rechte vorbehalten
ISBN 978-3-440-16109-8
Redaktion: Sven Melchert, Susanne Richter
Gestaltung und Satz: DOPPELPUNKT, Stuttgart
Produktion: Ralf Paucke
Druck und Bindung: FIRMENGRUPPE APPL, aprinta druck, Wemding
Printed in Germany / Imprimé en Allemagne

GOVERT SCHILLING

GALAXIEN

*Geburt und Schicksal
unseres Universums*

KOSMOS

INHALT

Vorwort 6

1. Unsere Milchstraße 16
- Kosmische Kreißsäle 18
- Sterne und Planeten 26
- Wenn Sterne sterben 34
- Das Zentrum der Milchstraße 42

Intermezzo
Die Vermessung der Milchstraße 50

2. Kosmische Nachbarn 53
- Die Magellanschen Wolken 54
- Die Andromeda-Galaxie 62
- Die Dreiecks-Galaxie 70
- Satellitengalaxien 78

Intermezzo
Wie weit ist dieser Stern entfernt? 86

3. Galaktische Galerie 89
- Spiralgalaxien 90
- Balkenspiralgalaxien 98
- Ellipsen, Linsen und Zwerge 106
- Dunkle Materie 114

Intermezzo
Das expandierende Universum 122

125 Monster und Vielfraße

- 126 Tanzende Galaxien
- 134 Kollisionen und Vereinigungen
- 142 Aktive Kerne und Quasare
- 150 Superschwere Schwarze Löcher

Intermezzo
- 158 Große Augen

161 Galaxienhaufen

- 162 Kosmische Ansammlungen
- 170 Gravitationslinsen
- 178 Finstere Kräfte
- 186 Die großräumige Struktur des Universums

Intermezzo
- 194 Blick in die Vergangenheit

197 Geburt und Evolution

- 198 Am Rand des Raumes
- 206 Die allerersten Galaxien
- 214 Die Frühzeit des Universums
- 222 Dunkle Energie

Intermezzo
- 230 Präzisionskosmologie

- 234 Bildnachweis
- 236 Register

Vorwort

Greifen Sie zu einer Stecknadel mit farbigem Kopf aus dem Nadelkissen oder von der Pinnwand. Eine von diesen Nadeln mit den bunten Kügelchen. In einer sternklaren Nacht gehen Sie damit nach draußen, richten den Nadelkopf am ausgestreckten Arm zum Himmel, kneifen ein Auge zu und peilen darüber. In dem winzig kleinen Stück des Sternenhimmels, das durch den Stecknadelkopf verdeckt wird, befinden sich in unvorstellbarer Entfernung einige Tausend Galaxien. Jede von Ihnen ist vergleichbar mit unserem Milchstraßensystem. Sie alle sind gigantische Ansammlungen von Dutzenden oder Hunderten von Milliarden Sternen. Theologen stritten einst über die Frage, wie viele Engel auf einem Stecknadelkopf tanzen können. Astronomen gehen etwas großzügiger an die Sache heran: Sie rechnen aus, wie viele Galaxien hinter einem Stecknadelkopf verschwinden. Das wahrnehmbare Weltall zählt mindestens hundert Milliarden solcher Systeme, zusammen gut und gerne zehn Trilliarden Sterne wie unsere Sonne – ungefähr hundert Mal so viel wie die Summe aller Sandkörner in allen irdischen Wüsten. Wenn Sterne die Bewohner des Kosmos sind, dann sind Galaxien die Dörfer und Städte des Universums – angefangen bei kleinen, strukturlosen Zwerggalaxien bis hin zu gigantischen Spiralsystemen, vergleichbar mit den irdischen Metropolen. Und ebenso wie menschliche Ballungsgebiete nicht willkürlich über die Erdoberfläche zerstreut sind, so gruppieren sich auch die Dörfer und Städte im Universum in Haufen und Superhaufen, den größten zusammenhängenden Strukturen in der dreidimensionalen kosmischen Landschaft. Galaxien sind eigentlich die Bausteine des Universums. Doch wie groß, wichtig und zahlreich sie auch sein mögen, bis vor einem Jahrhundert hatte niemand Kenntnis von ihrer Existenz. Zwar wurden kleine, verschwommene Lichtflecken am Firmament entdeckt, doch ihre wahre Natur war unbekannt; viele Astronomen meinten, es seien entstehende Sterne – rotierende Gasnebel in unserer eigenen Milchstraße. Übrigens wurde erst Mitte des 20. Jahrhunderts die Spiralstruktur unseres Milchstraßensystems entdeckt. Jahrtausende lang befand sich der Mensch auf dem Niveau eines kosmischen Kindergartenkindes, das keinerlei Vorstellung von der weiten Welt außerhalb seiner unmittelbaren Umgebung hat. Erst in den letzten 100 Jahren haben wir den Blick auf das gerichtet, was hinter dem Zaun liegt. Astronomen entschlüsselten den Aufbau unserer eigenen Sternenstadt, sie schlossen Bekanntschaft mit den anderen Bewohnern und zeichneten die Lebens-

Ferne Nachbarn

Anlässlich seines 27. Geburtstages machte das Hubble-Weltraumteleskop im Frühjahr 2017 diese Aufnahme von den Galaxien NGC 4298 und NGC 4302, beide 55 Millionen Lichtjahre entfernt im Sternbild Haar der Berenike. Die eine Galaxie sehen wir schräg von oben, wodurch die Spiralstruktur gut sichtbar ist; die andere praktisch exakt von der Seite, wodurch die dunklen Staubwolken auffallen.

geschichten ferner Sonnen auf. Im letzten Jahrhundert setzte sich schließlich die Erkenntnis durch, dass es mehr als nur unser eigenes Milchstraßensystem gibt – eine unwahrscheinliche Ausdehnung von Raum und Zeit, angefüllt mit Galaxien unterschiedlichster Formen und Gestalten. Dabei verdanken wird es dem Scharfblick und der großen Empfindlichkeit des Hubble-Weltraumteleskops, dass viele Galaxien in allen Einzelheiten sichtbar geworden sind. Anmutige Scheiben, gravitätische Spiralen, symmetrische Strahlenkränze – in ihrer Einzigartigkeit ist jede Galaxie für sich eine Augenweide. Und die Astronomen entdeckten eine ähnlich große Vielfalt von Sternhaufen und Nebeln, explodierter Sterne und mysteriöser Halos, zusammenprallender Galaxien und gewaltiger Schwarzer Löcher. Nicht weniger faszinierend ist die Tatsache, dass uns ferne Galaxien den Blick auf die Urzeit des Universums gewähren. Das Licht dieser weit entfernten Sternwolken war so lange zu uns unterwegs, dass wir Milliarden Jahre in der Zeit zurückblicken, bis ins finstere Zeitalter der Entstehung der allerersten Galaxien. Fast formlose, lichtarme Pünktchen und Schlieren waren es – mehr nicht. Aber doch Pünktchen und Schlieren, die uns zeigen, wie der Kosmos vor Milliarden von Jahren ausgesehen hat, lange vor dem Entstehen von Sonne und Erde.

Dieses Buch nimmt Sie mit auf eine Reise von unserer eigenen vertrauten Milchstraße bis zu den fernsten Grenzen von Raum und Zeit. Anhand von über 160 sorgfältig ausgewählten Fotos und Illustrationen stelle ich die neuesten wissenschaftlichen Erkenntnisse zu Galaxien, Quasaren, Galaxienhaufen, Gravitationslinsen und zur Entstehungsgeschichte des Universums vor. Denn wer die Struktur und Evolution des Universums ergründen will, muss seinen Blick auf die faszinierende Welt der Galaxien richten. Für dieses Buch konnte ich dankbar aus dem Fundus der eindrucksvollen Fotosammlungen der Europäischen Südsternwarte und des Hubble-Weltraumteleskops schöpfen. Dieses Buch ist damit auch eine Ode an die Beharrlichkeit der Techniker, die die Teleskope und Instrumente entwickelt haben, mit denen das Universum ausgekundschaftet wird, und der Astronomen, die ihre Forschungsergebnisse großzügig mit dem Rest der Welt teilen. Ich hoffe, dass der Leser beim Lesen – und Anschauen! – dieses Buches ebenso sehr in Erstaunen versetzt wird, wie ich es beim Schreiben und Zusammenstellen erlebt habe.

Das Glück findet sich bisweilen auch in einem Stecknadelkopf.

Govert Schilling

Farbenfrohe Sternenwelt

Galaxien sind die Dörfer und Städte des Universums. Hier spielt sich das Leben der Sterne ab – von ihrer Geburt in vielfarbigen Nebeln aus Gas und Staub, wie dem Lagunen-Nebel auf diesem Hubble-Foto, bis hin zu ihrem Tod in katastrophalen Supernova-Ausbrüchen.

Doppelgänger
Die prächtige Spiralgalaxie NGC 6744 befindet sich 30 Millionen Lichtjahre entfernt im Sternbild Pfau. Unser Milchstraßensystem würde aus weiter Entfernung ähnlich aussehen. Die rötlichen Flecken in den Spiralarmen sind Konzentrationen von leuchtendem Wasserstoffgas, wo neue Sterne geboren werden. Das Foto wurde mit dem 2,2-m-Teleskop der europäischen Südsternwarte La Silla in Chile aufgenommen.

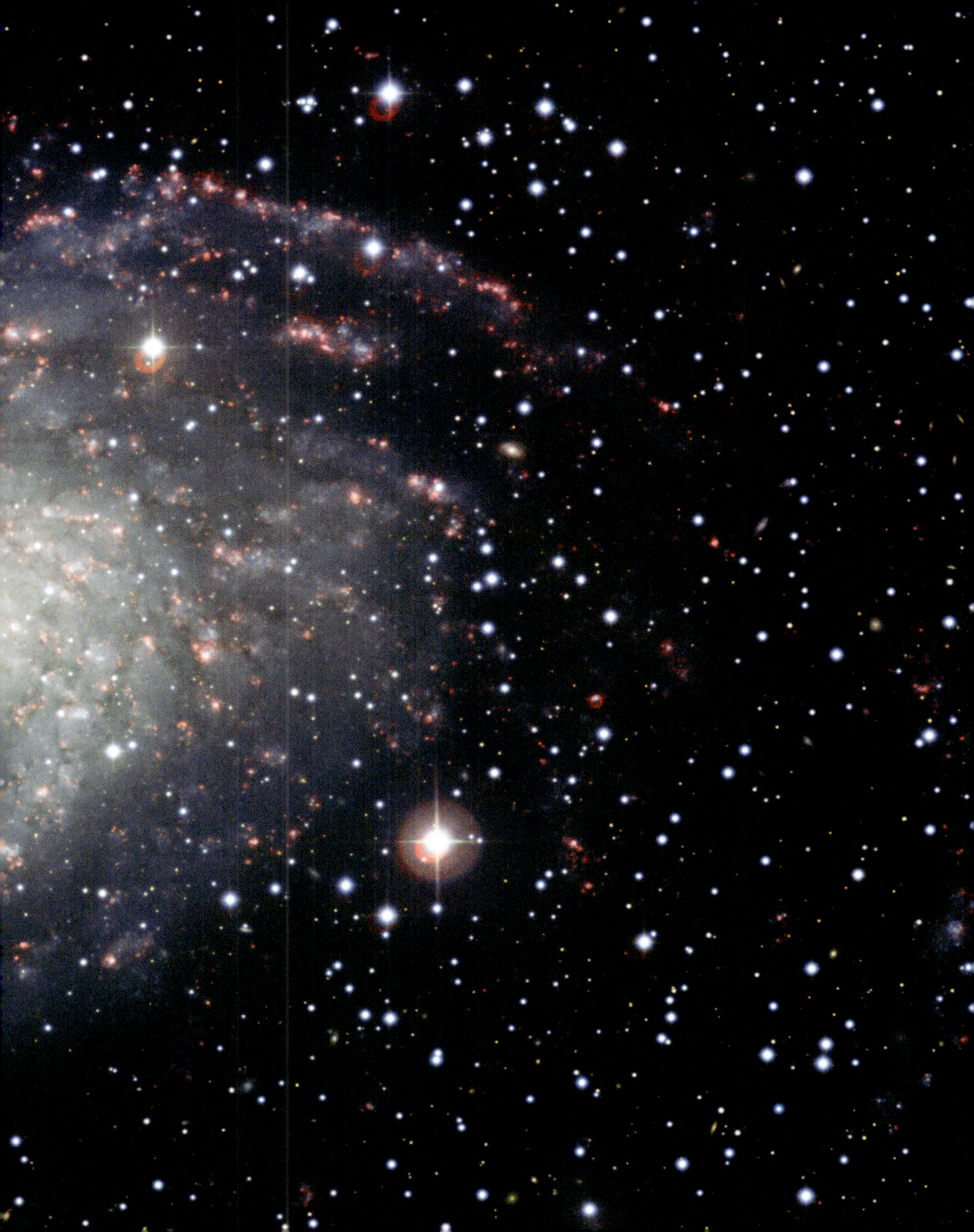

Naher Koloss
NGC 5128 ist eine riesige elliptische Galaxie in nur zwölf Millionen Lichtjahren Entfernung. Die helle Glut vieler Milliarden Sterne wird durch ein breites, gewölbtes Band aus dunklem Staub teilweise den Blicken entzogen. Rund um die Galaxie wurden Tausende von Kugelsternhaufen entdeckt. NGC 5128 – auch Centaurus A genannt – beherbergt im Zentrum ein gigantisches Schwarzes Loch und ist auch eine starke Radioquelle.

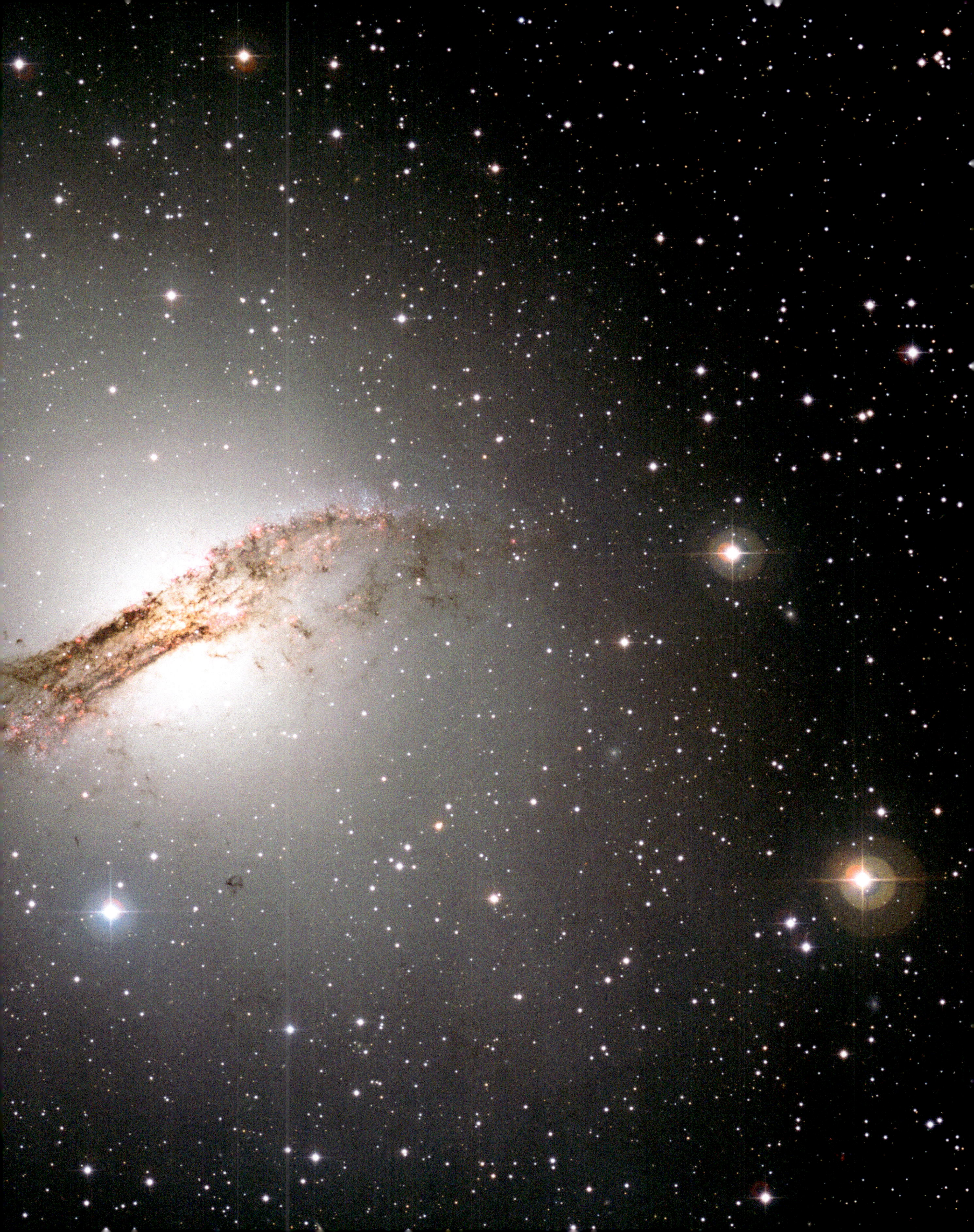

Doppelter Ring
Es scheint, als habe die Galaxie NGC 7098 eine doppelte Ringstruktur. Tatsächlich handelt es sich um eine außergewöhnliche Balkenspiralgalaxie; der äußerste „Ring" aus Sternen besteht eigentlich aus zwei Spiralarmen. Diese Galaxie befindet sich in 95 Millionen Lichtjahren Entfernung im südlichen Sternbild Oktant. Im Hintergrund sind unzählige kleine, sehr weit entfernte Galaxien zu sehen.

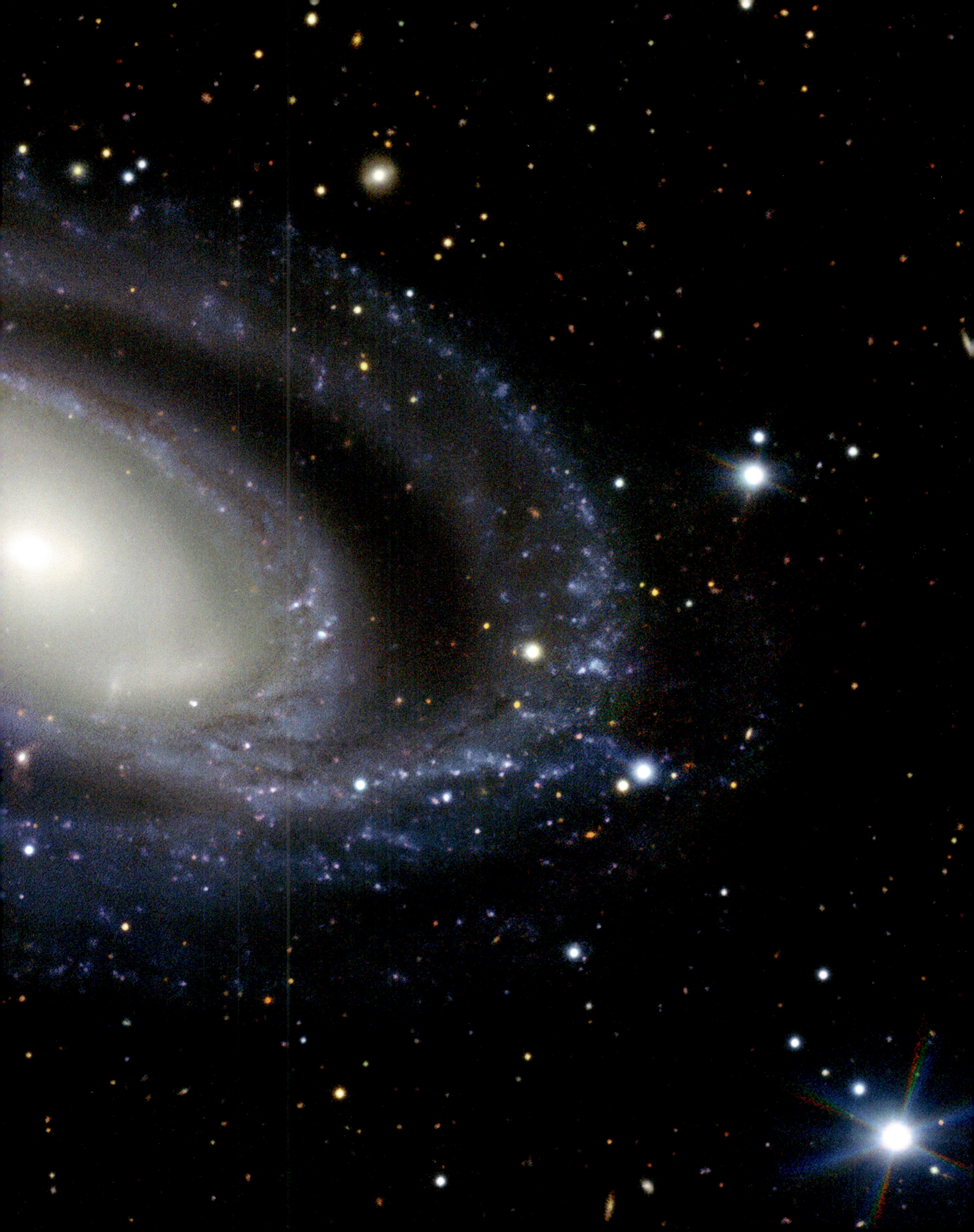

Außergewöhnlicher Ausblick

Von Horizont zu Horizont überspannt das Band der Milchstraße die vier gigantischen Teleskopgebäude des Europäischen Very Large Telescope auf dem Cerro Paranal im Norden Chiles. Bizarre Staubwolken behindern die Sicht auf das helle Zentrum der Galaxis. Die rosaroten Flecken sind aktive Sternentstehungsgebiete. Aus irdischer Perspektive gibt die Milchstraße tatsächlich die „Innenansicht" einer Galaxie wieder.

Unsere Milchstraße

Kosmische Kreißsäle

Orions Geheimnisse
Auf einem lang belichteten Foto des berühmten Wintersternbilds Orion sind die Konturen der Orion-Molekülwolke zu sehen. Aktive Sternentstehung findet derzeit im Orion-Nebel statt, der hellen Wolke südlich der drei Gürtelsterne. Diese kosmische Geburtsstätte befindet sich ca. 1350 Lichtjahre von uns entfernt. Der orangefarbene Stern links oben ist Beteigeuze.

Selten sah ich die Milchstraße so schön wie im Frühjahr 1998. Auf dem Cerro Paranal, einem 2600 Meter hohen Berggipfel im unwirtlichen Norden Chiles, war der Bau des europäischen Very Large Telescope in vollem Gang. Der griechische Astronom Jason Spyromilio, der später Direktor des Observatoriums werden sollte, hatte mich tagsüber herumgeführt. Abends aßen wir in der Kantine des von Scheinwerfern ausgeleuchteten Basislagers – eine große Ansammlung von Seecontainern, die zu einfachen Schlafbehausungen umgebaut waren. Plötzlich fiel der Strom aus. Es nahm etwa eine halbe Stunde in Anspruch, bis ein Notaggregat angeworfen wurde. In diesem Zeitraum kam jeder nach draußen: Bauarbeiter, Techniker sowie Astronomen. So einen eindrucksvollen Sternenhimmel hatten die meisten von ihnen noch nie gesehen: ein samtschwarzes Firmament, übersät mit Tausenden von glitzernden Lichtpunkten. Und senkrecht über unseren Köpfen das breite Band der Milchstraße – die Innenansicht unserer eigenen Galaxie. 400 Milliarden Sterne kreisen in einer schleppenden Prozession um das Zentrum einer gigantischen abgeflachten Scheibe, ähnlich wie islamische Wallfahrer beim Hadsch in tranceähnlicher Zeremonie die Kaaba umrunden. In der Großen Moschee in Mekka sieht ein Pilger seine Glaubensgenossen zwar in allen horizontalen Richtungen um sich herum, jedoch nicht über oder unter sich. Vergleichbar sehen wir aus wunserer Perspektive in einem Außenbezirk des Milchstraßensystems die anderen Sterne zu einem die Himmelskuppel überspannenden Lichterband verschmelzen. Es ist ein fleckiges Band, das von Sternwolken und Nebelflecken durchsetzt ist, wo ausgefranste Staubwolken uns den Blick auf das helle Zentrum verwehren. Der Schein Millionen anderer Sterne, viele tausend Lichtjahre entfernt – ein eindrucksvolleres Bild unserer eigenen Nichtigkeit ist kaum denkbar. (Ein Lichtjahr ist die Entfernung, die das Licht mit einer Geschwindigkeit von 300.000 Kilometern pro Sekunde in einem Jahr zurücklegt; sie entspricht etwa 9,5 Billionen Kilometer.)

Ein Blick auf die Milchstraße ist eine demütig stimmende Bekanntschaft mit dem Ort des Menschen in Raum und Zeit. Milliarden Jahre lang hat dieses ausgedehnte Spiralsystem den kosmischen Kreislauf von Geburt, Leben und Tod von Sternen vollzogen. Erst vor 4,6 Milliarden Jahren, als das Milchstraßensystem schon zwei Drittel seines heutigen Alters erreicht hatte, entstand unsere eigene Sonne als ein unauffälliger Zwergstern inmitten zahlloser unauffälliger Artgenossen. Eine Handvoll Schutt und Staub – Überbleibsel dieser Geburt – verklumpte sich zu Planeten und auf einem dieser Planeten entwickelten sich organische Moleküle zu selbstbewussten Wesen, die von einem stockfinsteren Berggipfel aus den Blick in das Universum bestaunen. Jahrtausende lang bestückte der Mensch die Himmelskuppel mit Göttern, Fabeltieren und anderen Fantasiegestalten. Die Milchstraße galt als himmlischer Fluss oder eine Heerstraße ins Jenseits. Erst seit einigen Hundert Jahren – ein kosmischer Wimpernschlag nur – hat die Mythologie der Wissenschaft weichen müssen, wobei Tatsachen übrigens oft noch sonderbarer erscheinen als Fantasien. Denn wer hätte jemals erahnen können, dass die Atome in unserem eigenen Körper im Innern anderer Sonnen geschmiedet wurden? Von einem zufälligen Meteor oder einem seltenen Kometen abgesehen, erscheint uns der Sternenhimmel ewig und unveränderlich und die Milchstraße als der Inbegriff der kosmischen Beständigkeit. Doch der Schein trügt. Vor allem die Flüchtigkeit des Menschen und der Menschheit ist es, die uns zu der Vorstellung von einem himmlischen Stillstand bringt. Ein Menschenleben ist nicht mehr als ein Atemzug in der Existenz eines Sterns. Seit der Geburt des Homo sapiens hat die Sonne nur ein Tausendstel ihrer Bahn um das Milchstraßensystem absolviert. Eratosthenes und Einstein, Huygens und Hawking – jeder Naturforscher aus der Vergangenheit, Gegenwart und Zukunft erforscht eigentlich dasselbe Standbild aus der filmischen Biographie des Michstraßensystems. Um die galaktische Lebensgeschichte gut darzustellen, müssen

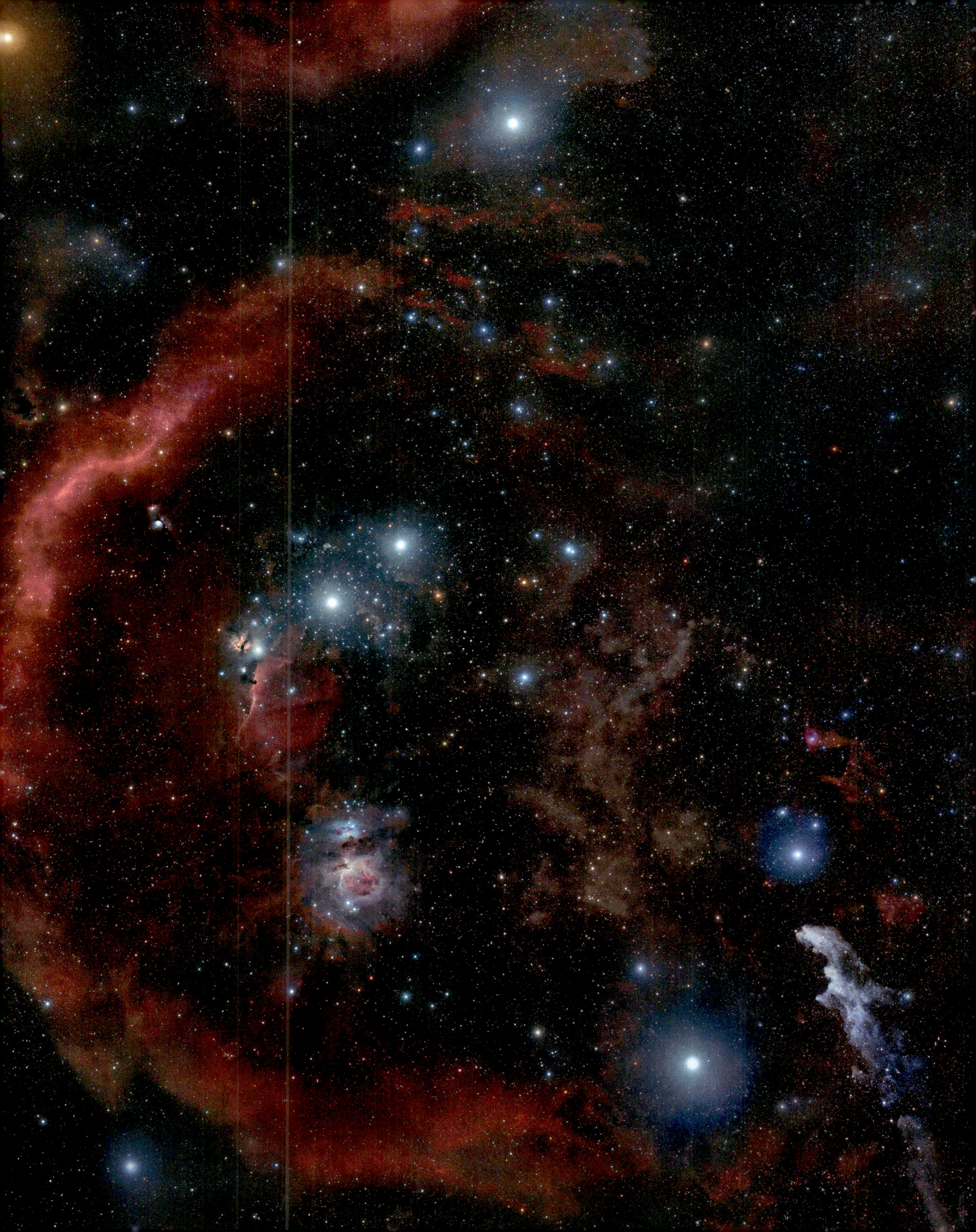

Chaos in Carina
Dieses Mosaik, zusammengesetzt aus 48 Hubble-Fotos, zeigt den Carina-Nebel im südlichen Sternbild Schiffskiel – ein chaotischer Komplex aus Gas- und Staubwolken, 7500 Lichtjahre entfernt, in dem fortwährend neue Sterne geboren werden. Überall im Nebel sind Schockwellen, Verdichtungen und junge Protosterne zu sehen. Seltsam geformte Staubwolken heben sich dunkel gegen den hellen Nebelhintergrund ab.

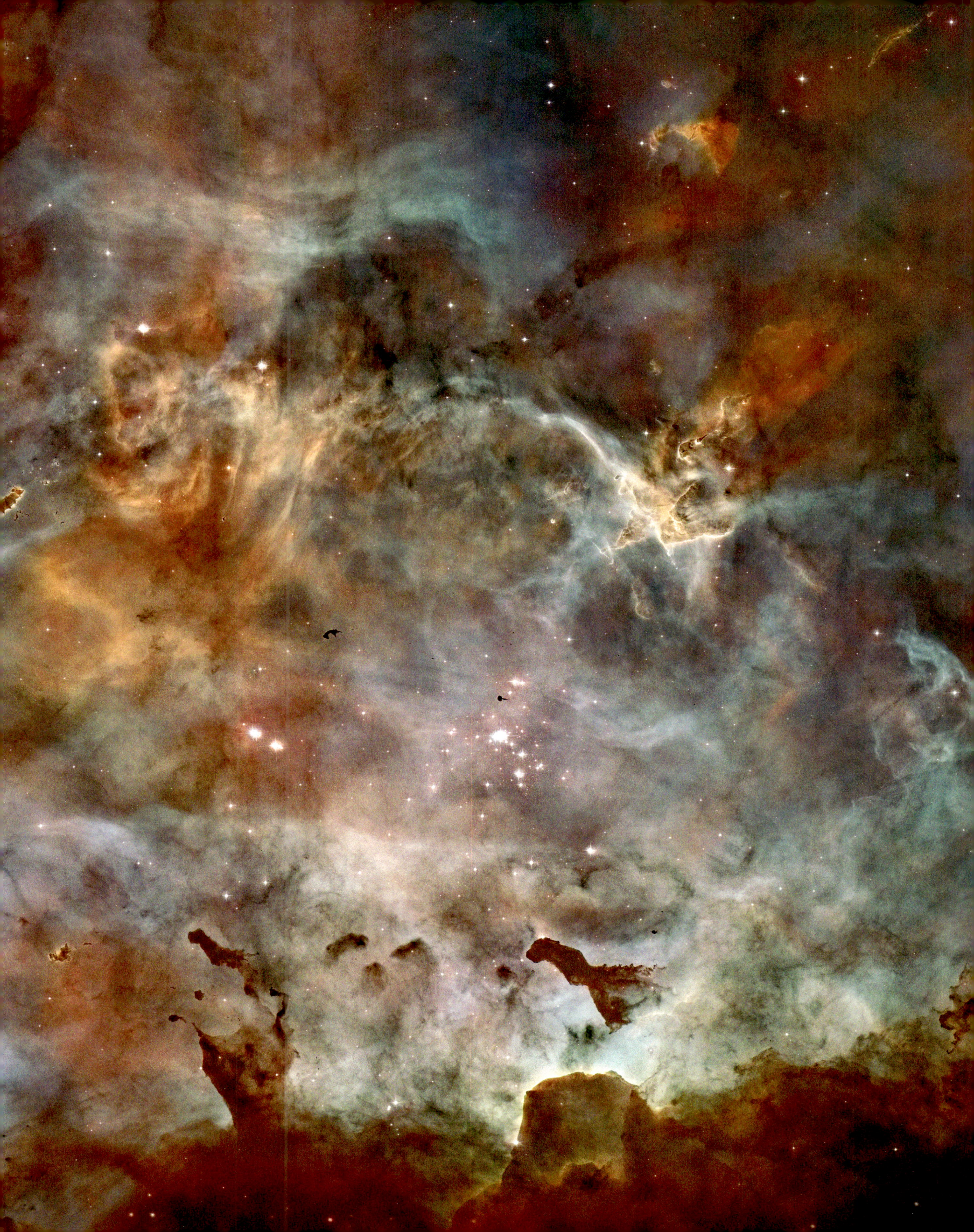

Farbiges Geburtszimmer

Ebenso wie der Orion-Nebel ist NGC 2467, 13.000 Lichtjahre von der Erde entfernt, ein gigantisches Sternentstehungsgebiet. Düstere Staubwolken verdunkeln den farbigen Hintergrund aus leuchtendem Wasserstoffgas. Überall recken sich langgezogene Schlieren und „Finger" empor, vergleichbar mit den Staubsäulen im Adler-Nebel auf der nächsten Seite. Die meisten Sterne auf dem Foto sind höchstens ein paar Dutzend Millionen Jahre alt.

wir Zeiträume von hundert Millionen Jahren unter die Lupe nehmen. Könnten wir Äonen zu Minuten verdichten, dann würden wir kosmische Wolken aufbrodeln und zusammenprallen, Gas- und Staubnebel in sich zusammenstürzen und zerfleddern und neugeborene Sterne wie Glühwürmchen in der Nacht aufleuchten sehen. Wir würden erleben, wie der Prozess der Sternentstehung um sich greift wie ein sich ausbreitender Waldbrand und wie der katastrophale Tod des einen Sterns Anlass ist für die Geburt eines anderen. Das Milchstraßensystem ist die hektische Küche eines Hundertmilliarden-Sternerestaurants, in dem die Naturgesetze das Rezept bestimmen und kein Chefkoch gebraucht wird. Man nehme reichlich Wasserstoff und Helium, dazu eine Messerspitze schwere Elemente und lasse dann die Schwerkraft das Ihrige tun. Bevor man sich versieht, werden schon die ersten Sonnen aufgetischt; mit ein wenig Glück sogar mit Planeten garniert. Alles beginnt mit dunklen Molekülwolken – riesige kalte Nebel, in denen Atome sich zu einfachen Molekülen aus Wasserstoff und Kohlenmonoxid zusammengeschlossen haben. Mit ihren Ausmaßen von Hunderten von Lichtjahren sind sie nur sichtbar, wenn sie sich wie eine finstere Silhouette gegen den hellen Nebelhintergrund abzeichnen oder wenn wir ihre Mikrowellenstrahlung mit speziellen Parabolantennen wie denen des ALMA-Observatoriums im Norden Chiles auffangen. Wo die Dichte des Gases am höchsten ist, triumphiert die Schwerkraft. Immer enger werden Atome und Moleküle zu einander hingezogen und im Zentrum der Wolke bildet sich ein kompakter Kern, dessen Baustoff für die Entstehung von Dutzenden oder Hunderten von Sternen ausreicht. Erschüttert durch Turbulenzen und Magnetfelder zerfällt dieser Kern in unzählige Fragmente – dies sind die Embryonen von Einzelsternen wie der Sonne, doch auch von Doppelsternen und Drei- oder Vierfach-Sternsystemen. Nach einem kurzen Zeitraum von höchstens einigen Hunderttausend Jahren erstrahlt tief in der Molekülwolke ein vollständig neuer Sternhaufen. Und sind erst einmal ihre Atomöfen angefacht, blasen die neugeborenen Sterne energiereiche Strahlung in den Weltraum hinaus. Die sie umhüllende Wolke wird aus dem Inneren heraus erhitzt und weggepustet. Schockwellen im Gas und Staub lassen neue Verdichtungen entstehen, aus denen wiederum neue Sterne hervorgehen. Und so erschallt ein Geburtsschrei nach dem anderen im kosmischen Kreißsaal. Die dunkle Wolke – die Gebärmutter des Sternentstehungsvorgangs – löst sich inzwischen langsam aber sicher auf. Die ultraviolette Strahlung der schwersten Neugebo-

Verdampfender Staub

Dunkle Staubsäulen im Adler-Nebel, 7000 Lichtjahre entfernt im Sternbild Schlange, verdampfen unter der energiereichen Strahlung eines nahegelegenen Sternhaufens (oben, außerhalb des Bildes). Da dieses Foto im Infrarotlicht aufgenommen wurde, sind die Protosterne in den Staubsäulen gut zu erkennen: Infrarotstrahlung durchdringt den Staub viel besser als sichtbares Licht.

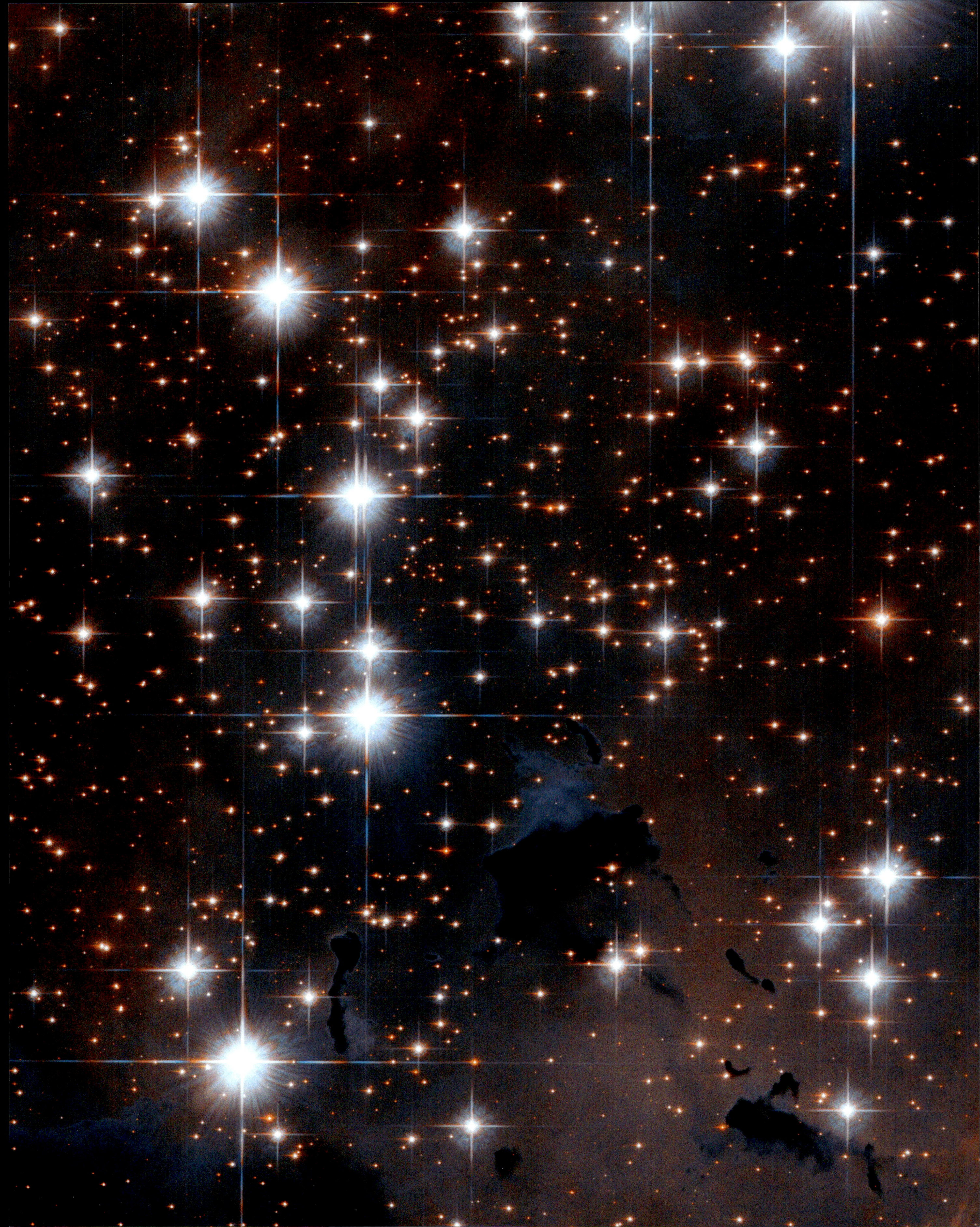

renen im zentralen Sternhaufen dreschen auf das flüchtige Gas ein, zerschmettern die Moleküle zu ungebundenen Atomen und versetzen sie sodann in einen eigentümlich rosarot glühenden Feuerschein. Wieder anderswo werden bizarre Gas- und Staubwolken durch dieselbe Strahlung komprimiert und zu neuen Sternenembryonen modelliert: kosmische „Eier", die in nicht allzu ferner Zeit ausschlüpfen werden. Gleichzeitig nagen die Strahlen an den Rändern dieser Staubwolken. Wie Sandsteinformationen im Laufe von Zehntausenden von Jahren unter dem Einfluss des Windes erodieren, so werden die dunklen Wolken nach und nach durch den Einfluss von Sternenlicht abgeschliffen. Nur im Schatten der größten Verdichtungen, an der Leeseite des Strahlungswindes, bietet der Staub länger Widerstand. Auf diese Weise entstehen langgereckte dunkle Finger, die auf den zentralen Sternhaufen zu zeigen scheinen, bis auch sie neue Sterne gebären, um sich anschließend vollständig zu verflüchtigen. Dieses Schicksal steht auch jungen Sternhaufen bevor, denn binnen hundert Millionen Jahren – ein Prozent des Lebensalters des Milchstraßensystems – fällt die funkelnde Ansammlung allmählich auseinander, wenn die Schwerkraft es nicht mehr schafft, die kreuz und quer umherziehenden Sterne aneinander zu binden. Die gewichtigsten Familienmitglieder haben ihr kurzes Leben dann schon beendet, während leichtere Geschwister, wie unsere eigene Sonne, in die weite Welt hinausziehen, immer an den Ufern der Milchstraße entlang. Vom Cerro Paranal aus bietet diese Milchstraße einen atemberaubenden Anblick: der Lichtschein von Millionen weit entfernter Sterne, die nur mit einem starken Teleskop voneinander getrennt sichtbar sind. An anderer Stelle am Himmel strahlen Tausende von Sternen in viel geringerer Entfernung, in unserer direkten Umgebung. Haben sich darunter die nächsten Verwandten unserer eigenen Sonne gemischt? Sterne, deren Lebenslicht vor gut viereinhalb Milliarden Jahren in demselben Sternenhaufen entflammte? Niemand weiß es. Sehr wohl aber wissen wir, dass in diesem Augenblick an unzähligen Orten im Milchstraßensystem neue Sterne geboren werden, versteckt in den Kavernen der Gas- und Staubwolken, die sich dunkel abzeichnen gegen das hell leuchtende Band der Milchstraße. Es entstehen neue Sonnen, neue Planeten, vielleicht sogar neues Leben. Dieses Wunder vollzieht sich überall im Milchstraßensystem, schon lange bevor die Erde entstand und noch lange nach dem Verschwinden des Menschen von der Bühne. Als kosmische Eintagsfliege auf einem umhergeisternden Sandkorn kann ich mich an diesem Anblick nicht sattsehen.

Eine große Familie

NGC 6611 ist ein gerade mal 5,5 Millionen Jahre alter Sternhaufen. Die Sterne entstanden etwa gleichzeitig im Zentrum des Adler-Nebels. Dieser Nebel wird von der Strahlung der neugeborenen Sterne von innen heraus saubergeblasen. In etwa hundert Millionen Jahren wird der Sternhaufen auseinandergefallen sein und die Sterne werden sich im Milchstraßensystem verteilt haben.

Sterne und Planeten

Unser Milchstraßensystem ist eine kosmische Metropole mit einigen Hundertmilliarden Einwohnern. Behäbige Paare, eigenwillige Singles, heimelige Familien, auf Krawall gebürstete Hitzköpfe, exzentrische Paradiesvögel. Ein bunter Schmelztiegel von Jung und Alt, heiß und kühl, Groß und Klein, schwer und leicht, reich und arm. Keine zwei Sterne gleichen einander; jeder Bewohner besitzt seinen eigenen charakteristischen Fingerabdruck, der mit empfindlichen Spektroskopen im ausgesendeten Licht abzulesen ist. Doch eines haben die Sterne gemeinsam: Sie alle sind gigantische Kugeln aus glühend heißem Gas, die durch Kernfusionsreaktionen in ihrem Inneren angetrieben werden. Kernfusion klingt komplizierter als es eigentlich ist. Genau wie zwei kleine Firmen gelegentlich zu einer größeren fusionieren, können zwei leichte Atomkerne zu einem schwereren Atomkern verschmelzen. Bei diesem Prozess wird ein wenig Masse in Energie umgesetzt, genau wie es Albert Einsteins berühmte Formel $E = mc^2$ ausdrückt. Diese Energie ist es, die letztendlich an der Oberfläche eines Sterns in Form von Licht und anderer Strahlung

Sternjugend mit Jets
Im Innersten des Orion-Nebels, verborgen von undurchsichtigen Staubwolken auf diesem Hubble-Foto, bläst ein junger Protostern von seinem Nord- und Südpol aus zwei Jets in den Weltraum – schmale Bündel sich schnell bewegenden heißen Gases, die viel Rotationsenergie ableiten. Dort, wo das Gas mit der umgebenden Materie kollidiert, entstehen Stoßwellen, die als kleine, helle Gebiete zu sehen sind.

Kosmischer Kindergarten

Der Orion-Nebel, 1500 Lichtjahre von der Erde entfernt, ist eine Brutstätte für neue Sterne. Neugeborene Protosterne sind auf diesem Infrarotfoto als kleine, rote Tupfen zu sehen, unter anderem rechts auf dem Foto und am gewundenen Staubrand links von der Mitte. Diese Aufnahme wurde mit dem Spitzer Space Telescope der NASA gemacht; Infrarotwellenlängen werden in sichtbaren Farben dargestellt.

Welten im Werden

Staub- und Gesteinsteilchen in einer protoplanetaren Scheibe klumpen relativ schnell zu größeren Brocken, Felsblöcken und schließlich zu kompletten Planeten zusammen. Diese Illustration basiert auf astronomischen Beobachtungen; sie zeigt, dass der Innenbereich der Scheibe von der energiereichen Strahlung des jungen Sterns im Zentrum saubergeblasen wurde.

Scheiben und Ringe

Das ALMA-Observatorium der ESO hat die ausgedehnte Gas- und Staubscheibe um den Protostern HL Tauri mit bisher unerreichten Details beobachtet. Die dunklen Zonen in der Scheibe werden vermutlich durch Schwerkraftstörungen neugeborener Planeten verursacht. HL Tauri ist weniger als eine Million Jahre alt und befindet sich etwa 450 Lichtjahre von der Erde entfernt.

abgegeben wird. Jeder Stern am Nachthimmel ist ein einzelnes kosmisches Kernfusionskraftwerk. Unter irdischen Umständen ist die Kernfusion ein schwieriges Unterfangen, denn die Atomkerne müssen extrem zusammengedrängt werden. Es ist uns zwar „gelungen", eine Wasserstoffbombe zu bauen, doch die kontrollierte Kernfusion für friedliche Energieerzeugung ist noch immer ein Zukunftstraum. Im Inneren eines Sterns herrscht hingegen von Natur aus ein gigantischer Druck und eine entsprechend hohe Temperatur. Atomkerne liegen gewissermaßen Schulter an Schulter und Kernfusionsreaktionen ereignen sich unter diesen extremen Bedingungen ganz spontan und fortwährend.

Dafür ist allerdings eine Mindestmenge an Gas erforderlich. Wenn eine interstellare, schrumpfende Gaswolke weniger als 14-mal so schwer ist wie der Planet Jupiter, entsteht ein gasförmiger Himmelskörper in schöner Kugelform, der innere Druck und die Temperatur sind dann allerdings nicht hoch genug, um Kernfusionsreaktionen auszulösen. Vielleicht schweifen Milliarden solcher kühlen, dunklen Gasbälle durch das Milchstraßensystem, wie einsam umherirrende Riesenplaneten ohne Mutterstern. Ist die schrumpfende Gaswolke jedoch massereicher, so steigen Druck und Temperatur ausreichend an, um Deuteriumatome fusionieren zu können. Doch Deuterium – schwerer Wasserstoff – kommt im Univer-

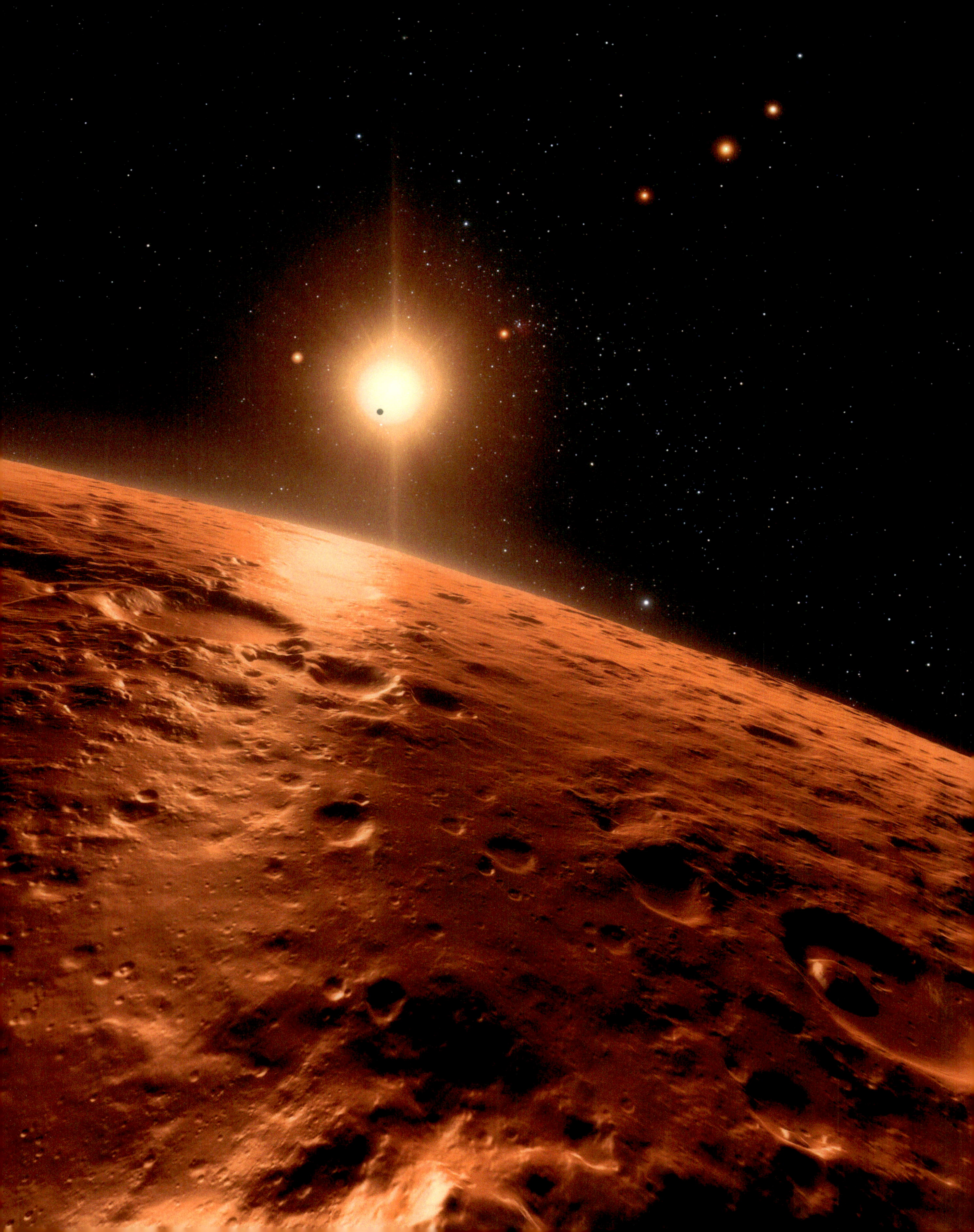

sum nicht oft vor, viel Energie wird also nicht produziert. Das Ergebnis ist ein sacht glimmendes Sternchen, kaum größer als ein Planet, der nur wenig Wärme abgibt und fast kein sichtbares Licht ausstrahlt. Derartige „braune Zwerge" sind schwer auszumachen, vermutlich aber sehr zahlreich. Erst wenn ein Gasball mehr als 70-mal so schwer ist wie Jupiter, kann man von einem echten Stern sprechen, in dem Protonen – das sind die Kerne von Wasserstoffatomen – zu schwereren Helium-Atomkernen fusionieren. Je mehr Gas zur Verfügung steht, umso höher sind der innere Druck und die Temperatur und umso effizienter läuft der Fusionsprozess ab. Die anfängliche Masse bestimmt also das Äußere und den Charakter des entstehenden Sterns: von kleinen, kühlen Zwergsternchen hin zu großen heißen Riesensternen. Letztere verfeuern ihren verfügbaren Brennstoff in so unwahrscheinlich hohem Tempo, dass sie innerhalb von einigen Millionen Jahren schon das Ende ihres Lebens erreicht haben. Im Gegensatz zu ihnen gehen kühle rote Zwerge sehr sparsam mit dem geringen Wasserstoffvorrat um und können viele Milliarden Jahre alt werden. Wie genau eine große, flüchtige Wolke interstellaren Gases unter ihrem eigenen Gewicht in sich zusammensackt und sich zu einem strahlenden Stern zusammenzieht, wird übrigens noch immer nicht in allen Einzelheiten verstanden. Die wechselseitige Schwerkraft zieht alle Gasteilchen aufeinander zu, doch wenn sie kleiner und kompakter wird, beginnt die Wolke, sich schneller zu drehen. Fliehkräfte transformieren die Wolke zu einer platten, rotierenden Scheibe. Damit im Zentrum ein ruhig rotierender Stern entstehen kann, muss diese Gas- und Staubscheibe sehr viel Rotationsenergie verlieren. Vermutlich geschieht das mit kräftigen Jets – wirbelnde „Strahlenströme" aus Gas, die in entgegengesetzten Richtungen entlang der Rotationsachse des jungen Protosterns in den Weltraum geblasen werden. Doch wie diese bipolaren Jets nun genau entstehen, ist unklar. Tatsache ist, dass ein schließlich relativ gemächlich rotierender Protostern zurückbleibt, umgeben von einer Scheibe aus Gas und Staub, in der binnen einigen hunderttausend Jahren Planeten zusammenklumpen können. Es ist ein sonderbarer Gedanke: Eine komplette Welt wie die Erde mit ihren Ozeanen, Wüsten und Vulkanen ist nicht mehr als ein Abfallprodukt der Geburt eines einzelnen Sterns – ein erkaltendes Schlackestück. Alle Planeten, Monde, Kometen und Planetoiden machen zusammen nur ein Prozent der Gesamtmasse des Sonnensystems aus; die restlichen 99 Prozent befinden sich in der Sonne. Ebenso unvorstellbar ist die Tatsache, dass beinahe alle Sterne im Weltall von einem Planetensystem begleitet werden und die Zahl der erdähnlichen Planeten in unserem Milchstraßensystem bei Dutzenden von Milliarden liegt. Protoplanetare Scheiben um junge Sterne herum wurden bis ins Detail ergründet. Leere Zonen in einer solchen Scheibe verraten die Präsenz neugeborener Planeten. Spektrographen mit hoher Empfindlichkeit an irdischen Großteleskopen und Weltraumteleskopen wie Kepler haben außerdem Tausende von Exoplaneten bei älteren Sternen entdeckt, auch bei Sternen wie unserer Sonne. Wir kennen ihre Masse, ihre Größe und ihre Zusammensetzung; in einigen Fällen sind sie unserer Erde sehr ähnlich. Nichts im Kosmos ist einzigartig, unser Heimatplanet macht da keine Ausnahme. Ob es auf diesen fernen Planeten Wasser und Leben gibt, ist vorerst noch unbekannt. Doch selbst bei den nächsten Nachbarn der Sonne – kühle, kleine Zwergsterne wie Proxima Centauri und Trappist-1 – wurden Planeten gefunden, die sich in der habitablen Zone des Muttersterns befinden; gerade so weit von ihrem Stern entfernt, dass dort flüssiges Wasser vorhanden sein kann. Wenn Sie in einer klaren, dunklen Nacht das magische Band der Milchstraße betrachten, denken Sie daran, dass diese Milliarden Sterne von Planeten begleitet werden und die Bausteine des Lebens – Kohlenwasserstoffe und Aminosäuren – überall im Kosmos zu finden sind. Es ist schon sehr unwahrscheinlich, dass nur ein einziges Mal an einem einzigen Ort im Universum Leben entstanden ist. Gleichzeitig müssen wir begreifen, dass das Leben hier auf der Erde vollständig von der Energie der Sonne abhängt – von den Kernfusionsreaktionen in ihrem Inneren. Zellteilung, Fortpflanzung, Photosynthese, Evolution, Bewusstsein – ohne diese Milliarden Jahre anhaltende Umwandlung von Wasserstoff in Helium wäre all dies nicht geschehen. Wir sind vollständig vom Licht und der Wärme unseres Sterns abhängig, dieses einen leuchtenden Nadelstiches im unermesslichen Milchstraßensystem. Und damit auch den unerwarteten Launen der Sonne ausgeliefert: Winzig kleine Schwankungen in der Sonnenaktivität – noch immer nicht richtig verstanden, geschweige denn vorhersagbar – haben Einfluss auf das Klima der Erde. Gelegentliche Ausbrüche tödlicher Röntgenstrahlung und elektrisch geladener Teilchen treffen auf unseren Planeten und seine empfindlichen Bewohner. Und auch wenn wir Eiszeiten und Hitzeperioden die Stirn bieten können, zieht das Leben auf der Erde eines Tages den Kürzeren. Die Leuchtkraft der Sonne nimmt in den kommenden Hunderten von Millionen Jahren allmählich zu, wodurch die Ozeane verdampfen und die Erde sich in eine trockengekochte Hölle wandelt. Im Kosmos ist nichts einzigartig und nichts für die Ewigkeit. Dabei ist die Sonne noch ein ruhiger Vertreter ihrer Gattung; unser Planetensystem ein Musterbeispiel für kosmische Regelmäßigkeit und die Erde eine fruchtbare Oase mit überbordendem Leben. Anderswo im Milchstraßensystem spielen sich ganz andere Szenen ab. Sterne, die zu sengenden roten Riesen anschwellen oder von herumkreisenden Schwarzen Löchern ausgesaugt werden. Planeten, die durch Schwerkraftstörungen in den Weltraum geschleudert werden oder einen apokalyptischen Hechtsprung in die brodelnden Außenschichten ihres Muttersterns machen. Kollisionen und Explosionen, die das Vorstellungsvermögen des Menschen wahrlich sprengen. Unsere Existenz ist

Sieben Planeten

Um den kühlen Zwergstern Trappist-1, 40 Lichtjahre von der Erde entfernt, kreisen sieben Planeten. Zwei von ihnen befinden sich in der „habitablen Zone" des Sterns. Diese Illustration zeigt den Blick von einem der sieben Planeten auf das gesamte Planetensystem. Ein anderer Planet steht vor dem Stern und verdunkelt in minimal. Mit Hilfe dieses Phänomens wurde das Planetensystem entdeckt.

Echos einer Explosion

Der rote Riesenstern V838 Monocerotis, 20.000 Lichtjahre entfernt, flammte Anfang 2002 plötzlich auf, wobei er eine Million Mal so hell wie die Sonne wurde. Für kurze Zeit war er möglicherweise der hellste Stern des Milchstraßensystems. Noch Jahre danach fotografierte das Hubble-Weltraumteleskop sogenannte Lichtechos um den Stern: das Licht des Ausbruchs wird von einer den Stern umgebenden Molekülwolke reflektiert.

Seniorensterne

Der kugelförmige Sternhaufen M 92, 25.000 Lichtjahre entfernt im Sternbild Herkules, ist eine gigantische Ansammlung von rund 300.000 alten Sternen. Kugelförmige Sternhaufen gehören zu den ältesten Strukturen des Milchstraßensystems; M 92 ist vielleicht zwölf Milliarden Jahre alt. Verglichen mit den Sternen in diesem Kugelhaufen ist die Sonne ein Neuling auf der kosmischen Bühne.

vielleicht doch weniger selbstverständlich, als es scheint. Umso faszinierender ist die Erkenntnis, dass wir untrennbar mit dieser lebhaften Metropole und all ihrer galaktischen Gewalt verbunden sind. Den Homo sapiens – in Entwicklung vom Primaten hin zu einem rationalen, selbstbewussten Wesen – können wir unmöglich losgelöst von der Milliarden Jahre andauernden kosmischen Evolution betrachten. Wir sind wortwörtlich Sternenstaub.

Doch so romantisch unsere galaktische Herkunft anmutet – sie hat auch eine Schattenseite. Unsere Entstehung und Existenz verdanken wir dem katastrophalen Ende vieler anderer Sterne, die lange vor uns den Kreislauf von Entstehen und Vergehen durchlebten; Leben und Tod sind auch im Universum untrennbar miteinander verbunden. Daher ist es Zeit für einen Besuch bei den kosmischen Grabstätten der Milchstraße.

Wenn Sterne sterben

Unsere Milchstraße ist Geburts- und Sterbezimmer zugleich. Durchschnittlich einmal im Jahr entsteht irgendwo in einem kosmischen Mutterleib ein neuer Stern. Doch die Zahl der Sterbefälle liegt in derselben Größenordnung. Geburt und Tod halten sich in etwa die Waage. Mehr noch: Die Überreste der ausgebrannten Sonnen werden bei der Entstehung neuer Sterne und Planeten wiederverwertet. Das Milchstraßensystem ist die Bühne eines majestätischen kosmischen Kreislaufs, mit dem die Erde und der Mensch unlösbar verbunden sind. Für kleine, kühle rote Zwergsterne liegt das Lebensende in unermesslich ferner Zukunft. Über Dutzende von Milliarden Jahren hinweg werden diese sparsamen Sterne ihren faden Lichtschein aussenden. Viele dieser galaktischen Knirpse werden von erdähnlichen Welten in kleinen Umlaufbahnen begleitet, nahe an die schwache Quelle von Licht und Wärme in der Mitte herangerückt. Auf solchen Planeten mit genügend Wärme für flüssiges Wasser hat die wundersame Entwicklung des Lebens alle Zeit der Welt. Schwerere Sterne wie unsere eigene Sonne verfeuern ihren Kernbrennstoff in höherem Tempo. Sie altern schneller, sind früher erschöpft und ausgebrannt.

Totenhemd eines Sterns

Der Helixnebel ist einer der nächsten planetarischen Nebel, nur 700 Lichtjahre entfernt. Auf diesem Infrarotfoto sieht man, dass das Zentrum des Nebels mit warmen Staubteilchen gefüllt ist. Auch unsere eigene Sonne wird sich in ein paar Milliarden Jahren in solch einer sich ausdehnenden Gasschale verhüllen, wenn sie zu einem roten Riesen anschwillt und ihre äußeren Gasschichten in den Weltraum bläst.

Seifenblase im Schwan

Der Seifenblasen-Nebel im Sternbild Schwan wurde erst 2008 entdeckt. Auch er ist ein planetarischer Nebel, ausgehaucht von einem sterbenden Stern. Der Begriff „planetarischer Nebel" wurde von William Herschel geprägt, der Ende des 18. Jahrhunderts viele Entdeckungen machte. Im Teleskop, fand er, sehen diese Nebel wie das blasse Planetenscheibchen von Uranus aus. Mit Planeten haben Sie jedoch überhaupt nichts zu tun.

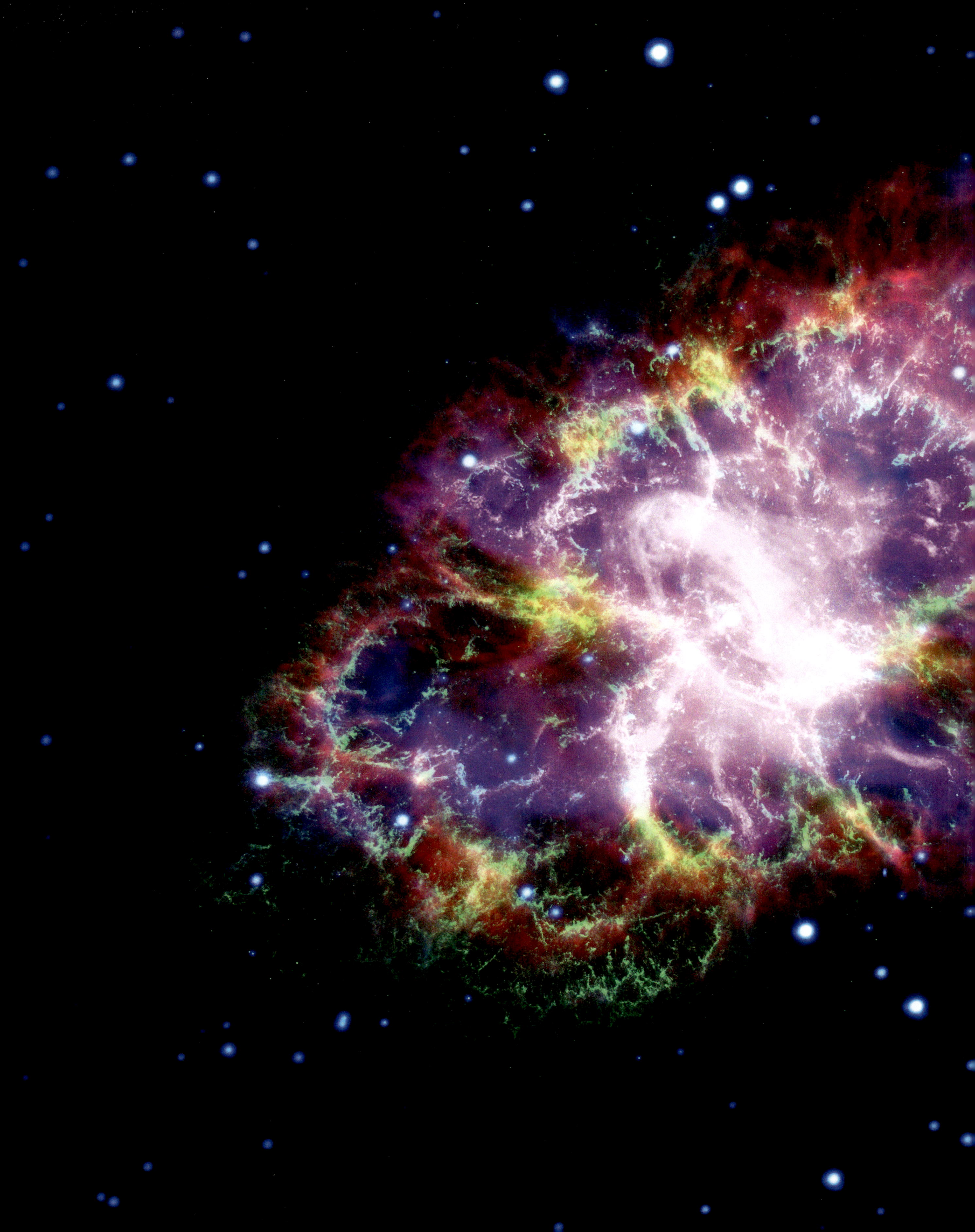

Zu Beginn nimmt die Temperatur und Leuchtkraft der Sonne allmählich zu. In ungefähr einer Milliarde Jahre werden die Ozeane auf der Erde langsam aber sicher verdampfen; der Mars hingegen beginnt aufzutauen. Doch das ist nur der Anfang vom Ende. Erst wenn der Wasserstoffvorrat im Innern der Sonne aufgebraucht ist und die Heliumatome zu Kohlenstoff und Sauerstoff zu fusionieren beginnen, ist das Todesurteil besiegelt. Die Sonne schwillt innerhalb kurzer Zeit zu einem monströsen roten Riesenstern an. Auf dem kleinen, innersten Planeten Merkur schießt die Temperatur so in die Höhe, dass die felsige Oberfläche zu einem glühenden Meer zähflüssiger Lava wird. Schließlich wird der Planet von dem sich ständig ausdehnenden roten Riesen verschlungen. Venus blüht dasselbe Schicksal: verkohlt, verdampft und schließlich verschwunden. Und wenn der sterbende Stern fast das Zweihundertfache seines ursprünglichen Umfangs erreicht hat, bleibt auch von der Erde nicht viel mehr übrig als ein versengter und ausgetrockneter Steinklumpen. Um diese Zeit bläst die Sonne ihre äußeren Gasschichten in den Weltraum und umhüllt sich viele Tausend Jahre mit einem farbenreichen, expandierenden Nebel, der sich schließlich im Kosmos auflöst. Überall in der Milchstraße befinden sich solche „planetarischen Nebel" – die letzten Atemzüge von sonnenähnlichen Sternen, die schon ausgewachsen waren, als die Sonne gerade geboren wurde, und die nun ihren Geist aufgeben. Launische Gasschichten, von magnetischen Feldern verzerrt. Komplexe Gebilde wie der Helix-Nebel mit radialen Tentakeln wie stille Zeugen eines heftigen Todeskampfes. Oder zarte, symmetrische Strukturen wie der Seifenblasen-Nebel – das Ergebnis eines kurzen, heftigen Todesschreis. Vom sterbenden Stern bleibt nicht mehr übrig als ein verschrumpelter weißer Zwerg. Heißer als die Sonne, doch kaum größer als die Erde. Ein zusammengepresster Ball aus Kohlenstoff- und Sauerstoffatomen mit äußerst dünnen Außenschichten aus Helium und Wasserstoff, der eigenen Schwerkraft zum Opfer gefallen, die keiner Gegenwehr von Kernfusion und Strahlungsdruck mehr begegnet. Im Laufe vieler Milliarden Jahre wird sich der weiße Zwergstern abkühlen und zu einer kalten, dunklen Schlacke erlöschen. Auch die Sonne geht so ihrem Ende entgegen. Von unserem einst so paradiesischen Heimatplaneten – jetzt nur noch ein dunkler, steriler Krümel – wird niemals mehr etwas vernommen. So betrachtet, scheint das Leben im Kosmos vom Tod der Sterne wenig Vorteile zu haben. Doch das eine kann nicht ohne das andere existieren, denn sterbende Sterne bringen die chemischen Bausteine von Pflanzen, Tieren und Menschen hervor. In den ausgestoßenen Gasschichten der verendenden roten Riesen reihen sich Atome aus Wasserstoff, Kohlenstoff, Sauerstoff und Stickstoff zu simplen organischen Molekülen aneinander – der erste Schritt zur Entstehung von Zuckern, Aminosäuren und DNA. In noch viel größerem Umfang geschieht dasselbe als Folgeerscheinung katastrophaler Supernova-Explosionen.

Bunte Krabbe
Der Krabben-Nebel ist der Überrest einer Supernova-Explosion, die im Jahr 1054 aufleuchtete. Im Zentrum des sich ausdehnenden Nebels befindet sich ein schnell rotierender Neutronenstern, der auf der Erde als sogenannter Pulsar zu sehen ist. Dieses farbige Foto wurde aus Aufnahmen mehrere Wellenlängenbereiche zusammengesetzt: Radiowellen, Infrarot, sichtbarem und ultraviolettem Licht sowie Röntgenstrahlung.

Fatales Zusammentreffen
Am 17. August 2017 beobachteten Astronomen eine katastrophale Kollision von zwei Neutronensternen, die eine gigantische Explosionswolke hinterließen und dann zu einem Schwarzen Loch verschmolzen. Auf dieser Illustration sind auch die Gravitationswellen zu sehen, die von der Erde aus entdeckt wurden: winzige Runzeln in der Raumzeit, verursacht durch die Gewalt der Explosion.

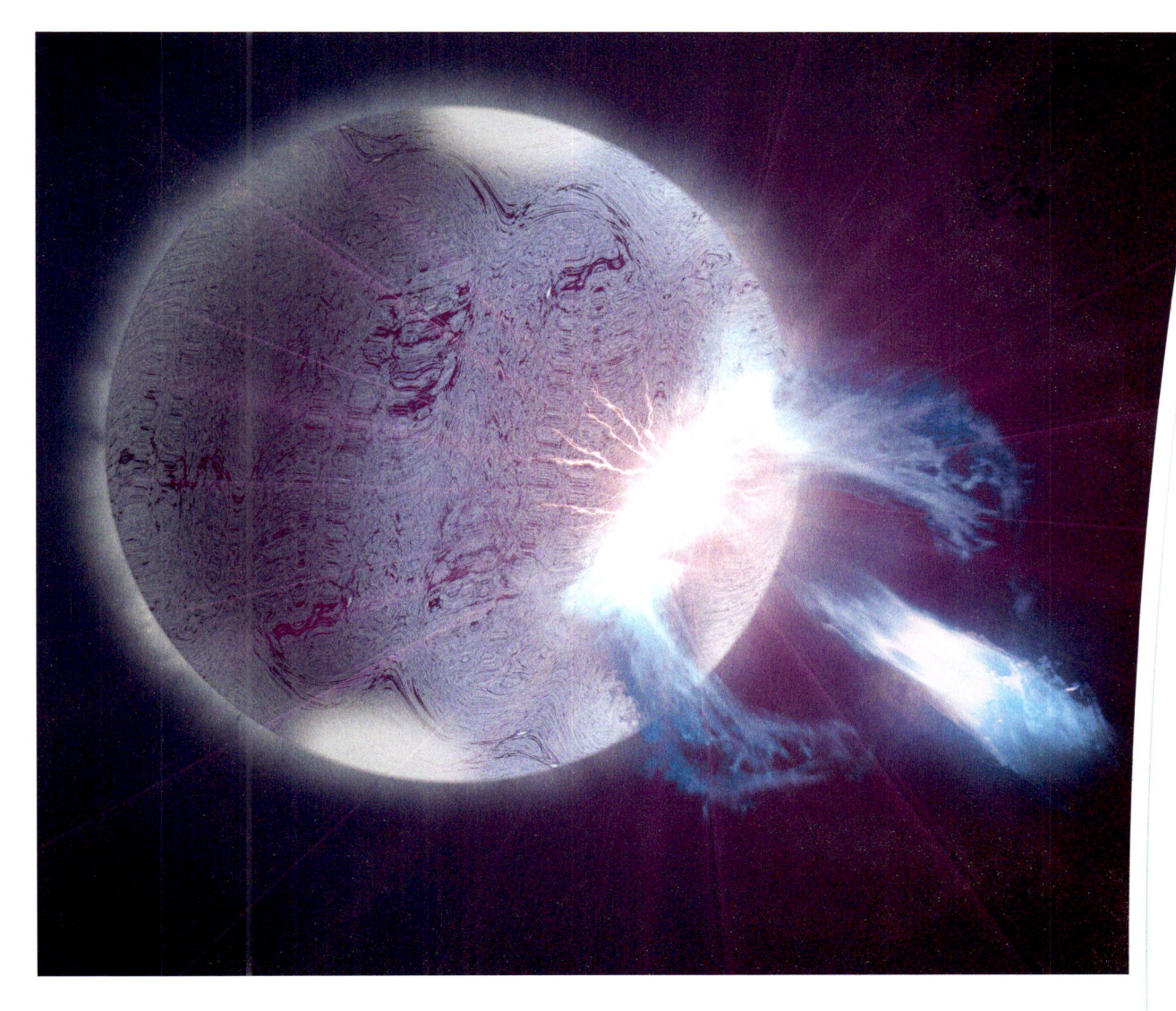

Magnetisches Monster

Ein Neutronenstern ist der ultrakompakte Rest eines schweren Sterns, der sein kurzes Leben in einer spektakulären Supernova-Explosion beendete. Auf der Oberfläche dieses kleinen, extrem kompakten und schnell rotierenden Sterns treten bisweilen kräftige magnetische Eruptionen auf, wobei in einer Millisekunde so viel Energie freigesetzt wird wie die Sonne in 24 Stunden erzeugt.

Ohne die Kernfusionen im heißen Zentrum der Sterne, ohne die Bildung von neuen Elementen in diesen himmlischen Nuklearöfen würde das Weltall immer noch nur aus Wasserstoff und Helium bestehen. Dank dem Masseverlust von roten Riesen und dem Explosionstod der allerschwersten Sterne nehmen die neu entstandenen Elemente am kosmischen Kreislauf teil und eine große chemische Vielfalt konnte entstehen. Die Wiege des Lebens steht auf dem Friedhof früherer Sterngenerationen. Das Leben auf der Erde verdankt sein Entstehen der eine Milliarde Jahre währenden kosmischen Evolution und wir sind integraler und unverzichtbarer Teil dieses sich entwickelnden Weltalls- Denn jedes Eisenatom in unserem Blut, jedes Kalziumatom in unseren Knochen und jedes Kohlenstoffatom in unserem Herzmuskel wurde vor langer Zeit im nuklearen Feuer eines anderen Sterns geschmiedet, einst irgendwo im Milchstraßensystem. Und ohne Sternwinde, planetarische Nebel und Supernova-Ausbrüche wären diese Atome noch immer im Inneren anderer Sonnen eingeschlossen. Unsere Existenz haben wir der Sterblichkeit der Sterne zu verdanken. Eine Supernova-Explosion spottet jeder Beschreibung: Ein schwerer Stern, etwa 20-mal so schwer wie die Sonne und natürlich viel heißer und heller, verpulvert seinen Wasserstoffvorrat in Windeseile. Auch die anschließende Rote-Riesen-Phase, in der Helium zu Kohlenstoff und Sauerstoff verheizt wird, ist nur kurz. Doch wegen des extremen Drucks und der hohen Temperatur im Inneren beginnen dann neue Fusionsreaktionen, die in einem leichteren Stern wie der Sonne niemals in Gang kämen. So entstehen wiederum schwerere Elemente, unter anderem Neon und Silizium. Die verschiedenen Kernreaktionen folgen aufeinander in ständig zunehmendem Tempo. Aufgrund der enormen Energie und dem unbändigen Strahlungsdruck wird der Stern fast in Stücke gerissen. Doch dann, wenn im Kern des Sterns sogar Eisen- und Nickelatome entstanden sind, nehmen die spontanen Fusionsreaktionen ein Ende und der Stern explodiert in einem fulminanten Finale. Der Supernova-Ausbruch schleudert fast alles Sternengas in den Weltraum. Tage- oder wochenlang strahlt das sterbende Schwergewicht so gleißend hell wie Milliarden Sonnen. Seine Planeten verdampfen wie Schnee in der Sonne; Nachbarsterne werden von einer radioaktiven Explosionswolke gesandstrahlt, die mit einer Geschwindigkeit von Zehntausenden Kilometern in der Sekunde durch den Raum rast. Die heiße, sich ausdehnende Gasschale, hochschwanger mit schwereren Metallen und seltenen Elementen, markiert noch Tausende von Jahren den Ort, wo ein kurzlebiger Riesenstern theatralisch sein Leben beendete. Bleibt denn gar nichts von diesem glücklosen Stern übrig? Doch, sehr wohl: Im Zentrum des Supernovarests befindet sich ein kleiner, superkompakter Neutronen-

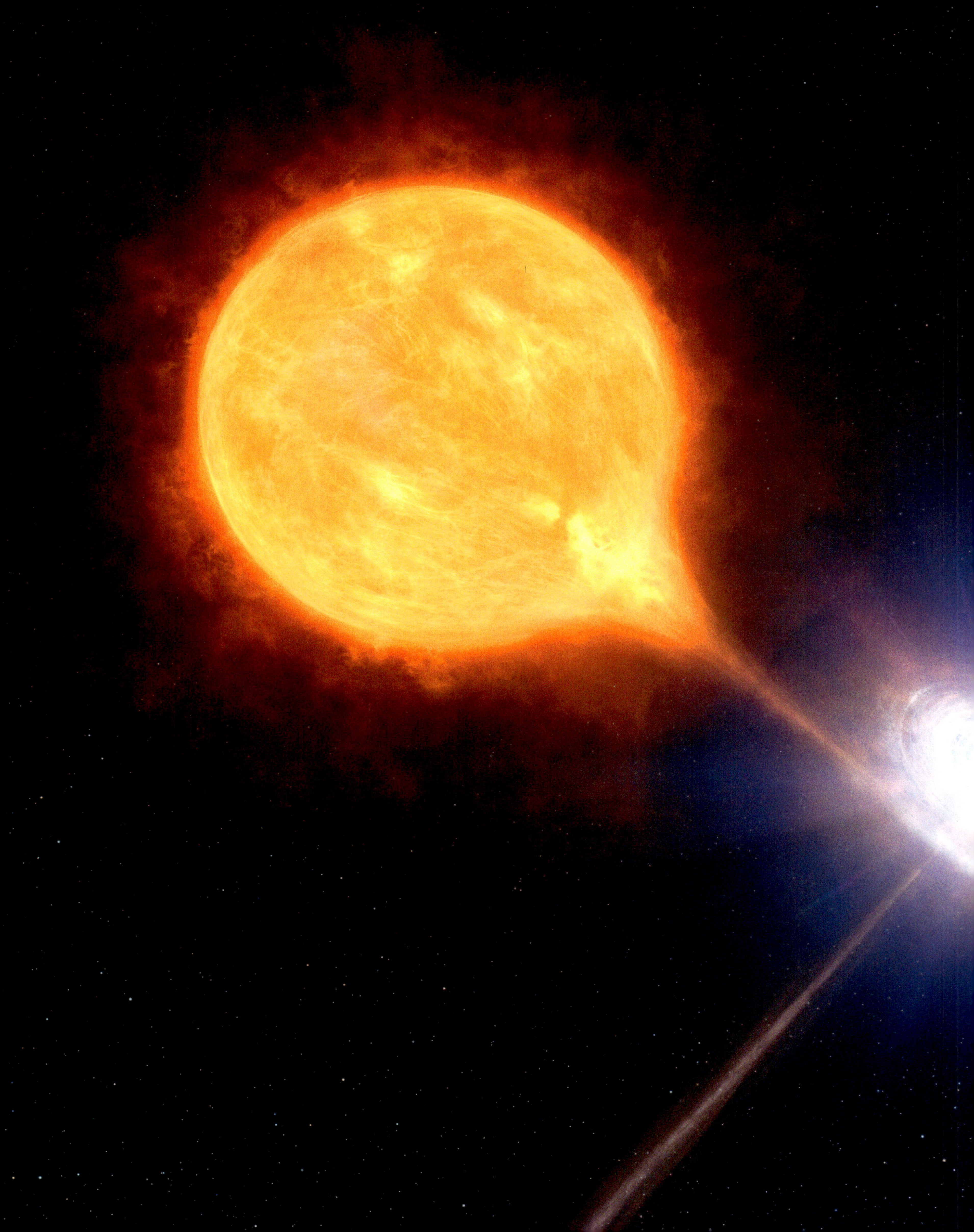

stern – der eingestürzte Kern des Sterns. Schwerer als die Sonne, doch nicht größer als eine Stadt wie Amsterdam oder Köln. Dicht gestapelte Kernteilchen – ungeladene Neutronen – geben diesem sterblichen Rest eines Stern eine unvorstellbare Dichte von hundert Millionen Tonnen je Kubikzentimeter. Der Neutronenstern dreht sich mit der Tourenzahl einer Bohrmaschine und das extreme Magnetfeld peitscht dabei energiereiche Strahlungsbündel von sich. So verrät der exotische Himmelskörper manchmal seine Existenz den Radioteleskopen auf der Erde: Diese sehen eine schnell blinkende Strahlungsquelle am Himmel – einen Pulsar. Noch ist das Schauspiel nicht beendet. Im letzten Akt kann ein Neutronenstern Gas von einem Begleiter aufsaugen oder mit einem Artgenossen kollidieren, nachdem auch der zweite Stern eines Doppelsternsystem eine Supernova-Explosion durchgemacht hat. Solch eine Neutronensternkollision erschüttert die Raumzeit in ihren Grundfesten. Noch Hunderte von Millionen Lichtjahren entfernt gelingt es empfindlichen Detektoren, diese minimalen Schwerkraftwellen aufzufangen. Im Bruchteil einer Sekunde wird so viel Energie freigesetzt wie die Sonne in hunderttausend Jahren produziert; in einem neuen Ausbruch von Kernreaktionen entstehen gigantische Mengen schwerer Metalle, darunter Gold und Platin. Wenn die sterbliche Hülle eines explodierten Sterns (oder das Ergebnis einer Kollision und Verschmelzung von zwei Neutronensternen) schwer genug ist – etwa zweimal so schwer wie die Sonne – sind selbst die dicht gepackten Neutronen nicht mehr gegen den unerbittlichen Griff der Schwerkraft gefeit. In einem katastrophalen Gravitationskollaps stürzt die Materie zu einem Punkt zusammen, für immer verschwindet der Rest des Sterns von der Bühne, dem Blick durch einen unentwirrbaren Knoten aus Raum und Zeit entzogen – dem Horizont eines Schwarzen Lochs. Doch während Supernova-Explosionen Planeten vernichten, Neutronensterne tödliche Röntgenstrahlung ins Weltall pumpen und Schwarze Löcher alles verschlingen, was in ihren Schwerkrafteinfluss gerät, steht die Geburtsmaschinerie des Milchstraßensystems niemals still. Weggeblasene Gaswolken ziehen sich an anderer Stelle wieder zu neuen Protosternen zusammen; Staubteilchen verfilzen sich zu Planeten und in den dunklen Katakomben von Molekularwolken warten organische Moleküle geduldig auf ihre Chance. Dann regnen sie in einen flachen, warmen Pool auf der Oberfläche eines neugeborenen Planeten und Chemie wird in Biologie umgewandelt. Irgendwann einmal wird Sternenstaub zu Leben erweckt. Immer aufs Neue, unablässig.

Schwarzer Vielfraß

Ein Schwarzes Loch (rechts in dieser Illustration) saugt Gas von einem begleitenden Stern auf. Das Gas sammelt sich in einer abgeflachten, rotierenden Scheibe, bevor es hinter dem Horizont des Schwarzen Lochs verschwindet. Die Röntgenstrahlung dieser heißen „Akkretionsscheibe" verrät, dass ein Schwarzes Loch anwesend ist, auch wenn es selbst keinerlei elektromagnetische Strahlung aussendet.

Das Zentrum der Milchstraße

Gravitätische Spirale

Seit der Mitte des vergangenen Jahrhunderts wissen wir, dass unsere Milchstraße ein gigantisches Spiralsystem mit einem Durchmesser von rund 100.000 Lichtjahren ist. Die Sonne befindet sich ungefähr auf halbem Weg vom Zentrum zum äußeren Rand der Spirale, an der Innenseite eines kleinen Spiralarms. Diese Illustration basiert zu einem nennenswerten Teil auf Infrarotmessungen des Spitzer Space Telescope der NASA.

Hier eine schöne Anekdote: Zwei junge Astronomen aus Leiden hatten 1952 während ihres Besuchs in Südafrika ihren Professor aus den Augen verloren, als sie an einem dunklen Ort Testmessungen für ein neues Teleskop durchführten. Dieser Hochschullehrer war Jan Oort, einer der größten Astronomen des letzten Jahrhunderts und ein Pionier in der Erforschung unseres Milchstraßensystems. Der 52-jährige Professor lag hinter einem kleinen Hügel auf dem Rücken im Gras. Im Stockdunkeln und ganz für sich allein genoss er den spektakulären Anblick der Milchstraße, die sich von Horizont zu Horizont erstreckte, mit dem rätselhaften Milchstraßenzentrum hoch am Himmel. Rätselhaft, denn vom Milchstraßenzentrum, im Grenzgebiet der Sternbilder Skorpion und Schütze, ist von der Erde aus nicht viel zu sehen. Das Milchstraßenband ist dort zwar breiter und heller als anderswo, wird aber auch durchschnitten und teilweise verdunkelt durch dicke Staubwolken. Südamerikanische Indianer und australische Aborigines erkannten in diesen bizarren Wolkengebilden einen Jaguar, ein Lama oder einen riesigen Emu – dunkle Sternbilder, die nur von dunklen Orten aus zu sehen sind. (Von Mitteleuropa aus ist dieser Teil der Milchstraße nicht zu sehen, aber im Sternbild Schwan sind ebenfalls dunkle Wolken zu erkennen.) Niemand konnte annehmen, dass sich hinter diesem dicken Staubvorhang eine blendende Sternenpracht verbirgt. Anfang des 20. Jahrhunderts war die Absorptionswirkung des Milchstraßenstaubs nur unzureichend bekannt. Oorts Lehrer Jacobus Kapteyn war daher der Überzeugung, dass das Milchstraßensystem relativ klein sei und dass Sonne und Erde sich nicht allzu weit vom Zentrum befinden würden – vergleichbar mit dem Eindruck einer kleinen, in sich abgeschlossenen Welt, den man an einem nebligen Abend bekommen kann. Oorts Forschung über die Bewegung der Sterne ließ jedoch deutlich erkennen, dass das Milchstraßensystem, mit der Sonne etwa 30.000 Lichtjahre vom Zentrum entfernt, viel größer ist, als sein ehemaliger Lehrer Kapteyn vermutet hatte.

Es dauerte dann nicht mehr lange, bis die tatsächliche Größe und die majestätische Spiralstruktur des Milchstraßensystem kartiert wurden. Nicht mit Hilfe optischer Teleskope, sondern dank des brandneuen Fachgebiets der Radioastronomie. 1931 hatte man bereits entdeckt, dass Radiostrahlung aus der Richtung des Milchstraßenzentrums kommt und Ende der 1950er-Jahre gelang es Oort und seinen Kollegen, eine „Landkarte" der Milchstraße auf Basis von Messungen der Bewegungsgeschwindigkeiten von Gaswolken zu rekonstruieren. So lernten wir unseren kosmischen Wohnsitz als ein kolossales Spiralsystem kennen, mit einem Durchmesser von etwa 100.000 Lichtjahren, mit der Sonne als einem von vielen Milliarden Sterne, irgendwo in einem ruhigen Außenbezirk. Je größer und empfindlicher Radioteleskope wurden, umso mehr musste das rätselhafte Zentrum der Galaxis seine Geheimnisse preisgeben. Im Jahr 1974 wurde im Sternbild Schütze eine extrem kompakte Quelle kräftiger Radiostrahlung entdeckt: Sagittarius A*. Sie misst am Himmel weniger als 40 Mikrobogensekunden im Durchmesser. In der Entfernung vom Milchstraßenzentrum (27.000 Lichtjahre) entspricht das einer Ausdehnung von kaum 50 Millionen Kilometern – nur ein Drittel der Entfernung zwischen Erde und Sonne. Die ultrakompakte Radioquelle schien außerdem exakt mit dem Schwerpunkt des Milchstraßensystems zusammenzutreffen. Könnte Sagittarius A* tatsächlich ein supermassereiches Schwarzes Loch sein, das von einer rotierenden Scheibe aus Gas und Staub umgeben ist, in dem Radio- und Röntgenstrahlung erzeugt werden? Vor 20 Jahren war das noch reine Spekulation, doch gegenwärtig zweifelt niemand mehr daran. Mit empfindlichen Infrarotteleskopen, die durch den Milchstraßenstaub hindurchsehen können, haben Astronomen rings um die Radioquelle schwere Riesensterne kreisen sehen; in kleinen Umlaufbahnen, mit unvorstellbaren Geschwindigkeiten. Einer dieser Sterne, S2, beschreibt seine langgezogene Bahn in nur 15,2 Jahren, wobei er sich Sagittarius A* bis auf 18 Milliarden Kilometer

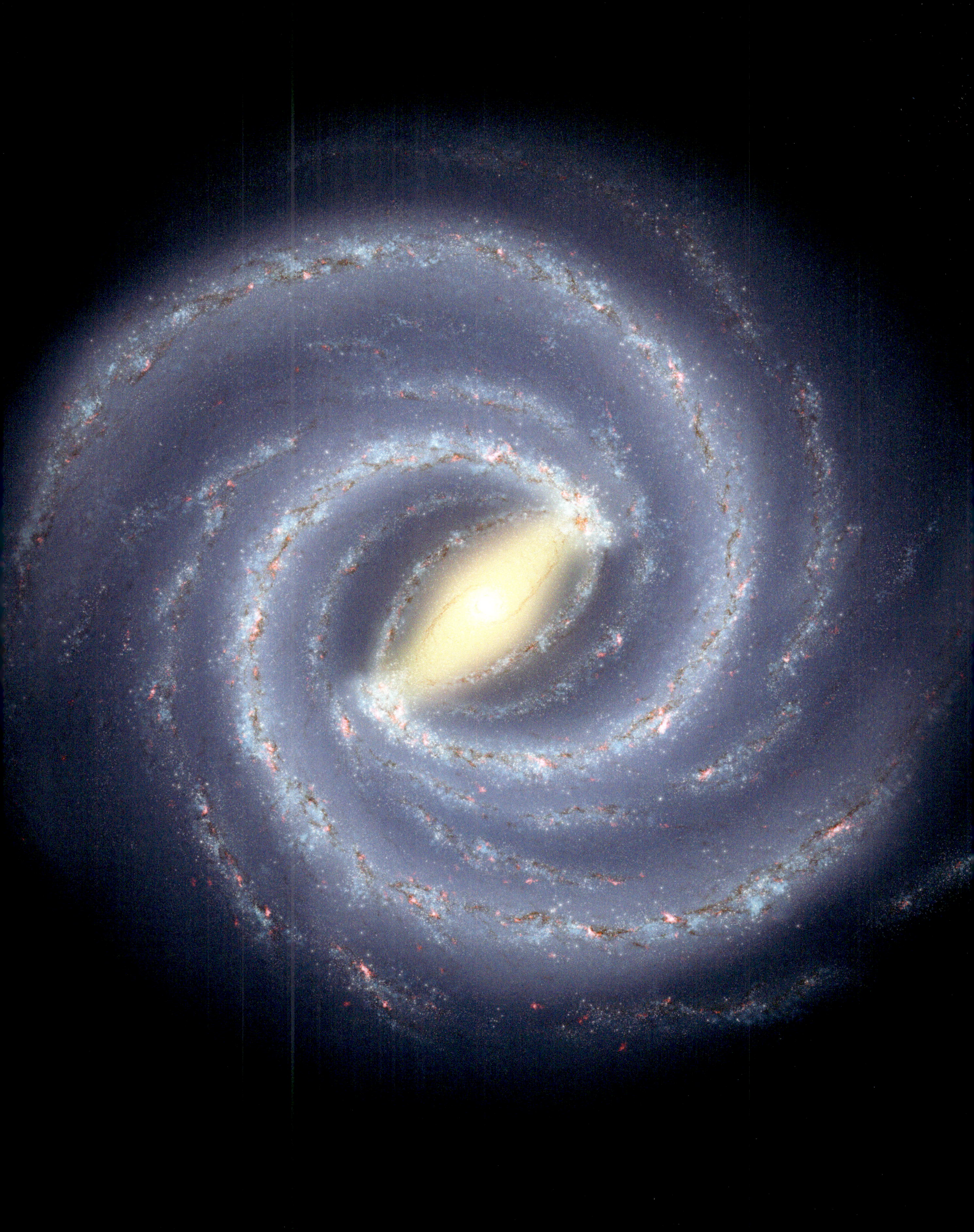

Staubiges Schauspiel

Das helle Zentrum der Milchstraße, ca. 27.000 Lichtjahre entfernt, wird dem Blick durch den absorbierenden Einfluss bizarrer dunkler Staubwolken entzogen. Neben den dunklen Wolken sind auf diesem Panoramafoto auch zahlreiche helle Sternentstehungsgebiete zu sehen, unter ihnen (im Bild rechts) die Rho-Ophiuchi-Wolke, in einer Entfernung von „nur" 450 Lichtjahren.

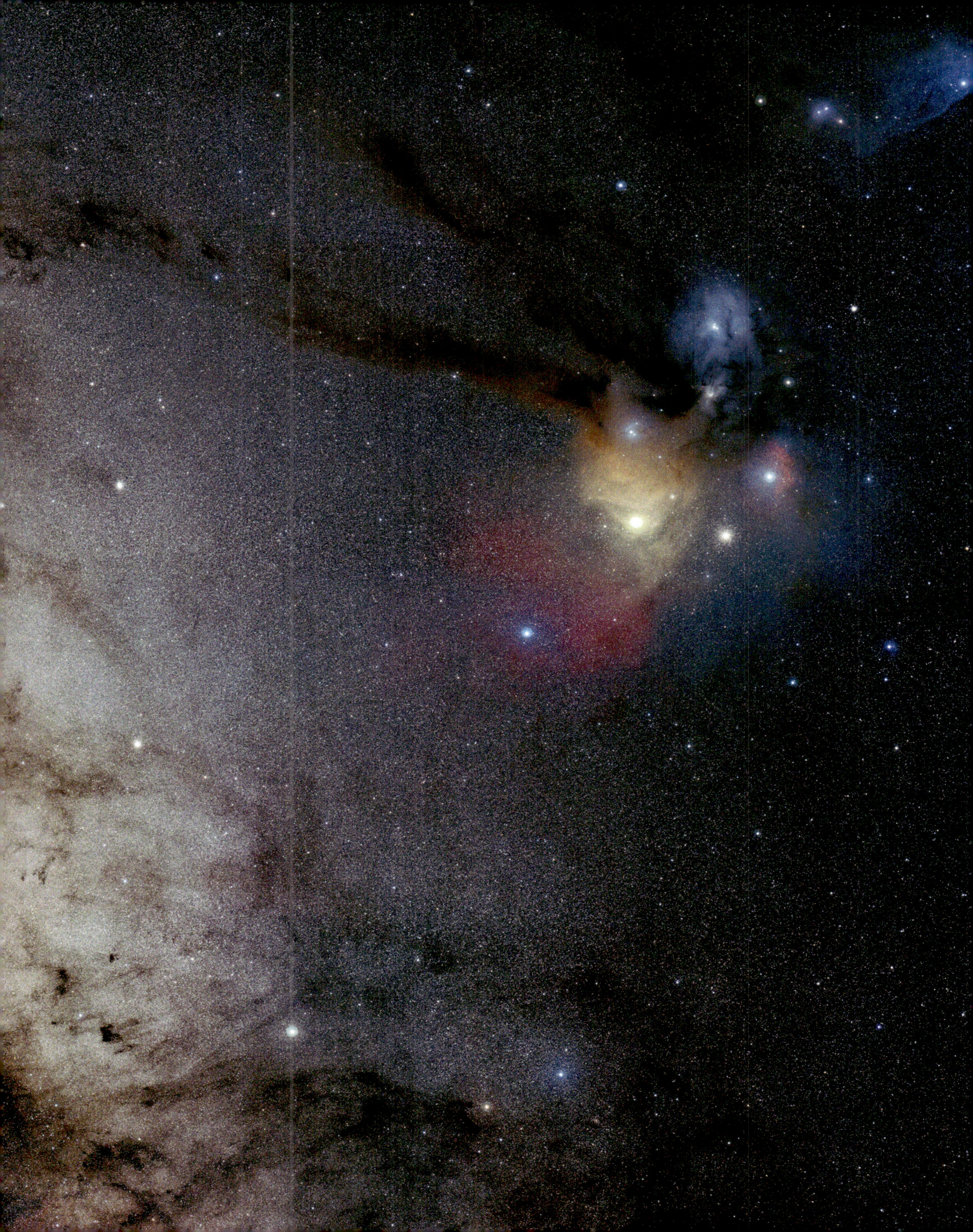

Ungehinderte Sicht

Das zentrale Gebiet unserer Galaxis, beobachtet mit Infrarot (rote Farben), Nahinfrarot (gelb) und in Röntgenwellenlängen (blau). Diese für uns unsichtbaren Strahlungsarten werden nicht oder in jedem Fall viel weniger von interstellarem Staub behindert. Die Radioquelle Sagittarius A* (das echte Milchstraßenzentrum) befindet sich im hellen Gebiet rechts der Mitte des Fotos.

Zoom in das Zentrum

Mit einer empfindlichen Infrarotkamera am europäischen Very Large Telescope in Chile wurde diese Aufnahme von hellen Riesensternen im direkten Umfeld von Sagittarius A* gemacht – dem (unsichtbaren) Schwarzen Loch im Zentrum unseres Milchstraßensystems. Aus den Bewegungen der Sterne konnten Astronomen ableiten, dass das Schwarze Loch rund vier Millionen Mal so schwer ist wie die Sonne.

Entfernung nähert. Aus der Bewegungsbahn der herumwirbelnden Sterne ist einfach abzuleiten, dass sich im Zentrum ein mysteriöses Objekt befinden muss, das etwa vier Millionen Mal so schwer ist wie die Sonne. Ein extrem kompakter Sternhaufen kann das nicht sein, der wäre auch im Infrarotlicht zu sehen. Außerdem erwartet man von einem Sternhaufen nicht, dass er Radiostrahlung und energiereiche Röntgenstrahlung aussendet. Daher ist nur eine einzige Schlussfolgerung möglich: Das Zentrum der Milchstraße beherbergt ein gigantisches Schwarzes Loch mit einem Durchmesser von etwa 25 Millionen Kilometern. Schwarze Löcher sind Gebilde im Weltraum, in denen die Schwerkraft so stark ist, dass ihr nichts entkommen kann. Die Krümmung der Raumzeit – Albert Einsteins Art, die Schwerkraft zu beschreiben – ist sogar so extrem, dass auch ein Lichtstrahl niemals der Anziehungskraft eines Schwarzen Lochs entwischen kann. Der kosmische Vielfraß verrät seine Existenz allein durch den Schwerkrafteinfluss, den er auf sein Umfeld ausübt, wie im Fall der herumwirbelnden Sterne. Gleichzeitig wird in der direkten Umgebung des Schwarzen Lochs viel Strahlung erzeugt: Aufgesaugtes Material türmt sich zunächst in der kreisenden Akkretionsscheibe und das heiße Gas in dieser Scheibe sendet energiereiche Strahlung aus, bevor es hinter dem „Horizont" des Schwarzen Lochs verschwindet. Die große Entfernung und die dichten, absorbierenden Staubwolken erschweren es leider sehr, das schwarze Herz der Milchstraße im Detail zu beäugen. In dieser Entfernung sind nur die allerhellsten Sterne zu sehen; die Abertausend schwächeren Exemplare bleiben unsichtbar. Röntgenmessungen haben ergeben, dass im

Im Griff der Gravitation

Die Sterne im Zentrum der Milchstraße laufen auf langgezogenen Bahnen um das zentrale Schwarze Loch, mit Umlaufzeiten von maximal einigen Jahrzehnten. Diese schematische Illustration beruht auf echten Messungen. Auch die parabolische Bahn der langgestreckten Gaswolke G2 ist eingezeichnet (rot); diese Wolke streifte im Frühjahr 2014 dicht am Schwarzen Loch vorbei.

Galaktisches Bäuerchen

Das amerikanische Weltraumteleskop Fermi entdeckte 2010 riesige „Blasen" aus energiereicher Gammastrahlung, die sich bis zu 25.000 Lichtjahre oberhalb und unterhalb des Zentrums unserer Milchstraße erstrecken. Sie müssen durch eine gewaltige Explosion im Milchstraßenzentrum geschaffen worden sein, vor etwa sechs Millionen Jahren, als das zentrale Schwarze Loch eine riesige Menge Materie verschlang.

Milchstraßenzentrum wahrscheinlich viele Tausend kleinere Schwarze Löcher unterwegs sind, doch ob sich dort auch Neutronensterne und Pulsare versteckt halten, ist unbekannt. Das ist schade, denn Präzisionsmessungen an derartigen kosmischen Metronomen bieten wertvolle Informationen zum Schwerkraftfeld vor Ort. Auch die enge Passage einer langgezogenen Gaswolke im Frühjahr 2014 lieferte nicht das erwartete galaktische Feuerwerk, aus dem wertvolle astronomische Daten hätten gewonnen werden können. Fest steht jedoch, dass das Schwarze Loch im Milchstraßenzentrum sich regelmäßig an reichlichen Portionen kosmischen Kraftfutters gütlich tut. Die Menge der Röntgenstrahlung, die von Sagittarius A* ausgeht, ist sehr schwankend; die gewaltigsten Ausbrüche entstehen wahrscheinlich, wenn innerhalb kurzer Zeit eine Riesenmenge Materie aufgesaugt wird – vielleicht in Form eines Dutzende Kilometer großen kosmischen Felsblocks. Irgendwann, Mitte des 17. Jahrhunderts, muss eine viel gewaltigere Mahlzeit vertilgt worden sein: Die energiereiche Strahlung, die dabei frei wurde, hat inzwischen die Molekularwolke in 350 Lichtjahren Entfernung vom Milchstraßenzentrum erreicht. Folge ist, dass das Gas in dieser Wolke im Röntgenlicht strahlt. Noch viel spektakulärer war ein Ausbruch vor sechs Millionen Jahren, etwa zu der Zeit, als die weit entfernten Ahnen des Menschen zum ersten Mal den aufrechten Gang übten. Dabei gab das Milchstraßenzentrum enorme Mengen an Gas und Strahlung frei; in zwei Richtungen senkrecht zur flachen Scheibe des Systems. Gammastrahlendetektoren in einer Umlaufbahn um die Erde konnten 2010 die erzeugten „Blasen" nachweisen, die sich bis 25.000 Lichtjahre oberhalb und unterhalb der Milchstraßenebene erstrecken. Die Astronomen haben auch kompakte Wolken aus Wasserstoffgas entdeckt, die mit hoher Geschwindigkeit in den Raum geblasen wurden. Sechs Millionen Jahre sind jedoch ein Wimpernschlag angesichts des Alters der Milchstraße; kein Mensch weiß, wann Sagittarius A* wieder zu Tische sitzt. Inzwischen haben sich Radioastronomen in der ganzen Welt zusammengetan, um das supermassive Schwarze Loch im Zentrum unserer Galaxis endlich „auf ein Foto zu bannen".

Parabolantennen in Europa, den Vereinigten Staaten, Mexiko, Hawaii, Chile und sogar auf dem Südpol sind (elektronisch) miteinander verbunden, um die beste Bildschärfe zu ermöglichen. Mit ein wenig Glück kann es diesem virtuellen Event Horizon Telescope gelingen, den Horizont des Schwarzen Lochs tatsächlich abzubilden. Von solchen Einblicken, Ergebnissen und Erwartungen konnte Jan Oort Anfang der 1950er-Jahre nur träumen. Es ist großen optischen Teleskopen und Radioantennen auf der Erde zu verdanken, doch fraglos auch der astronomischen Forschung im Röntgen- und Gammastrahlenbereich, dass unsere Kenntnis vom Milchstraßensystem in wenigen Jahrzehnten unvorstellbar gewachsen ist. Der Welt sind noch lange nicht alle Rätsel zu Ohren gekommen – weit gefehlt –, doch auch wenn wir es ausschließlich von innen heraus betrachten können, ist uns von den hundert Milliarden Galaxien im wahrnehmbaren Weltall unser eigenes Milchstraßensystem mit Sicherheit am vertrautesten – denn es ist unsere kosmische Heimat.

INTERMEZZO

Die Vermessung der Milchstraße

Im zweiten Jahrhundert vor Christus stellte der griechische Astronom Hipparchos den ersten Sternkatalog zusammen: eine Liste mit Positionen und Helligkeiten von etwa 850 Sternen am Himmel. Das europäische Weltraumteleskop Gaia macht es gründlicher: Gaia misst von einer Milliarde Sterne der Milchstraße die Position am Himmel und für einige Hundert Millionen Sterne deren Entfernung, räumliche Bewegung, Farbe und Helligkeit. Die Positionsmessungen von Gaia sind extrem genau, wodurch auch kleine Schwankungen auffallen, die durch kreisende Planeten entstehen. Außerdem sieht Gaia Planetoiden, Eiszwerge, Kometen, veränderliche Sterne, Supernovae, Galaxien und Quasare. Niemals zuvor wurde das Milchstraßensystem so detailliert – und zudem noch in drei Dimensionen – im Bild festgehalten. Gaia wurde Ende 2013 gestartet; die Messungen sollen im Laufe von 2019 abgeschlossen sein.

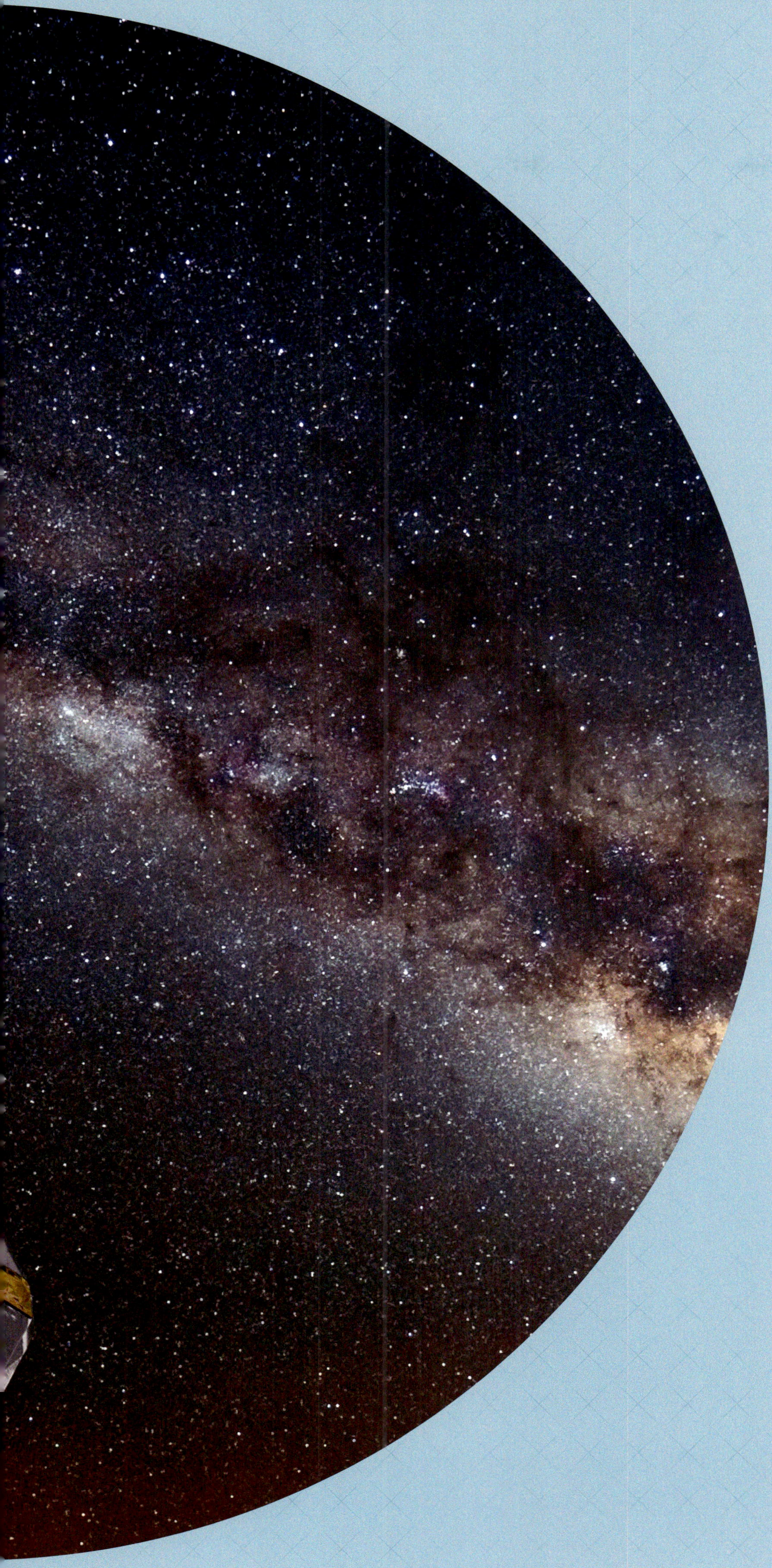

Eine Wolke voller Babysterne

Gasnebel werden durch die ultraviolette Strahlung neugeborener Riesensterne, die sich teilweise in Staubschleiern verhüllen, zum Leuchten gebracht. Diese spektakuläre Szene spielt sich im Sternentstehungsgebiet N159 in der Großen Magellanschen Wolke ab, eine relativ kleine Galaxie in etwa 160.000 Lichtjahren Entfernung von unserem eigenen Milchstraßensystem. N159 besitzt einen Durchmesser von 150 Lichtjahren.

Kosmische Nachbarn

Die Magellan-schen Wolken

Abd ar-Rahman as-Sufi hat das verschwommene Nebelfleckchen selbst nie gesehen. Er war ein muslimischer Astronom am Hofe des Emirs Adud ad-Daula im persischen Isfahan, etwa 350 Kilometer südlich der heutigen iranischen Hauptstadt Teheran. Isfahan liegt auf 32 Grad nördlicher Breite, von wo aus ein Großteil des südlichen Sternenhimmels nicht zu sehen ist und die Große Magellansche Wolke nie den Horizont erklimmt. Doch von Seefahrern hatte er Geschichten über diesen blassen weißen Fleck zwischen den Sternen gehört, der vom Arabischen Meer aus zu sehen ist und tief am südlichen Sternenhimmel steht. In seinem schön illustrierten *Buch der Fixsterne*, das im Jahr 964 erschien, beschrieb as-Sufi den Nebel als *al-Baqar al-abyad* – der Weiße Ochse. Der verschwommene Lichtfleck und sein kleinerer Gefährte müssen seit Menschengedenken Aufmerksamkeit auf sich gezogen haben. Doch als sich der Homo sapiens vor mehr als 100.000 Jahren von Afrika aus über den Erdball zu verbreiten begann, gingen die urzeitlichen Erzählungen verloren. Und so schufen die einheimischen Bevölkerungen Südamerikas, Afrikas, Südostasiens und Australiens jeweils ihre eigenen Mythen über die zwei Nebelflecken, die wie vertriebene Strähnchen der Milchstraße aussehen. Die Babylonier, Ägypter, Griechen und Perser hatten allerdings keine Ahnung davon.

Und Fernão de Magalhães, der portugiesische Entdecker, der Anfang des 16. Jahrhunderts die allererste Reise um die Welt machte, kannte das Buch von as-Sufi vermutlich nicht. 1519 brach er mit fünf Schiffen und 270 Personen Schiffsbesatzung von Sevilla aus nach Westen auf; drei Jahre später kehrte nur die Victoria aus dem Osten zurück, mit 18 Überlebenden

Überbrückung
Trotz der großen Entfernung von einigen zehntausend Lichtjahren sind die zwei Magellanschen Wolken miteinander durch eine dünne „Brücke" aus Sternen (hier nur schwer zu erkennen) und neutralem Wasserstoffgas verbunden. Die Verteilung dieses Gases (blau wiedergegeben) wurde mit Hilfe eines Radioteleskops aufgezeichnet. Dieser „Magellansche Strom" ist vermutlich durch Gezeitenkräfte entstanden.

Südliche Attraktionen

Die Große und die Kleine Magellansche Wolke sind vom größten Teil der nördlichen Halbkugel der Erde aus nicht zu sehen. Bewohnern der südlichen Hemisphäre sind sie jedoch ebenso vertraut wie uns der Große Bär. Hier sind die zwei kleinen Begleiter unseres Milchstraßensystems über den Parabolantennen des ALMA-Observatoriums in 5000 Metern Höhe im Norden Chiles zu sehen.

Begleiter der Milchstraße

Die Große Magellansche Wolke weist etwa ein Zehntel der Größe unseres eigenen Milchstraßensystems auf. Vermutlich ist sie eine sogenannte Balkenspiralgalaxie, verformt durch Gezeitenkräfte der Milchstraße. Das hellste Sternentstehungsgebiet, am oberen Rand der Galaxie, ist der Tarantel-Nebel. Dieses ausgezeichnete Übersichtsfoto wurde mit einer Digitalkamera und einem Teleobjektiv aufgenommen.

an Bord, einer von ihnen der italienische Gelehrte Antonio Pigafetta. In den Tagebüchern von Pigafetta wurden die ersten westlichen Beobachtungen von zwei Nebelflecken am südlichen Himmel aufgezeichnet. Der deutsche Himmelskartograf Johann Bayer nahm die „Nubecula Major" und die „Nubecula Minor" (die große und die kleine Wolke) 1603 in seinen monumentalen Sternatlas *Uranometria* auf. Spätere holländische Seefahrer nannten sie die Kap-Wolken, nach dem Kap der Guten Hoffnung, doch heute sind sie bekannt als die Magellanschen Wolken. Für Bewohner der Tropen oder der südlichen Hemisphäre sind sie ebenso bekannt und vertraut wie der Große Bär und der Polarstern für uns Nordländer.

Im Laufe des 19. Jahrhunderts, als die europäischen und amerikanischen Astronomen einige ihrer Teleskope zu südlicheren Standorten verschifften, stellte sich heraus, dass die Magellanschen Wolken keine Nebelflecken sind, sondern – ebenso wie das Milchstraßenband selbst – aus zahllosen einzelnen Sternen bestehen. Offensichtlich handelte es sich hier um kleine Begleiter unserer eigenen Galaxis, das zu damaliger Zeit übrigens noch als das einzige seiner Art galt. Dass es im Weltall viele Milliarden Galaxien gibt, ist eine Erkenntnis, die erst Anfang des 20. Jahrhunderts an Popularität gewann. Heute wissen wir, dass die Große Magellansche Wolke eine kleine, deformierter Balkenspiralgalaxie mit einem langgestreckten Zentralbereich ist. Das Gefüge ist etwa 14.000 Lichtjahre groß – ein Siebtel der Ausmaße unserer Galaxis – und zählt schätzungsweise einige zehn Milliarden Sterne. Die Entfernung zur Großen Magellanschen Wolke beträgt 163.000 Lichtjahre.

Die Kleine Magellansche Wolke ist noch etwas weiter, etwa 200.000 Lichtjahre entfernt und ungefähr halb so groß wie ihre große Schwester. Empfindliche Teleskope haben eine lang ausgezogene „Brücke" aus schwachen Sternen zwischen den beiden Galaxien gefunden. Zudem sind sie beide in eine riesige Wolke aus dünnem Wasserstoffgas gehüllt. Dies alles legt die Vermutung nahe, dass die zwei Galaxien starken Gezeitenkräften ausgesetzt sind, sowohl von der Milchstraße als auch untereinander, wodurch sie langsam aber sicher auseinanderdriften. Genaueste Untersuchungen am Licht der Magellanschen Sterne belegen, dass sie weniger schwere Elemente enthalten als die Sterne der Milchstraße. Diesbezüglich ähneln die zwei kleinen, ein wenig unregelmäßig geformten Wolken etwas den allerersten Galaxien, die kurz nach dem Urknall das Licht der Welt erblickten. Auch diese bestanden fast vollständig aus den zwei leichtesten Elementen in der Natur, Wasserstoff und Helium. In einer großen Galaxie wie der unseren ist die ursprüngliche chemische Zusammensetzung vor langer Zeit

Heimatboden
Mit einem Teleskop ist zu erkennen, dass die Große Magellansche Wolke unzählige kosmische Kinderstuben enthält – die Geburtsorte neuer Sterne. Der größte, oben im Bild, ist der Tarantel-Nebel, der einige Hunderttausend junge Sterne enthält. Links unter dem Tarantel-Nebel liegen drei rot leuchtende Sternentstehungsgebiete: N158, N160 und N159.

durch „Verunreinigung" mit Kernfusionsprodukten früherer Sternengenerationen aus dem Gleichgewicht geraten, unter ihnen Kohlenstoff, Sauerstoff und Schwefel.

In diesen zwei kleinen Galaxien findet aber auch Sternentstehung statt. Die Große Magellansche Wolke beherbergt sogar das größte und aktivste Sternentstehungsgebiet im weiten Umkreis der Milchstraße: den Tarantel-Nebel. Der Name verweist auf die Struktur des Nebelkomplexes, wobei die radial ausgerichteten Gasschleier tatsächlich an die Beine einer Riesenspinne erinnern. Mit einem Durchmesser von mindestens 600 Lichtjahren ist der Tarantel-Nebel so groß und hell, dass er leicht mit bloßem Auge erkennbar ist, trotz seiner gigantischen Entfernung. Würde sich diese Sternfabrik am Ort des Orion-Nebels in unserem Milchstraßensystem befinden, dann wäre ihre Ausdehnung größer als das gesamte Wintersternbild Orion und würde den gesamten Nachthimmel merklich aufhellen. Der größte Sternhaufen im Tarantel-Nebel, NGC 2070, zählt schätzungsweise beinahe eine halbe Million junge Sterne. Tief im Zentrum dieser kosmischen Ansammlung drängen sich extrem massereiche Sterne, die noch keine zwei Millionen Jahre alt sind. Das Objekt mit der Bezeichnung R136 („R" steht für das Radcliffe Observatory) wurde zunächst für einen Riesenstern gehalten, doch dank des scharfen Blicks großer Teleskope auf der Erde und im All wissen wir nun, dass hier, in einem Gebiet von weniger als 30 Lichtjahren Durchmesser, einige Hundert Sterne dicht gedrängt sind. Der schwerste, R136a1, wiegt rund 300-mal so viel wie die Sonne und ist der schwerste Stern, den Astronomen je entdeckt haben. Lange kann es jedoch nicht mehr dauern, dann beendet R136a1 sein kurzes Leben in einer gigantischen Supernova-Explosion. Dasselbe Los wartet auf die meisten anderen Riesensterne im Sternhaufen. An anderer Stelle in der Großen Magellanschen Wolke, wo manche Sterne schon ein höheres Lebensalter erreicht haben, ereigneten sich diese Ausbrüche schon früher. Der letzte geschah im Februar 1987, am Rande des Tarantel-Nebels. Die Supernova 1987A war von der Erde aus leicht mit bloßem Auge zu sehen und ist die am besten jemals beobachtete Sternexplosion. Es ist nur eine Frage der Zeit, wann im „Weißen Ochsen" abermals ein Stern seinen Geist aufgibt. Verglichen mit ihrer größeren Artgenossin ist die Kleine Magellansche Wolke viel weniger eindrucksvoll. In fast jeder Hinsicht spielt sie die zweite Geige. Sie ist etwas kleiner (und außerdem weiter entfernt); sie umfasst viel weniger Sterne; ihr Gehalt an schweren Elementen ist noch geringer als der in der Großen Wolke und die Sternentstehungsgebiete sind in ihrem Umfang bescheidener und weniger aktiv. In der Kleinen Magellanschen Wolke wurden hingegen mehr Neutronensterne entdeckt, die schnell kreisenden Reste von explodierten Sternen. Auch gibt es mehr Röntgendoppelsterne: Systeme, in denen ein Neutronenstern (oder ein stellares Schwarzes Loch) eine Bahn um einen schweren „normalen" Stern

Schwere Jungs
Die hellblauen Sterne auf diesem Hubble-Foto gehören zum offenen Sternhaufen NGC 2070. Im Zentrum befindet sich der schwerste bekannte Stern im Weltall: R136a1, der rund 300-mal so massereich ist wie die Sonne. Die Entstehung solcher Riesensterne ist wahrscheinlich möglich, da das Gas in der Großen Magellanschen Wolke relativ wenige schwere Elemente enthält.

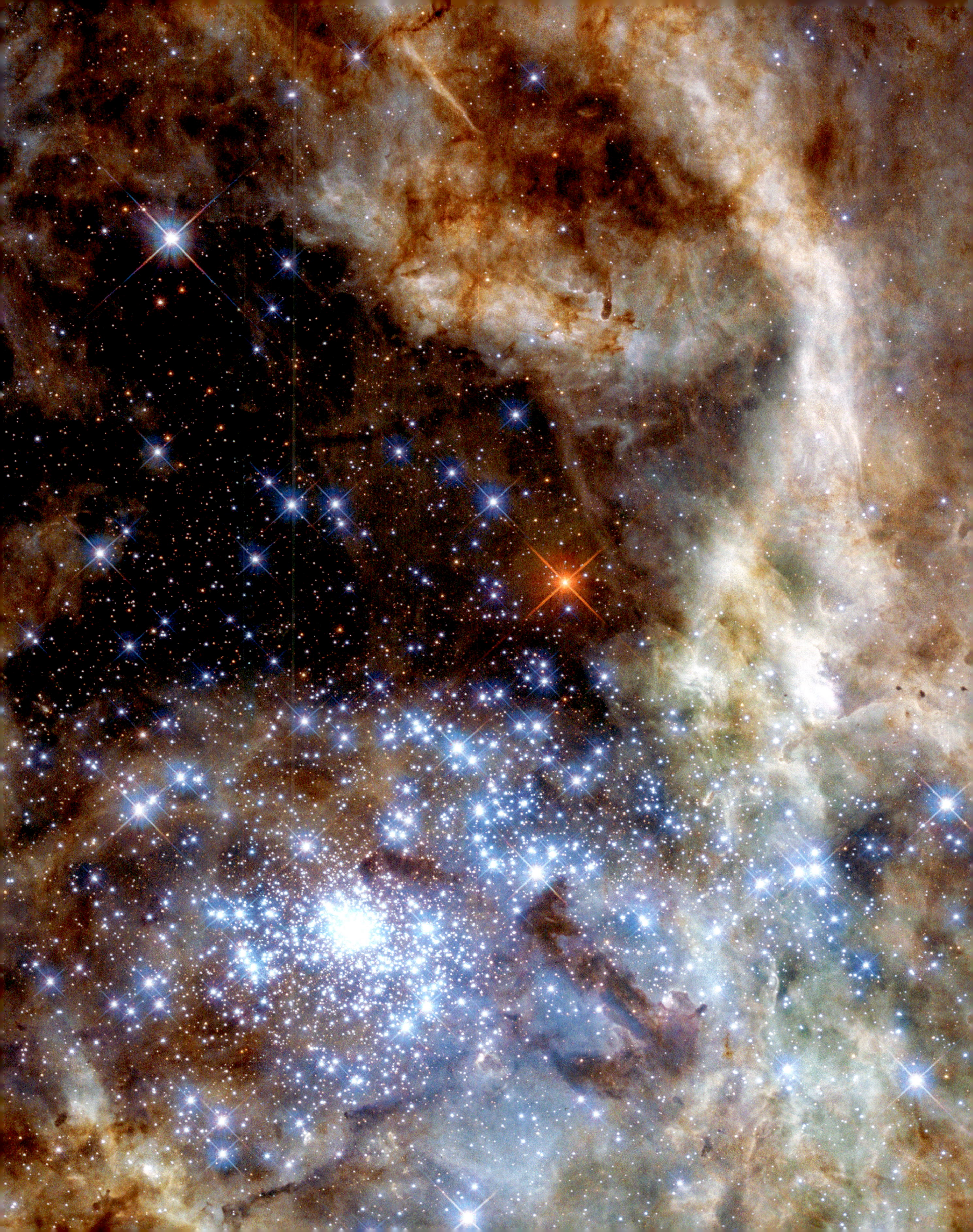

Embryonale Sterne

NGC 346 ist eines der Sternentstehungsgebiete in der Kleinen Magellanschen Wolke. Neben Gasnebeln, Staubschleiern und jungen Riesensternen hat das Hubble-Weltraumteleskop hier auch neugeborene Protosterne ans Licht gebracht, in denen Kernfusionsreaktionen von Wasserstoff erst einsetzen werden. Einige dieser Sterne sind nur halb so schwer wie unsere eigene Sonne.

Kleine Nachbarin

Die Kleine Magellansche Wolke, 200.000 Lichtjahre entfernt von der Erde, zeigt weniger Aktivität als ihre große Schwester. Dennoch gibt es auch hier zahlreiche Sternentstehungsgebiete. Oben im Bild ist der riesige Kugelsternhaufen 47 Tucanae zu sehen. Er ist jedoch nicht Teil der kleinen, unregelmäßigen Galaxie, sondern nur 15.000 Lichtjahre entfernt.

beschreibt. Offenbar haben die zwei Wolken eine ziemlich unterschiedliche Evolution erfahren.

Die Kleine Magellansche Wolke schrieb Anfang des 20. Jahrhunderts Geschichte, als die amerikanische Astronomin Henrietta Swan Leavitt veränderliche Sterne in der Galaxie erforschte. Sie entdeckte, dass bei einer bestimmten Art veränderlicher Sterne – den sogenannten Cepheïden – ein enger Zusammenhang zwischen der Geschwindigkeit besteht, in der sich die Helligkeit des Sternes ändert, und der tatsächlichen Leuchtkraft des Sterns. Diese sogenannte Perioden-Leuchtkraft-Beziehung ist ein wichtiger Pfeiler für die Entfernungsbestimmung im Weltall: Wenn man weiß, wieviel Licht ein Stern ausstrahlt, kann man aus der beobachteten Helligkeit am Himmel einfach dessen Entfernung ableiten. Ebenso wie das Zentrum unserer eigenen Milchstraße bleiben die Große und die Kleine Magellansche Wolke – als nächste Nachbarn der Milchstraße – dankbare Studienobjekte für Astronomen. Nicht umsonst werden große, neue Teleskope vorzugsweise auf der südlichen Halbkugel installiert. Immer wieder liefert diese Forschung überraschende Ergebnisse. So verraten Präzisionsmessungen des Hubble-Weltraumteleskops, dass sich die zwei Satellitengalaxien schneller bewegen, als man bisher annahm; vielleicht sogar so schnell, dass sie die Schwerkraft des Milchstraßensystems eines Tages nicht mehr festhalten kann. Wenn „Nubecula Major" und „Nubecula Minor" tatsächlich einmalige Besucher sind – zufällige Passanten auf der kosmischen Bühne und keine festen Partner der Milchstraße –, dann dürfen wir uns glücklich schätzen, dass wir Zeugen ihres Besuchs sein durften und von ihrer Nähe profitieren konnten.

Die Andromeda-Galaxie

Es ist ein kalter, mondloser Herbstabend. Weit außerhalb der geschlossenen Ortschaft, fernab von der störenden Lichtverschmutzung unserer Zivilisation, bestaune ich den Sternenhimmel. Der Große Bär – das bekannte Sternbild, dessen hellste Sterne den Großen Wagen bilden – steht tief am nördlichen Himmel. Im Westen sind die Sommersterne Deneb und Wega noch zu sehen; im Osten gehen die Wintersternbilder Stier, Zwillinge und Orion auf. Die Milchstraße verläuft als wolkige Spur von Osten nach Westen, quer durch den Zenit. Mitten in der Milchstraße steht das W-förmige Sternbild Kassiopeia. Und hoch über dem südlichen Horizont gehe ich auf die Suche nach dem Andromeda-Nebel.

Ich weiß genau, wo ich hinschauen muss. Von der linken oberen Ecke des Herbstvierecks zwei Sterne nach links und dann zwei Sterne nach oben. Ja, da steht er doch: ein verschwommener kleiner Lichtfleck am Himmel, besonders auffällig, wenn ich meinen Blick etwas über ihn hinwegstreifen lasse. Mein Fernglas zeigt ein viel deutlicheres Bild: ein langgestreckter Nebel mit auffallend hellem Zentrum. Ich kenne den Andromeda-Nebel natürlich von Fotos, die mit einem großen Teleskop gemacht wurden. Damit verglichen bedeutet dieses Lichtfleckchen gar nichts.

Eindrucksvoll ist hingegen die Tatsache, dass ich Sternenlicht sehe, das vor 2,5 Millionen Jahren ausgesandt wurde. Ich habe eine andere Welteninsel im Auge – die große Schwester unseres eigenen Milchstraßensystems. Der Andromeda-Nebel war im Altertum zweifellos schon bekannt, der Persische Astronom as-Sufi beschrieb ihn bereits. Auch nach der Erfindung des Teleskops behielt er seine Wichtigkeit. Was war dies nur für ein mysteriöser Nebelfleck, der zudem noch eine schöne, symmetrische Spiralstruktur zu haben schien? War es ein kosmischer Strudel – eine herumwirbelnde Gaswolke, aus der irgendwann ein neuer Stern entstehen würde? Und würde das dann auch mit all diesen anderen Spiralnebeln geschehen, die im Laufe des 18. und 19. Jahrhunderts entdeckt wurden? In welcher Entfernung befand sich dieser Lichtfleck eigentlich? Und wie groß könnte er wohl sein?

1885 flammte tatsächlich ein neuer Stern im Andromeda-Nebel auf, jedoch nicht im Zentrum. War es eine sogenannte Nova? Angesichts der scheinbaren Helligkeit des neuen Sterns müsste der Nebel dann einfach Teil unseres eigenen Milchstraßensystems sein und war vielleicht ein kompletter Sternhaufen im Entstehen. Aber was hatte es dann mit den viel

Staubiges Mosaik

Über 3000 einzelne Infrarotfotos der Andromeda-Galaxie wurden zu diesem Mosaik zusammengefügt. Die Fotos wurden vom Spitzer-Weltraumteleskop der NASA aufgenommen. In Infrarotwellenlängen (der „Wärmestrahlung") ist besonders der Staub in der Galaxie gut zu sehen (hier in rot wiedergegeben). Die blauen Farben zeigen die Verteilung vorwiegend alter Sterne in der Galaxie.

Große Schwester

Die Andromeda-Galaxie ist die nächstgelegene große Schwester unserer Milchstraße. Von der Erde aus sehen wir das Spiralsystem unter einem flachen Winkel. Die Andromeda-Galaxie ist größer und schwerer als die Milchstraße und enthält auch mehr Sterne. Trotz der enormen Entfernung von 2,5 Millionen Lichtjahren ist die Galaxie in einer klaren Herbstnacht mit bloßem Auge als ein kleiner, langgestreckter Lichtfleck am Himmel zu sehen.

Eintauchen in Andromeda

Hundert Millionen Sterne und Tausende von Sternhaufen sind auf diesem Mosaik der Andromeda-Galaxie aus Hubble-Fotos zu sehen. Mit eineinhalb Milliarden Pixeln ist es die größte Aufnahme des Weltraumteleskops, die jemals gemacht wurde. Links unten sieht man das Zentrum der Galaxie; rechts einen ihrer großen Spiralarme. Das Foto überspannt ein Gebiet von ungefähr 60.000 Lichtjahren.

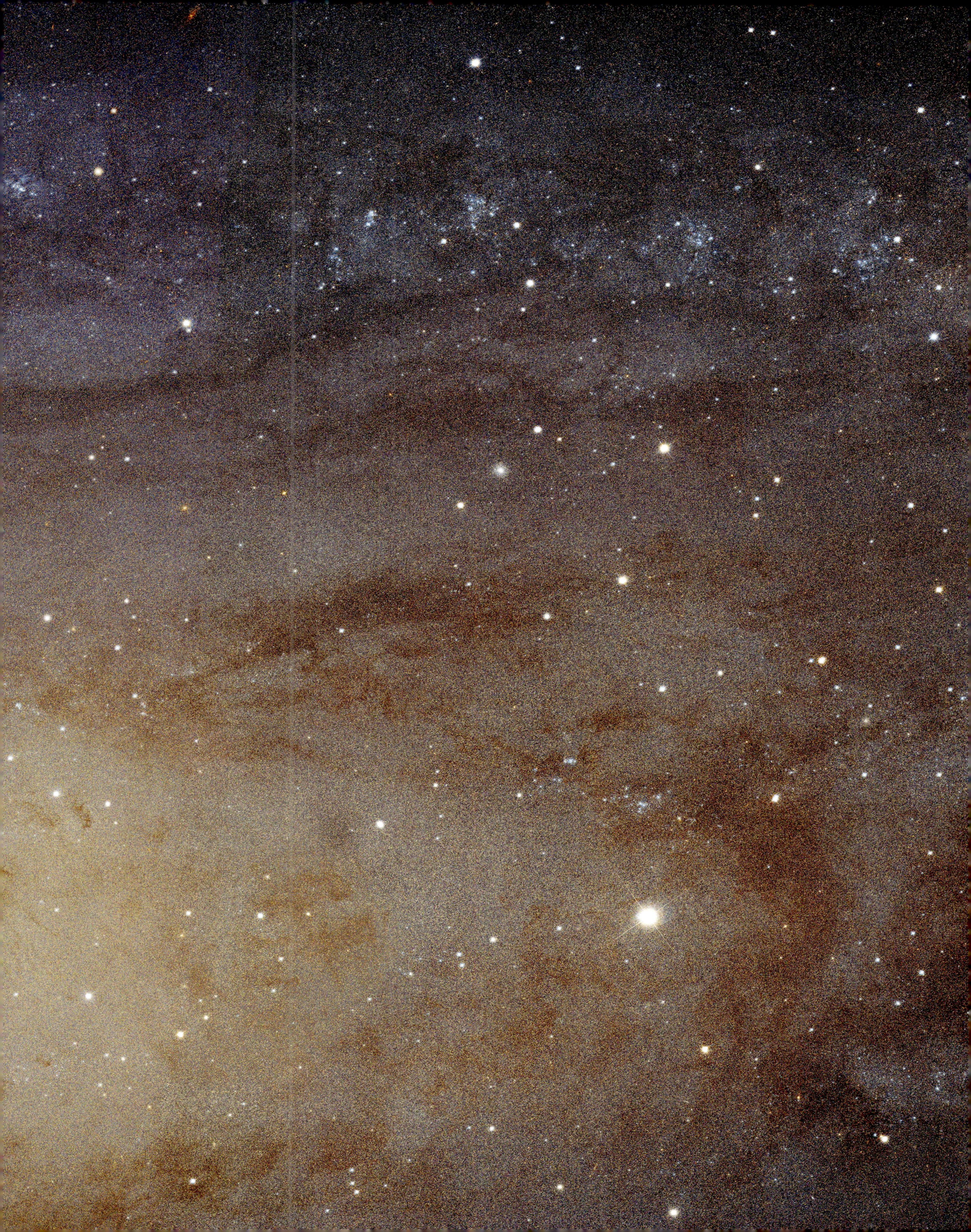

Aufgeputschte Sterne

Tief im Zentrum von M 32, einer der elliptischen Begleiter der Andromeda-Galaxie, fotografierte das Hubble-Weltraumteleskop Tausende helle, blaue Sterne. Aus den Geschwindigkeiten, mit denen sich diese Sterne um das Zentrum bewegen, haben Astronomen abgeleitet, dass sich dort ein supermassereiches Schwarzes Loch, einige Millionen Mal so schwer wie unsere Sonne, befinden muss.

schwächeren „neuen Sternen" auf sich, die später noch gefunden wurden? Wenn dies Nova-Ausbrüche gewesen wären, müsste der Nebel viel weiter entfernt sein und wäre diese Explosion von 1885 viel energiereicher gewesen. Wie kann man das je ergründen? Die Entfernungsbestimmung ist ein altbekanntes Problem in der Astronomie. Von den Sternen, die sich relativ nah bei der Sonne befinden, kennen wir die Entfernung recht gut. Sie weisen eine kleine jährliche Schwankung am Himmel auf – eine scheinbare Positionsänderung, verursacht durch den Lauf der Erde um die Sonne. Die Größe dieser „Parallaxe" ist ein direktes Maß für die Entfernung des Sterns, doch leider ist der Effekt immer so klein, dass er nur für die nächsten Sterne richtig messbar ist. Für größere Entfernungen braucht man andere Methoden; Anfang des 20. Jahrhunderts hatte niemand überhaupt eine Vorstellung, wie man jemals die Entfernung eines verschwommenen Nebelflecks bestimmen könnte. Im Fall des Andromeda-Nebels wurden Anfang der 1920er-Jahre Fortschritte gemacht. Mit dem riesigen 2,5-m-Hooker-Teleskop auf dem Mt. Wilson, nahe bei Los Angeles, gelang es dem amerikanischen Astronomen Edwin Hubble, einzelne Sterne im Andromeda-Nebel zu beobachten. Daraufhin dauerte es

nicht lange, bis jeder davon überzeugt war, dass es sich hier um eine komplette Galaxie handelte – ein „Insel-Universum" (in Hubbles Worten), vergleichbar mit unserem eigenen Milchstraßensystem. Heute sprechen wir daher auch lieber von der Andromeda-*Galaxie* und nicht vom Andromeda-*Nebel*.
Als Hubble einen sogenannte Cepheïden im Andromeda-Nebel entdeckte – einen Stern, der auf ganz charakteristische und regelmäßige Weise seine Helligkeit ändert – konnte er die Entfernung der Galaxie bestimmen. Henrietta Leavitt hatte ja gut zehn Jahre zuvor ermittelt, dass eine Beziehung zwischen der Geschwindigkeit der Helligkeitsschwankungen und der tatsächlichen Leuchtkraft dieser Sterne besteht. Hubble maß die Periode des Cepheïden – die Zeit, die der Stern benötigt, um einen Helligkeitszyklus zu durchlaufen. Mit Hilfe des Gesetzes von Leavitt konnte er dann die tatsächliche Leuchtkraft des Sterns bestimmen. Und indem er diese mit der wahrgenommenen Helligkeit verglich, war es nicht schwer, die Entfernung zu berechnen. Heute wissen wir, dass die Andromeda-Galaxie 2,5 Millionen Lichtjahre entfernt ist. Sie ist größer als unsere eigene Galaxis und zählt auch mehr Sterne: mindestens eine Billion – also 1000 Milliarden. Wie das Milchstraßensystem enthält

Heiße Ringe
Utraviolettaufnahmen zeigen deutlich die ringförmigen Strukturen in der Andromeda-Galaxie, die auch auf Infrarotfotos zu sehen sind. Die energiereiche ultraviolette Strahlung kommt vorwiegend von jungen, heißen Sternen. Die Aufnahme zeigt auch die Staubwolken, in denen neue Sterne geboren werden. Dieses Bild ist aus elf Aufnahmen des Weltraumteleskops GALEX der NASA zusammengesetzt.

Friedlicher Begleiter

Der zweite elliptische Begleiter der Andromeda-Galaxie trägt die Katalogbezeichnung M 110 oder NGC 205. Die Galaxie ist etwa 15.000 Lichtjahre groß, vergleichbar mit den Magellanschen Wolken, die unser Milchstraßensystem begleiten. Auf diesem Foto von einem österreichischen Amateurastronomen sind dunkle Staubgebiete zu sehen. Die Galaxie enthält auch viele junge Sterne.

die Andromeda-Galaxie funkelnde Sternhaufen, leuchtende Gasnebel, dunkle Staubwolken, aktive Sternentstehungsgebiete, alte Kugelsternhaufen, planetarische Nebel, Supernovareste und rasch rotierende Neutronensterne. Sie ist die nächste große Galaxie im Universum – der nächste „erwachsene" Nachbar der Milchstraße.

Von der Erde aus sehen wir die Andromeda-Galaxie unter einem recht flachen Winkel; daher sieht sie in einem Fernglas wie eine langgezogene Ellipse aus. Da wir fast von der Seite auf sie blicken, wird viel Sternenlicht durch Staubwolken absorbiert, die sich in der flachen Scheibe der Galaxie befinden. Das ist schade, denn wenn wir die Andromeda-Galaxie direkt von oben sehen würden, wäre sie eine spektakuläre Erscheinung am Firmament: eine helle, nebelartige Spirale inmitten der funkelnden Vordergrundsterne unserer Milchstraße. Dann wäre auch schon viel früher entdeckt worden, dass sich in der Galaxie – genauer in ihren schönen Spiralarmen – ein gigantischer Ring aus helleren Nebeln und jungen Sternen befindet.

Mit einem einfachen „optischen" Teleskop ist er nicht leicht auszumachen, doch Beobachtungen in ultravioletten und infraroten Wellenlängen lassen uns diesen Ring deutlich sehen.

Wir wissen inzwischen auch, dass sich näher am Zentrum ein kleinerer Ring aus Staub befindet und dass die dünne Scheibe der Andromeda-Galaxie ein wenig gewölbt ist. Alle diese Strukturen sind so gut wie sicher die Folgen einer Kollision vor einigen Milliarden Jahren mit einer anderen, kleineren Galaxie – vermutlich einem der zwei elliptischen Begleiter der Andromeda-Galaxie. Denn auch darin zeigt diese Galaxie Ähnlichkeiten mit unserem eigenen „Wohnsitz": Sie wird von zwei relativ großen Satellitengalaxien begleitet.

Und wie sieht es mit dem Zentrum der Andromeda-Galaxie aus? Befindet sich dort auch ein supermassereiches Schwarzes Loch, vergleichbar mit Sagittarius A*? Ja, und dieses Schwarze Loch ist zudem viel schwerer als unseres: etwa 100 Millionen Mal so schwer wie die Sonne. Seltsamerweise wurde nur fünf Lichtjahre entfernt von diesem Schwarzen Loch ein zweiter heller „Kern" entdeckt – möglicherweise eine

Frontalzusammenstoß

Die Andromeda-Galaxie und das Milchstraßensystem nähern sich einander mit einer Geschwindigkeit von etwa 100 Kilometer pro Sekunde. In einigen Milliarden Jahren werden die zwei Galaxien miteinander kollidieren, durch Gezeitenkräfte verformt und zu einer einzigen großen elliptischen Galaxie zusammenschmelzen. Von der Erde aus gesehen wird dies ein spektakuläres Schauspiel sein.

große Ansammlung von Gas und Sternen, die dank der Schwerkraft des Schwarzen Lochs auf ihrer Bahn gehalten werden. Das Hubble-Weltraumteleskop (benannt nach Edwin Hubble) verfügt nur über ein kleines Bildfeld; die große, nahegelegene Galaxie passt niemals auf ein einzelnes Hubble-Foto. Doch in den letzten Jahren wurden viele Dutzend Aufnahmen gemacht, aus denen die Astronomen ein gigantisches Mosaik zusammengesetzt haben. Durch einen Vergleich der messerscharfen Fotos mit Aufnahmen von vor vielen Jahren konnte das Weltraumteleskop sogar die winzig kleinen Positionsänderungen der Sterne am Himmel vermessen. Anders gesagt: Wir sehen, dass die Andromeda-Galaxie im Lauf der Zeit ein klitzekleines Bisschen ihre Position ändert.

Diese präzisen Messungen sind wichtig, um die räumliche Bewegung der Galaxie zu bestimmen. Untersuchungen der Andromeda-Sterne belegen, dass sich die Galaxie unserem Milchstraßensystem mit einer Geschwindigkeit von 110 Kilometer pro Sekunde nähert. Diese Seitwärtsbewegung war bis vor Kurzem noch nicht bekannt. Doch nun besteht Gewissheit, dass die zwei großen Galaxien in ferner Zukunft miteinander kollidieren werden. In vier bis fünf Milliarden Jahren verschmilzt die Andromeda-Galaxie mit unserer Milchstraße (engl.: Milky Way) zu einer riesigen elliptischen Galaxie, die schon heute „Milkomeda" genannt wird. Eventuell muss ich also in ein paar Milliarden Jahren nochmal in einer klaren Herbstnacht nach draußen. Das kleine, langgezogene Lichtfleckchen ist dann schon lange zu einem beängstigend großen Spiralsystem herangewachsen, das die Hälfte des sichtbaren Sternenhimmels einnimmt. Aufgrund der gegenseitigen Schwerkraftanziehung zwischen Milchstraße und Andromeda-Galaxie ist das System außerdem verformt und verzerrt, genauso wie unsere eigene Galaxis. Wo Gaswolken aufeinander prallen, entstehen Tausende neue helle Sterne. Vom Großen Bär und der Kassiopeia ist zu dieser Zeit schon lange nichts mehr zu entdecken. Übrigens: von der Menschheit höchstwahrscheinlich auch nicht. Unsere Nachfahren werden Geschichte sein und unsere Existenz mit all ihren Spuren ist zu Sternenstaub zerfallen. Aber das ist wieder eine ganz andere Geschichte.

Die Dreiecks-Galaxie

Ein Sternbild, das Dreieck heißt? Das klingt fast wie ein Scherz. Bei so vielen Sternen am Himmel kann man unzählige imaginäre Dreiecke bilden. Außerdem: Der Große Bär, Orion, der Schütze, das Kreuz des Südens – das sind alles bekannte Sternbilder, doch wer hat jemals vom Dreieck gehört?
Dennoch ist dieses kleine Sternbild schon einige Tausend Jahre alt. Zugegeben, es ist recht unauffällig, doch in der griechischen Antike zog es trotzdem hinlänglich Aufmerksamkeit auf sich. Der griechische Astronom Claudius Ptolemäus, der im zweiten Jahrhundert nach Christus in Alexandria lebte und arbeitete, nahm es bereits in seine berühmte Liste der 48 Sternbilder auf. Alle diese Sternbilder kennen wir heute noch immer, auch wenn das riesige Argo Navis (Schiff Argo) inzwischen in drei kleinere Sternbilder – Schiffskiel, Segel und Hinterdeck – aufgeteilt wurde. Das Dreieck (lat.: Triangulum) ist ein langgezogenes kleines Dreieck von Sternen, das zwischen den Sternbildern Andromeda und Widder liegt. Genau wie die

Heimatliche Scholle

In einem der Spiralarme der Dreiecks-Galaxie befindet sich das eindrucksvolle Sternentstehungsgebiet NGC 604 – ein gigantischer Gas- und Staubnebel, in dem schon seit einigen Millionen Jahren neue Sterne geboren werden. NGC 604 ist nach dem Tarantel-Nebel in der Großen Magellanschen Wolke der größte kosmische Kreißsaal in der Lokalen Gruppe aus Galaxien.

Radiostrahlungskarte

Mit Radioteleskopen in den Niederlanden und in den Vereinigten Staaten wurde die Verteilung kühlen Wasserstoffgases in der Dreiecks-Galaxie bestimmt. Das kühle dunkle Gas ist mit einem normalen Teleskop nicht zu sehen. Die Radiostrahlung ist auf diesem Bild in violettblauen Farben wiedergegeben. Deutlich zu sehen ist, dass die Spiralarme der Galaxie weiter reichen als man beim ersten Anblick vermuten sollte.

Glühende Arme
Die Dreiecks-Galaxie (M 33) ist mit einem Durchmesser von 60.000 Lichtjahren um einiges kleiner als unsere Milchstraße und die benachbarte Andromeda-Galaxie. Dennoch stiehlt sie ihnen auf diesem Übersichtsfoto die Show, aufgenommen mit dem europäischen VLT Survey Telescope in Nordchile. Die rosa Flecken in den Spiralarmen der Galaxie sind aktive Sternentstehungsgebiete; der hellste Nebel ist NGC 604.

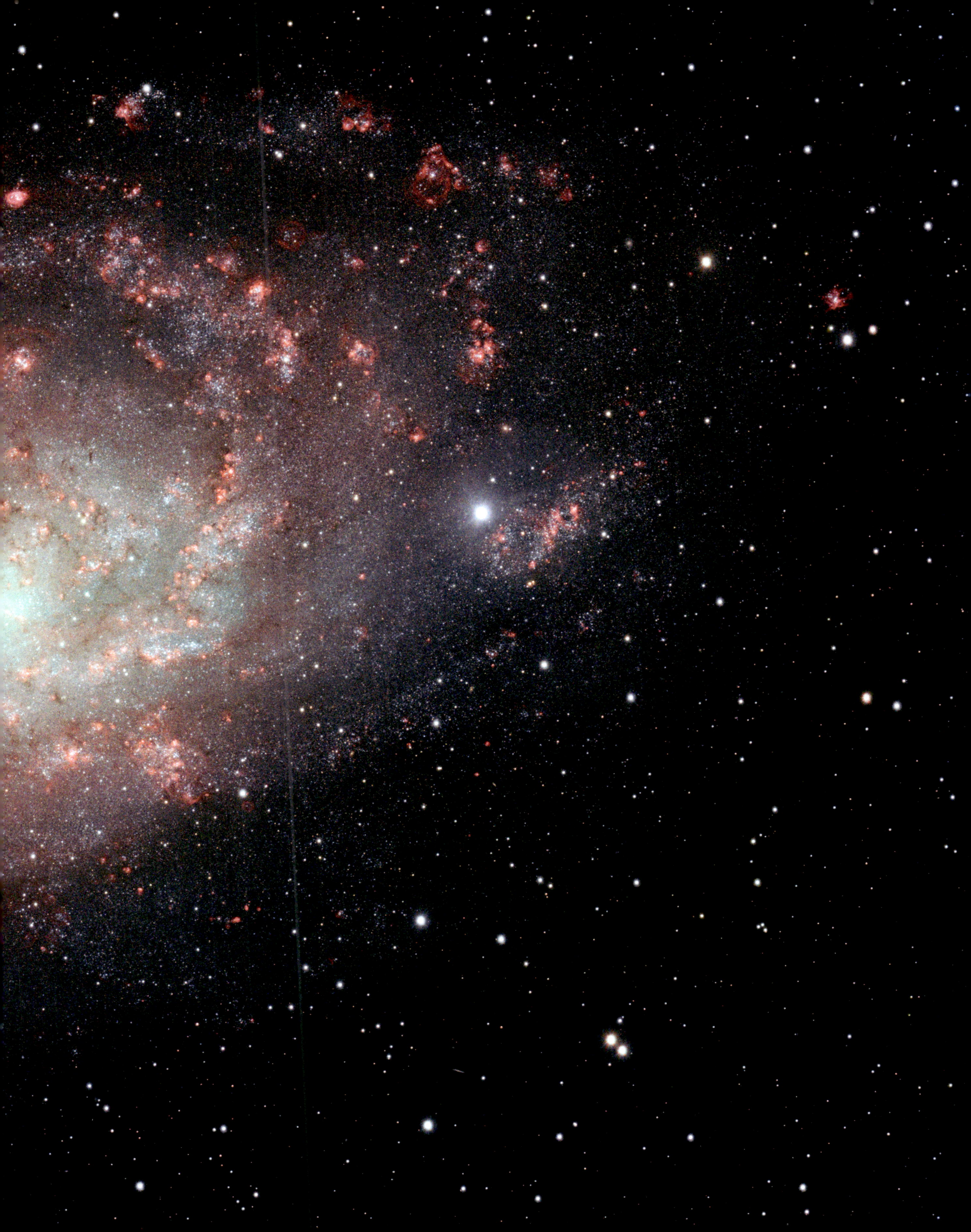

Andromeda ist es hauptsächlich in den Herbstmonaten gut zu sehen. Und genau wie die Andromeda-Galaxie wurde dort eine Galaxie nach dem Sternbild benannt, in dem sie sich befindet. So ist das Dreieck der Namensgeber für die Dreiecks-Galaxie.
Ob Ptolemäus diesen sehr schwachen kleinen Nebel kannte, wissen wir allerdings nicht. Nur dann, wenn man ein außergewöhnlich gutes Sehvermögen besitzt, sich im Stockdunkeln befindet und genau weiß, wo man hinschauen muss, ist das verschwommene Fleckchen noch eben mit bloßem Auge zu sehen. Das ist angesichts der Entfernung von drei Millionen Lichtjahren – fast 30 Trillionen Kilometer – einfach sensationell. Mit einem Fernglas ist diese Galaxie recht gut zu erkennen, auch wenn man dann nicht viel mehr als ein nahezu rundes, verschwommenes Lichtfleckchen sieht.
Die Dreiecks-Galaxie ist auch unter der Katalogbezeichnung M 33 bekannt. Sie ist das 33. Objekt in einer Liste vieler Dutzend Nebel und Sternhaufen, die in der zweiten Häfte des 18. Jahrhunderts von dem französischen Astronomen Charles Messier aufgestellt wurde – daher das große M. Mit einem relativ kleinen 10-cm-Teleskop begab sich Messier vom Stadtzentrum von Paris aus auf die Jagd nach Kometen. Sie sehen auch wie schwache verschwommene Lichtfleckchen aus, doch sie bewegen sich langsam zwischen den Sternen. Um neue Kometen besser identifizieren zu können, beschloss Messier, die „stillstehenden" Nebel zu katalogisieren. Die endgültige Fassung des Messier-Katalogs mit 103 Objekten erschien 1781. Später wurden noch sieben Objekte hinzugefügt; zum Beispiel trägt einer der Begleiter der Andromeda-Galaxie die Bezeichnung M 110. Viele der Objekte, denen wir in diesem Buch begegnen sind, verfügen auch über Messier-Nummern. Die Andromeda-Galaxie ist M 31; der Orion-Nebel M 42; der Adler-Nebel M 16. Nummer 1 des Katalogs ist der Krabben-Nebel; M 45 steht für die Plejaden (der berühmte offene Sternhaufen im Sternbild Stier), und wir schlossen bereits Bekanntschaft mit dem Kugelsternhaufen M 92. Alle Messier-Objekte sind mit einem kleinem Amateurteleskop zu sehen.
Hundert Jahre nach Messier verfügten Astronomen über viel größere Instrumente und es gab Bedarf an ausführlicheren Katalogen. So stellte der dänisch-irische Astronom John Dreyer 1888 den *New General Catalogue* mit einigen Tausend Objekten zusammen. Auch diese NGC-Bezeichnungen haben wir zuvor schon erwähnt. Natürlich kommen die Messier-Objekte auch im *New General Catalogue* vor: Die Andromeda-Galaxie (M 31) ist auch bekannt als NGC 224; die Dreiecks-Galaxie (M 33) als NGC 598.
M 33 ist eine Spiralgalaxie, genau wie die Andromeda-Galaxie und unsere Milchstraße, nur etwas kleiner. Ihr Durchmesser beträgt etwa 60.000 Lichtjahre, die Galaxie zählt schätzungsweise rund 100 Milliarden Sterne – 20 Prozent der Anzahl der Sterne im Milchstraßensystem. Von uns aus gesehen befindet sich M 33 schräg hinter der Andromeda-Galaxie.

Die zwei Galaxien stehen in einer Entfernung von etwa 500.000 Lichtjahren voneinander, womöglich ist M 33 eine ferne Begleiterin von M 31. Ebenso wie die Große und die Kleine Magellansche Wolke sind diese zwei Galaxien durch eine dünne Brücke aus Gas und Sternen miteinander „verbunden". Es gibt Hinweise, dass die Dreiecks-Galaxie vor einigen Milliarden Jahren in geringer Entfernung an der größeren Andromeda-Galaxie vorbeistreifte.
Heute wundern wir uns nicht mehr über solcherlei Informationen. Doch vor 100 Jahren war das ganz anders. Der niederländisch-amerikanische Astronom Adriaan van Maanen (der übrigens an Nyktophobie litt – er fürchtete sich vor Dunkelheit!) war Anfang der 1920er-Jahre noch immer fest davon überzeugt, dass „Spiralnebel" wie M 31 und M 33 Gaswirbel in unserem eigenen Milchstraßensystem seien. Und er wusste auch, wie er die Richtigkeit seiner Thesen belegen konnte. 1911 promovierte Van Maanen in Utrecht mit einer Forschung an der sogenannten Eigenbewegung der Sterne – die sehr kleinen Positionsänderungen der Sterne am Himmel infolge ihrer Bewegung im Weltall. Als er 1912 eine Anstellung bei der Mt.-Wilson-Sternwarte in Kalifornien erhielt, beschloss er, ähnliche Messungen an den schwachen Sternen in einer Handvoll Spiralnebel durchzuführen, darunter M 33.
Van Maanen verglich Fotos miteinander, die im Abstand von vielen Jahren aufgenommen worden waren. So genau wie nur möglich vermaß er die Positionen einer Reihe heller Sterne. Und tatsächlich, es schien eine sehr träge Drehung der Spiralnebel mit einer Rotationsperiode von etwa 100.000 Jahren vorzuliegen. Lägen die Nebel weit außerhalb unseres Milchstraßensystems, wie viele Astronomen behaupteten, müssten sich die Sterne fast so schnell wie Licht um das Zentrum des Systems bewegen. Möglich war nur eine Schlussfolgerung: Die Nebel mussten Teil des Milchstraßensystems sein und damit viel näher stehen – nur dann wäre die gemessene Rotationsperiode realistisch.
Van Maanen lag aber daneben, das wissen wir heute. Ja, Spiralgalaxien drehen sich, doch ihre Rotationsperiode liegt in der Größenordnung von einigen Hundertmillionen Jahren. Erst 2005 gelang es Radioastronomen, die Eigenbewegungen von Sternen in M 33 zu messen. Sie bewegen sich mit weniger als 30 Mikrobogensekunden im Jahr – eine Strecke vergleichbar der Dicke eines Menschenhaars in einer Entfernung von 500 Kilometern. Sonderbarerweise ist nie wirklich deutlich geworden, woran Van Maanen scheiterte, denn er war als außergewöhnlich sorgfältiger Beobachter bekannt. Vielleicht war hier der Wunsch Vater seiner Gedanken. Genau wie im Milchstraßensystem und in der Andromeda-Galaxie befinden sich in den Spiralarmen der Dreiecks-Galaxie Staubwolken und Gasnebel, in denen neue Sterne geboren werden.
Das weitaus größte und hellste Sternentstehungsgebiet ist NGC 604 – so auffällig, dass es eine eigene

Putzaktion

Im Zentrum des großen Sternentstehungsgebiets NGC 604 strahlen einige Hundert neugeborene heiße Sterne, die mit ihrer energiereichen Strahlung die weiträumige Gas- und Staubwolke von innen heraus sauberblasen. Im Vergleich dazu: Der Orion-Nebel, ein nahegelegenes Sternentstehungsgebiet in unserem Milchstraßensystem, enthält nur vier dieser heißen Riesensterne.

Dünn und heiß

Heftige „Sternwinde" und Supernova-Explosionen der Sterne im Zentrum von NGC 604 blasen große Mengen heißen Gases ins All. Das dünne Gas erreicht Temperaturen von einigen Millionen Grad und verströmt sehr energiereiche Röntgenstrahlung. Auf diesem Falschfarbenbild ist die Röntgenstrahlung – beobachtet vom amerikanischen Chandra X-ray Observatory– in Blau wiedergegeben.

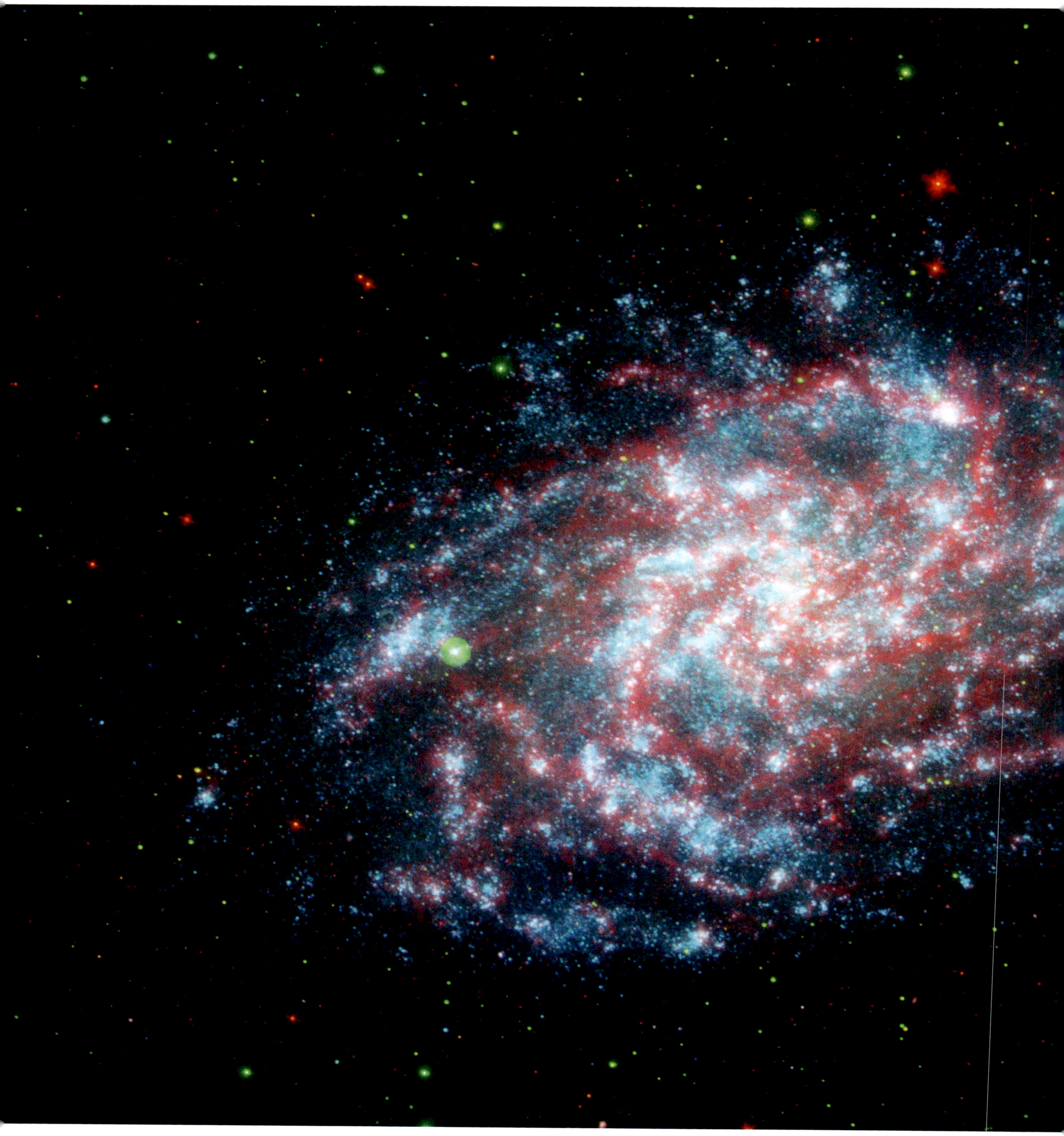

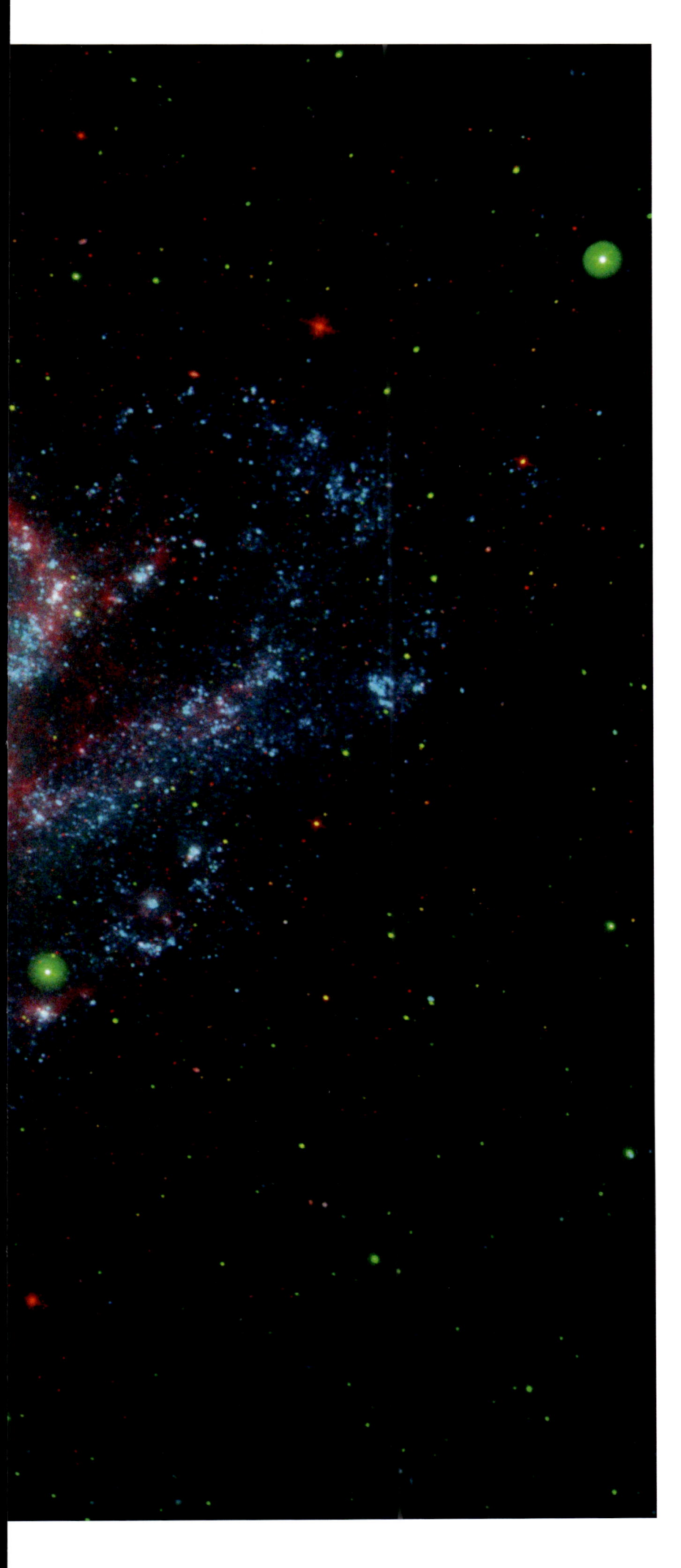

NGC-Nummer erhalten hat. Nach dem Tarantel-Nebel in der Großen Magellanschen Wolke ist NGC 604 der größte und aktivste kosmische Kreißsaal im nahen Weltall, ebenfalls mit einem großen jungen Sternhaufen im Zentrum.

Trotz seiner bescheidenen Maße weist M 33 also viele Übereinstimmungen mit seinen zwei großen Nachbarn auf. Doch einen wichtigen Unterschied gibt es: Messungen an den Bewegungsgeschwindigkeiten der Sterne im Zentrum der Galaxie belegen, dass sich dort *kein* supermassereiches Schwarzes Loch befindet. Das Zentrum produziert zwar viel energiereiche Röntgenstrahlung, doch wenn diese Strahlung aus dem direkten Umfeld eines Schwarzen Lochs stammen würde, könnte dieses nicht schwerer sein als 10.000 Sonnenmassen. Das ist sehr bemerkenswert, denn gerade in den letzten Jahren wurde deutlich, dass fast jede Galaxie im Weltall ein supermassereiches Schwarzes Loch beherbergt.

Leichtere Schwarze Löcher, Folgeerscheinungen von Supernova-Explosionen, gibt es jedoch in Hülle und Fülle in der Dreiecks-Galaxie. Sie verraten ihre Existenz, indem sie Gas aus ihrer Umgebung aufsaugen. Noch bevor das Gas im Schwarzen Loch landet, wird es so stark erhitzt, dass es Röntgenstrahlung aussendet. Eine Röntgenquelle namens M 33 X-7 erlischt alle dreieinhalb Tage für kurze Zeit: Das Schwarze Loch, das rund 15-mal so schwer ist wie die Sonne, läuft auf einer Bahn um einen gigantischen Riesenstern und wird einmal je Umlauf kurzfristig dem Blick entzogen.

Die Andromeda-Galaxie, die Milchstraße und die Dreiecks-Galaxie sind die drei größten Galaxien in der sogenannten Lokalen Gruppe. Neben diesen drei Spiralgalaxien gehören zur Lokalen Gruppe auch eine Vielzahl kleiner Zwerggalaxien, die im folgenden Kapitel Thema sind. Die Lokale Gruppe wird übrigens nicht ewig existieren. Zuvor haben wir schon festgestellt, dass Andromeda und die Milchstraße in einigen Milliarden Jahren miteinander kollidieren werden. Das Schicksal von M 33 ist ungewiss: Vielleicht nimmt sie teil an der galaktischen Verschmelzung, doch es kann auch sein, dass sie weiter als Satellitengalaxie ihre Kreise um Milkomeda ziehen wird.

Unsichtbares Licht

Infrarot- und Ultraviolett-Weltraumteleskope bringen Details der Dreiecks-Galaxie ans Licht, die mit optischen Teleskopen nicht oder kaum sichtbar sind. Auf diesem Foto ist die langwellige Infrarotstrahlung von Staubwolken in der Galaxie rot wiedergegeben. Die blaugrünen Farben geben die Verbreitung energiereicher ultravioletter Strahlung an, die von jungen Sternen ausgeht.

Satellitengalaxien

Drei Spiralgalaxien, verbreitet über ein Gebiet mit einem Durchmesser von gut 30 Trillionen Kilometer – wer kam auf die Idee, das die „Lokale Gruppe" zu nennen? Dahinter kann nur ein Astronom stecken, denn die Astronomie fürchtet sich nicht vor großen Zahlen. 30 Trillionen Kilometer sind nichts, verglichen mit den Dimensionen des beobachtbaren Weltalls. Diese Galaxiengruppe ist in der Tat lokal: Wenn das Universum die weite Welt darstellt, befinden sich die Andromeda-Galaxie und die Dreiecks-Galaxie bei uns im Dorf. Doch trotz dieser scheinbaren Nachbarschaft werden laufend neue Mitglieder der Lokalen Gruppe entdeckt, die zuvor niemandem aufgefallen waren. Die neu entdeckten Galaxien sind natürlich keine großen Spiralen wie unsere Milchstraße, M 31 und M 33. Nein, es geht um kleine, unauffällige Zwerggalaxien, die oft nicht mehr als ein paar Hunderttausend Sterne beheimaten. Wie Satelliten umkreisen sie in Entfernungen von einigen Hunderttausend Lichtjahren die größeren Spiralgalaxien.

Junge helle Sterne gibt es meist nicht und man braucht ein empfindliches Teleskop, um eine solche dünne Wolke schwacher Sterne aus dieser Entfernung zu entdecken.

Natürlich, die Große und die Kleine Magellansche Wolke sind auch Begleiter des Milchstraßensystems, doch sie sind viel größer und auffallender, so wie die zwei elliptischen Begleiter der Andromeda-Galaxie. Erst 1937 wurde von dem amerikanischen Astronomen Harlow Shapley der erste „Zwergsatellit" der Milchstraße gefunden: eine ungeordnete Ansammlung von Sternen im Sternbild Bildhauer (Sculptor). Ein Jahr später entdeckte Shapley ein ähnliches Zwergsystem im Sternbild Chemischer Ofen (Fornax) und in den 1950er-Jahren kamen noch vier kleine Galaxien hinzu: zwei im Löwen, eine im Drachen und eine im Kleinen Bär. Als dann 1977 noch eine im Sternbild Schiffskiel (Carina) gefunden wurde, sprach jeder vom Milchstraßensystem und den Sieben Zwergen – wobei die Magellanschen Wolken der Einfachheit halber nicht mitgezählt wurden.

Inzwischen hat sich herausgestellt, dass es von diesen Zwergbegleitern noch viele weitere geben muss. In den 1960er-Jahren entdeckte der italienische Astronom Paolo Maffei mitten im Band der Milchstraße zwei recht große Spiralgalaxien in etwa zehn Millionen Lichtjahren Entfernung von der Erde (Maffei 1 und Maffei 2). Dass sie zuvor unentdeckt blieben, wird durch die dicken Staubwolken in der zentralen Fläche des Milchstraßensystems verursacht. Nur mit einem Infrarotteleskop oder einem Radioteleskop sind diese Galaxien gut sichtbar. Gleiches gilt für die zwei Galaxien Dwingeloo 1 und Dwingeloo 2, die mit dem gleichnamigen 25-m-Radioteleskop in Drenthe entdeckt wurden. Die Maffei- und Dwingeloo-Galaxien gehören nicht zur Lokalen Gruppe; wir blicken hier eigentlich schon auf das nächste „Dorf" in der kosmischen Landschaft. Doch wenn bereits so große Galaxien unseren Blicken durch Milchstraßenstaub entzogen werden können, dann wird das auch auf näher gelegene Zwerggalaxien zutreffen.

Solch ein unscheinbarer Begleiter der Milchstraße ist die Sagittarius-Zwerggalaxie im Sternbild Schütze. Von der Erde aus gesehen steht sie etwa 50.000 Lichtjahre hinter dem Milchstraßenzentrum. In der Mitte der kleinen Galaxie befindet sich der Kugelsternhaufen M 54, doch auch die Sternhaufen Palomar 12 und Terzan 7 gehörten ursprünglich dazu. In ihrem steilen, elliptischen Orbit um das Zentrum der Galaxis wird die Satellitengalaxie von Gezeitenkräften auseinandergezerrt. Über die Bahn des Sagittarius-Zwergs sind unzählige schwache Sterne verstreut, die aus der Galaxie stammen. In einigen Milliarden Jahren wird sich die Zwerggalaxie vollständig aufgelöst haben. Dieses Los steht vielen Satellitengalaxien bevor, deren Sterne relativ weit auseinanderstehen: Da die gravitative Wirkung unseres Milchstraßensystems auf einer Seite der Zwerggalaxie stärker ist, als auf der anderen, wird sie immer weiter auseinander gezogen und schließlich zu einer langen Sternenschleppe verformt. Das erschwert es, die Satellitengalaxie noch als solche zu erkennen.

Zwerg im Chemischen Ofen

Viel mehr als eine lose Gruppierung schwacher kleiner Sterne ist sie nicht: die Fornax-Zwerggalaxie im südlichen Sternbild Chemischer Ofen. Die kleine Satellitengalaxie – eine der vielen Begleiterinnen unseres eigenen Milchstraßensystems – wurde in den 1930er-Jahren von dem amerikanischen Astronomen Harlow Shapley entdeckt. Sie umfasst einige Dutzend Millionen Sterne und mindestens sechs Kugelsternhaufen.

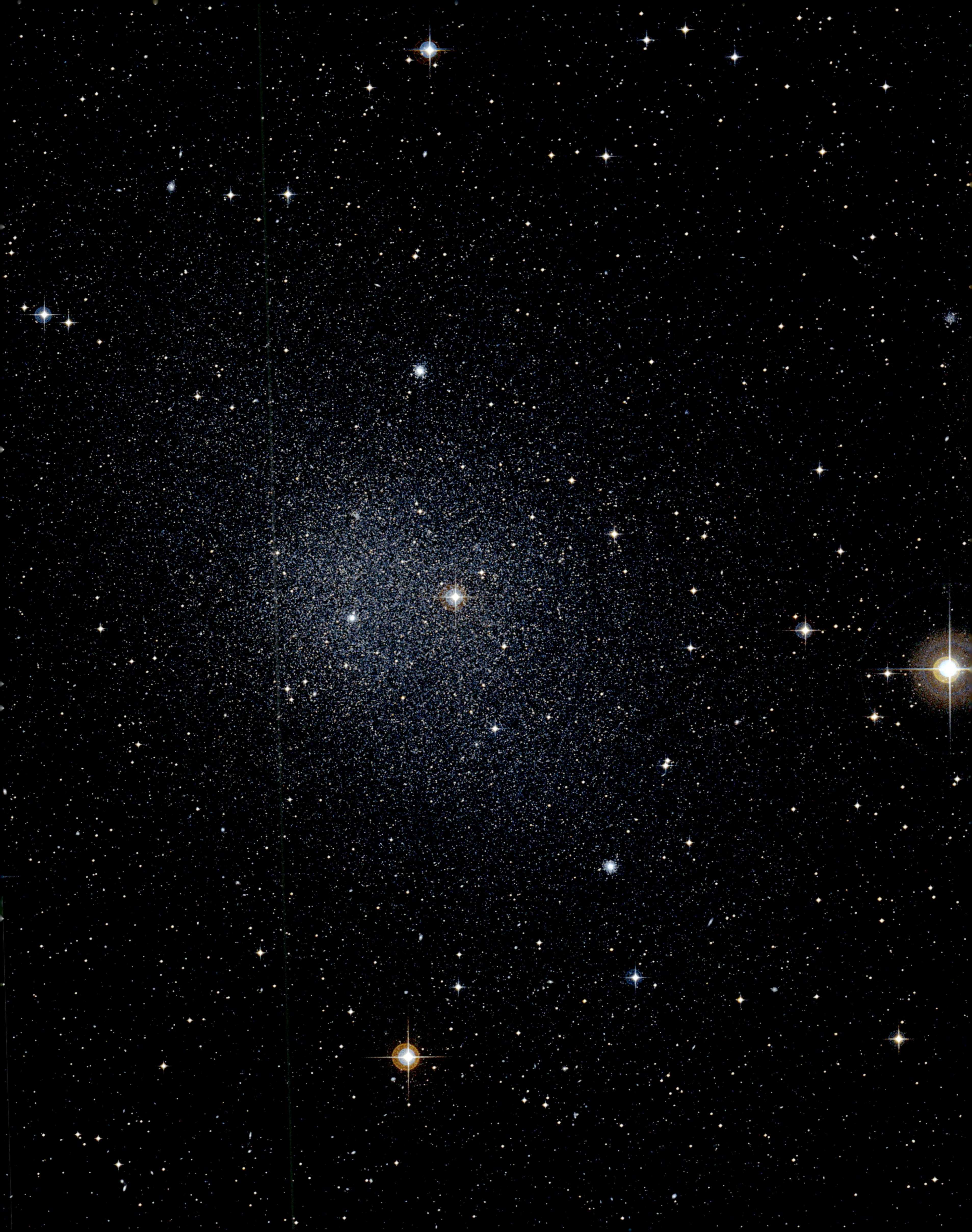

Herz und Seele
In bestimmten Infrarotwellenlängen schauen die Astronomen quer durch absorbierende Staubwolken der Milchstraße hindurch. Diese Infrarotaufnahme von den sogenannten Herz- und Seele-Nebeln im Sternbild Kassiopeia wurde von dem WISE-Satelliten der NASA gemacht. Die blauen Spiralgalaxien in der Mitte unten sind Maffei 1 und Maffei 2, die mit einem normalen Teleskop kaum zu sehen sind.

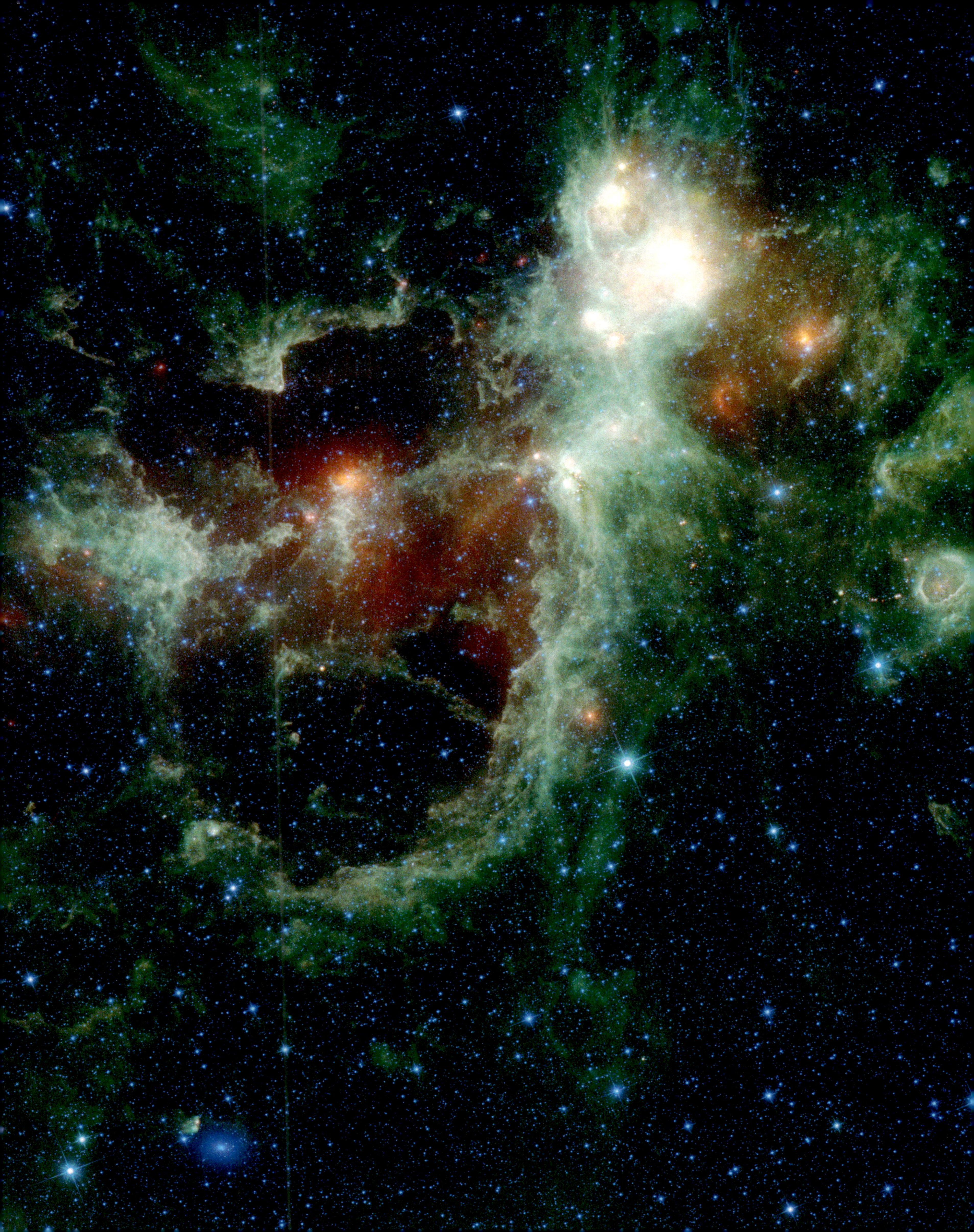

In Stücke gezogen

Zwerggalaxien und Sternhaufen, die sich in elliptischen Bahnen um das Milchstraßensystem drehen, werden im Laufe der Zeit langsam von Gezeitenkräften auseinander gezogen. Die Sterne verteilen sich auf der Umlaufbahn, wodurch lange „Sternenströme" entstehen, wie in dieser Illustration zu sehen ist. Auch die Sagittarius-Zwerggalaxie wurde auf diese Weise in die Länge gezogen.

Kompakte Sterngruppierungen haben viel weniger Unannehmlichkeiten mit der Gezeitenwirkung; sie werden dank ihrer eigenen Schwerkraft zusammengehalten. So ist der Kugelsternhaufen M 54, der Teil der Sagittarius-Zwerggalaxie ist, einer der kompaktesten Kugelhaufen, den wir kennen. Genau aus diesem Grund war er in der Lage, den destruktiven Gezeitenkräften des Milchstraßensystems Widerstand zu leisten. Die weniger kompakten Sternhaufen Palomar 12 und Terzan 7 konnten dem Gezeiteneffekt deutlich weniger entgegenwirken.

Der größte und hellste Kugelsternhaufen im Milchstraßensystem, Omega Centauri, ist in Wirklichkeit vielleicht sogar der übrig gebliebene Kern einer auseinandergezogenen Zwerggalaxie, die vor hundert Millionen Jahren von der Milchstraße „verschluckt" wurde. Omega Centauri befindet sich in einer geringen Entfernung von 16.000 Lichtjahren und weist einen Durchmesser von ca. 150 Lichtjahren auf. Der Kugelsternhaufen, der beinahe zehn Millionen Sterne birgt, besitzt eine etwas abgeflachte Form, was ungewöhnlich für Objekte dieser Art ist. Zudem scheinen die Sterne nicht alle dasselbe Alter zu haben. Diese beiden Eigenschaften lassen vermuten, dass es sich bei Omega Centauri nicht um einen üblichen Kugelsternhaufen aus der Entstehungszeit des Milchstraßensystems handelt, sondern vielleicht um den zentralen Teil eines ehemaligen Milchstraßensatelliten.

Seit Beginn des 20. Jahrhunderts wurden immer wieder Zwergsatelliten des Milchstraßensystems entdeckt. Nicht von einem Astronomen, der sich mit einer Lupe über eine langbelichtete fotografische Platte beugte – wie es zur Zeit von Harlow Shapley noch üblich war –, sondern durch große automatisierte Beobachtungskampagnen wie dem Sloan Digital Sky Survey. Hierbei wird der gesamte Sternenhimmel mehrmals mit Hilfe sehr empfindlicher Digitalkameras aufgenommen, danach durchsuchen spezielle Computeralgorithmen alle Messdaten nach auffälligen Mustern und Strukturen. Inzwischen sind etwa 60 Satellitengalaxien der Milchstraße bekannt; man erwartet, dass diese Zahl in den nächsten Jahren noch zunehmen wird. Darüber hinaus kommen die Astronomen auch immer mehr „Sternströmen" auf die Spur – den fossilen Relikten auseinandergezogener Zwerggalaxien. Als erste fand man die gigantische Schliere schwacher Sterne, die aus der Sagittarius-Zwerggalaxie stammen, doch inzwischen wurden beinahe 20 gefunden, wiederum dank großer automatisierter Suchprogramme. Die Sterne in einem solchen „stellar stream", d. h. Sternenstrom, sind daran zu erkennen, dass sie fast in dieselbe Richtung und mit beinahe derselben Geschwindig-

Junger Kugelhaufen

Der Kugelsternhaufen Terzan 7, der sich von der Erde aus gesehen mehr oder weniger hinter dem Milchstraßenzentrum befindet, gehörte irgendwann zur Sagittarius-Zwerggalaxie. Nachforschungen an den einzelnen Sternen haben ergeben, dass der Kugelhaufen „nur" acht Milliarden Jahre alt ist – viel jünger als die anderen Kugelsternhaufen der Milchstraße.

Mega Omega
Omega Centauri ist der größte, massereichste und hellste Kugelsternhaufen im Milchstraßensystem. Von der südlichen Hemisphäre ist er mit bloßem Auge als ein verschwommener kleiner Lichtfleck sichtbar. Der Kugelhaufen zählt viele Millionen Sterne. Möglicherweise ist Omega Centauri der übrig gebliebene Kern einer Zwerggalaxie, die irgendwann vom Milchstraßensystem verschlungen und auseinander gezerrt wurde.

Simuliertes Weltall

Mit Supercomputern simulieren Astronomen die Evolution des Weltalls und die Entstehung der großen Galaxien. Diese Computersimulationen prognostizieren, dass Spiralgalaxien wie die Milchstraße von einem gewaltigen Schwarm von Hunderten oder Tausenden von kleinen Zwerggalaxien und Anhäufungen dunkler Materie umgeben sein müssen – viel mehr als tatsächlich gefunden werden.

keit durch das Milchstraßensystem ziehen und außerdem eine vergleichbare chemische Zusammensetzung aufweisen.

Natürlich wird nicht nur unsere Milchstraße von einer großen Zahl von Zwerggalaxien begleitet. Auch in der direkten Umgebung der Andromeda-Galaxie wurden – trotz der viel größeren Entfernung – schon rund 30 dieser kleinen Satelliten angetroffen. Astronomen haben in den Außenbereichen von M 31 sogar Sternenströme aufgespürt. Überall im Weltall spielt sich dieselbe Szene ab: kleine Zwergsatelliten, die langsam aber sicher durch die Gezeitenkräfte einer zentralen Galaxie auseinander gezogen und schließlich Teil des großen Systems werden, genau wie es schon seit Milliarden Jahren zugeht. Und so ist die Entwicklung von Spiralgalaxien wie der Milchstraße oder der Andromeda-Galaxie niemals vollständig abgeschlossen.

Mit Unterstützung von leistungsfähigen Supercomputern versuchen Astronomen, die Entstehung von Galaxien wie dem Milchstraßensystem zu simulieren. Grundlage sind dabei die neuesten kosmologischen Erkenntnisse, beispielsweise was die Existenz dunkler Materie betrifft – einer der mysteriösen Bestandteile des Universums, der im Verlauf dieses Buchs noch detaillierter zur Sprache kommen wird. Die fortschrittlichen Computersimulationen, in denen die Milliarden Jahre währende Geschichte des Universums sich innerhalb weniger Minuten abspielt, prognostizieren tatsächlich, dass Galaxien wachsen, indem sie Anhäufungen dunkler Materie und kleine Zwerggalaxien verschlingen.

Doch das wirkliche Universum scheint sich nicht ganz an die Voraussagen der Computersimulationen zu halten. Oder, besser gesagt, vermutlich fehlen den theoretischen Modellen, die als Ausgangspunkt für die Simulationen dienen, noch einige wichtige Details. So prophezeien die Theorien, dass große Galaxien wie unser eigenes Milchstraßensystem umringt werden von vielen Hunderten oder vielleicht sogar einigen Tausenden kleiner Zwerggalaxien – viel mehr als es tatsächlich zu geben scheint. Vielleicht bestehen viele dieser „Minigalaxien" fast ausschließlich aus unsichtbarer dunkler Materie und in ihr sind kaum Sterne entstanden; das wäre möglicherweise eine Erklärung, warum wir sie nicht sehen.

Doch es gibt noch ein weiteres Problem. Die Simulationen besagen, dass die Zwerggalaxien beliebig in einem großen „Halo" um die zentrale Galaxie herum verteilt sind und dass sie sich zudem in vielerlei Richtungen bewegen. Doch in der Realität verhalten sich die Zwergsatelliten des Milchstraßensystems und der Andromeda-Galaxie geordneter: Sie befinden sich mehr oder minder auf *einer* Fläche und die meisten bewegen sich auch in dieselbe Richtung. Dafür hat bisher noch niemand eine zufriedenstellende Erklärung gefunden. Mit der sich weiter entwickelnden Technik und zunehmend genauen Messmethoden steigt die Wahrscheinlichkeit immer mehr, diese Widersprüche aufzulösen.

• INTERMEZZO •

Wie weit ist dieser Stern entfernt?

Dem amerikanischen Astronomen Edwin Hubble gelang es in den 1920er-Jahren erstmals, die Entfernung eines Sterns in der Andromeda-Galaxie zu bestimmen. Hubble entdeckte, dass der Stern seine Helligkeit in charakteristischer Weise ändert. Von solchen Cepheïden ist bekannt, dass eine Relation zwischen der Dauer des Helligkeitswechsels und ihrer tatsächlichen Leuchtkraft besteht. Indem er die Periode des Cepheïden maß, ermittelte Hubble die Leuchtkraft des Sterns; der Vergleich mit der beobachteten Helligkeit ergab dessen Entfernung. Der Cepheide befindet sich in der linken unteren Ecke dieser Detailaufnahme eines Teils der Andromeda-Galaxie, aufgenommen vom Hubble-Weltraumteleskop, das nach Edwin Hubble benannt wurde. Heute wissen wir, dass die Andromeda-Galaxie 2,5 Millionen Lichtjahre von uns entfernt ist.

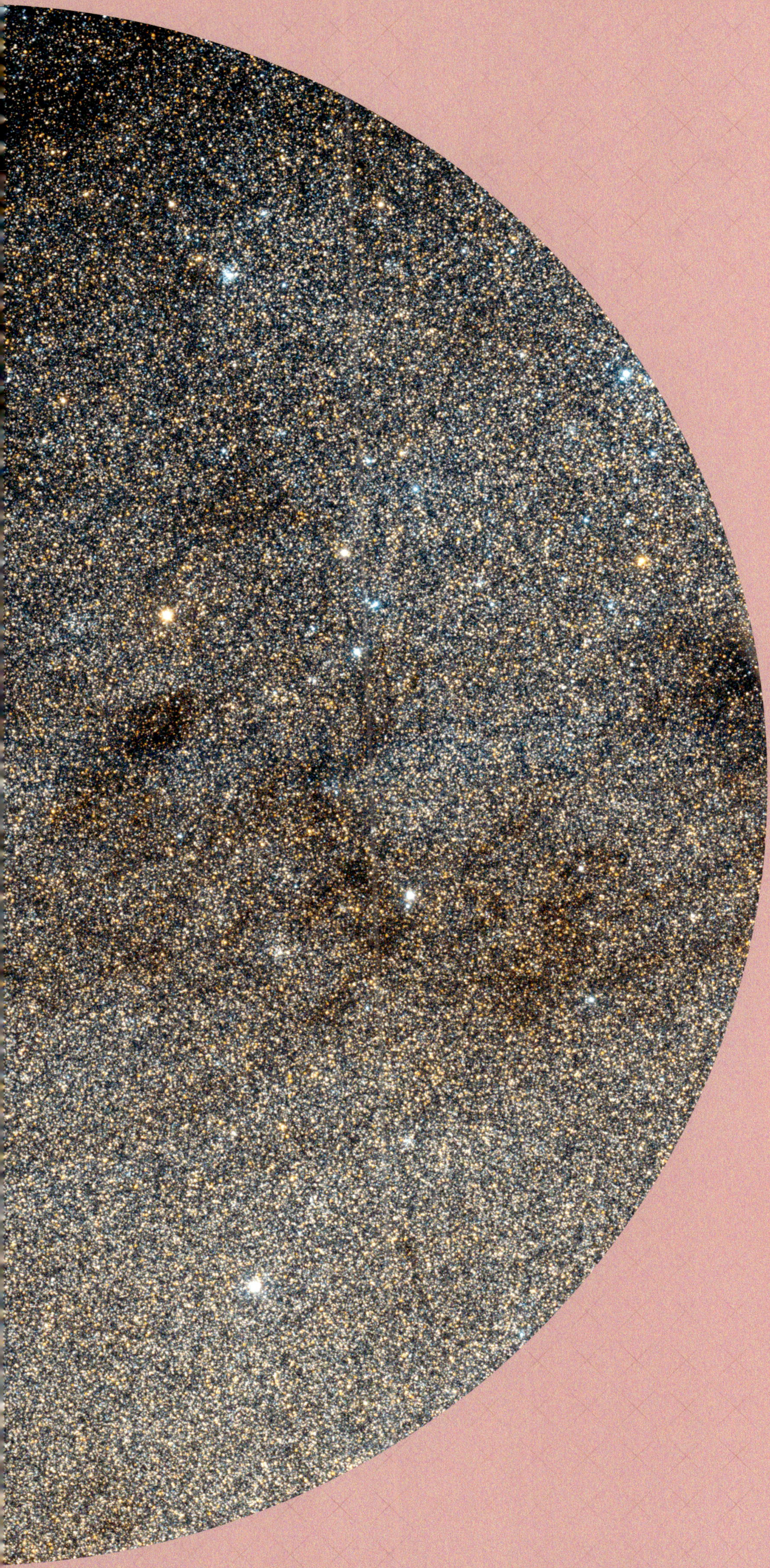

Majestätischer Strudel

Von der Erde aus sehen wir die Galaxie NGC 1232 praktisch genau von oben. Das Zentrum besteht vorwiegend aus alten Sternen; die jüngeren Sterne befinden sich in den majestätischen Spiralarmen. Diese Galaxie ist größer als unsere Milchstraße und steht etwa 100 Millionen Lichtjahre entfernt im Sternbild Eridanus. Durch die Anziehungskraft des kleinen Begleiters links ist sie leicht verformt.

Galaktische Galerie

Spiralgalaxien

Blick von oben

NGC 6814 ist ein wunderbares Beispiel für eine spiralförmige Galaxie. Von der Erde aus sehen wir die Galaxie praktisch direkt „von oben", wodurch wir eine gute Sicht auf das helle Zentrum und auf die einzelnen Spiralarme mit ihren dunklen Staubnebeln und funkelnden Sternhaufen haben. Diese Galaxie befindet sich in 75 Millionen Lichtjahren Entfernung im Sternbild Adler.

Mein Vater hatte früher ein Buch über das Weltall im Haus. Und so hieß es auch: *Das Weltall*; die niederländische Übersetzung des Teils *The Universe* aus der berühmten Time-Life-Buchreihe. Ich konnte stundenlang darin blättern und mich in den atemberaubenden Fotos und Illustrationen verlieren. Irgendwo hinten im Buch wurde die Größe des Weltalls mit Hilfe einer Reihe von Würfeln verständlich gemacht. Der erste zeigte die Erde umgeben von der Bahn des Mondes. Dieser Würfel wurde anschließend 1000-mal verkleinert und im Mittelpunkt eines folgenden Würfels abgebildet, in dem ein großer Teil des Sonnensystems eingezeichnet war. Im nächsten Schritt sah man nur noch die Sonne als einen kleinen leuchtenden Punkt in einem leeren Raum. Dann erschienen die ersten Sterne im Bild und erst im fünften Würfel war unser Milchstraßensystem zu sehen. Der sechste und letzte Würfel war für die unzähligen anderen Galaxien im uns umgebenden Raum reserviert.

Doch noch eindrucksvoller war das gewaltige Farbfoto der Andromeda-Galaxie, aufgenommen mit dem 5-m-Hale-Teleskop auf dem Palomar-Observatorium in Kalifornien, das auch den Umschlag des Buches schmückte. Ich stellte mir vor, dass ich das Bild näher heranzoomen könne, indem ich immer wieder einen kleinen imaginären Würfel tausendmal vergrößere. So würde ich schließlich bei einem der vielen Milliarden Sterne landen und auf einer Bahn um diesen unscheinbaren Stern einen kleinen Planeten kreisen sehen – ein kleiner Zwillingsbruder der Erde, in 2,5 Millionen Lichtjahren Entfernung im unermesslichen Universum. Diesen Hang, in anderen Galaxien sozusagen auf die Suche nach der Erde zu gehen, kann ich noch immer nicht unterdrücken. Ferne Galaxien, in vielen Dutzend Millionen Lichtjahren Entfernung, werden heute vom Hubble-Weltraumteleskop sehr viel detaillierter aufgezeichnet als die nahegelegene Andromeda-Galaxie von erdgebundenen Teleskopen vor einem halben Jahrhundert. Die faszinierenden Hubble-Fotos zeigen Gasnebel, Sternhaufen, dunkle Staubwolken und vielfach sogar einzelne Sterne – stundenlang kann man das betrachten. Und immer wieder verirrt sich mein Blick dann zu einem Punkt irgendwo in den Außenbereichen einer solchen Galaxie, der mit der Position von Sonne und Erde in unserer eigenen Milchstraße übereinstimmt. Schau, da, unsichtbar klein, dort sind wir!

William Parsons, der irische Adlige, besser als Lord Rosse bekannt, verfügte Mitte des 19. Jahrhunderts über das größte Teleskop der Welt. Dieses hatte einen Spiegel aus glänzend poliertem Metall mit einem Durchmesser von 1,8 m. In den außergewöhnlich klaren irischen Nächten durchforschte der Graf damit den Sternenhimmel. Als erstes entdeckte er die Spiralstruktur einiger Nebelfleckchen, ohne sich bewusst zu werden, dass er extrem weit entfernte „Artgenossen" des Milchstraßensystems beäugte. Bei dem verschwommenen Objekt M 51 im Sternbild Jagdhunde, unter dem Schwanz des Großen Bären, war diese Struktur sogar so auffällig, dass Lord Rosse sie „Whirlpool Nebula" nannte – die Strudelgalaxie. Seine meisterliche Zeichnung des Strudels war in jenem Time-Life-Buch abgebildet. Auch eine Menge anderer kleiner Lichtflecken am Himmel schienen solche Spiralnebel zu sein. Erst im Laufe der 1920er-Jahre wurde dank der Arbeit von Edwin Hubble klar, dass der Andromeda-Nebel, der Strudelnebel und ihre vielen spiralförmigen Artgenossen gesonderte Galaxien sind, die sich in großer Entfernung *außerhalb* des Milchstraßensystems befinden. Und obwohl viele Astronomen davon ausgingen, dass die Milchstraße ebenfalls eine solche Spiralstruktur aufweise, wurde diese erst Mitte des letzten Jahrhunderts von niederländischen Radioastronomen zum ersten Mal aufgezeichnet. Nicht ganz von der Hand zu weisen: Der Straßenplan einer Stadt ist einfacher zu erkennen, wenn man sie mit einem Flugzeug überfliegt, als wenn man sich in einem Vorort dieser Stadt befindet. Ebenso ist die Struktur eines anderen Spiralsystems, das wir immer „von außerhalb" betrachten, viel besser zu erkennen als das unserer eigenen Galaxie, von der wir selbst ein Teil sind.

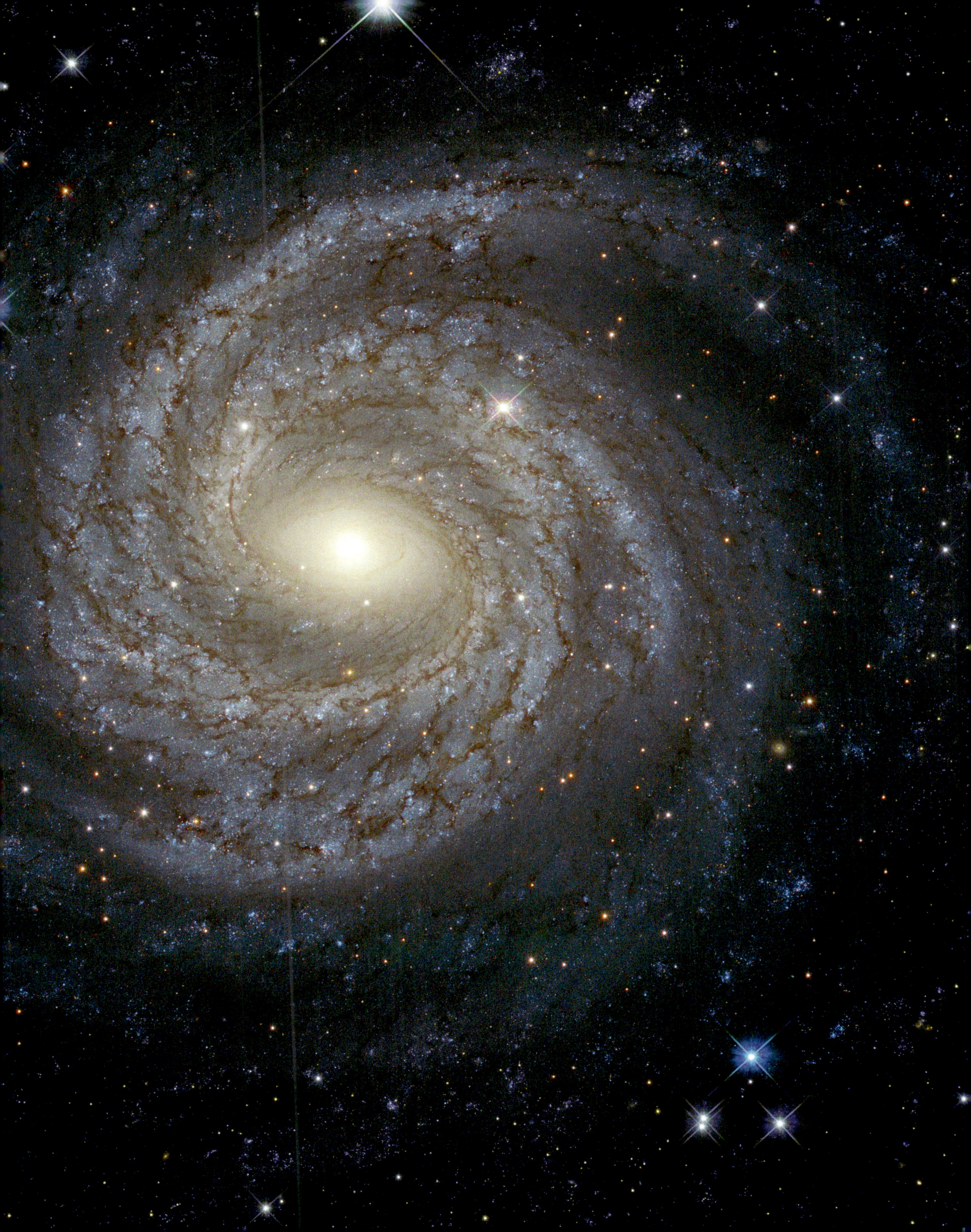

Offene Arme

Nicht alle Spiralgalaxien sehen gleich aus. NGC 5584, in 70 Millionen Lichtjahren Entfernung im Sternbild Jungfrau, hat sehr lose aufgewickelte Spiralarme. Die Galaxie wurde schon 1881 vom amerikanischen Astronomen Edward Barnard entdeckt. Sie spielte eine wichtige Rolle bei der Ergründung des Entfernungsmaßstabs des Weltalls, auch weil sich dort unlängst eine Supernova-Explosion ereignete.

Verzerrte Spirale

Der Schwerkrafteinfluss zweier benachbarter Systeme hat die Spiralgalaxie M 66 leicht verzerrt: Die Spiralarme sind asymmetrisch und der helle Kern liegt nicht genau im Zentrum. M 66, in 35 Millionen Lichtjahren Entfernung im Sternbild Löwe, gehört zu einem Grüppchen von drei Galaxien. Es ist schon mit einem Amateurteleskop zu sehen.

Spiralgalaxien gibt es jede Menge. Einige haben zwei auffällige Arme, andere vier oder mehr. Im einen Fall sind diese Spiralarme sehr eng um das Zentrum gewickelt; im anderen Fall ist die Struktur viel loser und offener. Und während viele Spiralgalaxien ein hohes Maß an Ordnung und Symmetrie aufweisen, gibt es auch Galaxien mit chaotischen, verzerrten Armen und einem unordentlichen Erscheinungsbild. Nun zu den Maßen: Unsere Milchstraßengalaxie gehört mit ihrem Durchmesser von 120.000 Lichtjahren eher zu den größeren Exemplaren, doch es gibt auch Galaxien mit Durchmessern von ein paar Hunderttausend Lichtjahren, während die kleinsten Spiralchen oft nicht größer als 15.000 Lichtjahre sind. Den meisten Spiralgalaxien ist ihr dreiteiliger Aufbau gemein. Am auffälligsten ist natürlich die plane Form der Galaxie mit ihren charakteristischen Spiralarmen. In dieser Scheibe befindet sich am meisten Gas und Staub; hier findet man auch die dunklen Molekülwolken und die hellen Gasnebel, in denen neue Sterne das Licht erblicken. Offene Sternhaufen und schwere, helle Riesensterne scheinen sich oft wie glitzernde Perlen an den Spiralarmen aufgereiht zu haben, während sich ältere Sterne im Laufe der Zeit auf einer etwas dickeren Scheibe verteilt haben.

Außerdem befindet sich im Kern der meisten Spiralgalaxien eine kompakte Ansammlung alter Sterne in Gestalt einer abgeflachten Kugel, die sogenannte zentrale Verdickung. Die Sterne sind dort nicht weit voneinander entfernt und es gibt nicht viel interstellares Gas. Auf Fotos von entfernten Spiralgalaxien sieht die zentrale Verdickung oft wie ein überbelichteter „Klumpen" aus Sternen aus, der, altersgemäß, eine auffallende gelbliche Farbe besitzt. (Weiße und blaue Sterne sind heißer und schwerer als gelbe und orangene Sterne und haben eine viel kürzere Lebensdauer.) Schließlich wird die Galaxie noch von einem mehr oder weniger kugelförmigen Halo umgeben, in dem sich auch schwache, alte Sterne befinden, die jedoch viel weiter voneinander entfernt sind. Die Bewegungen der Halo-Sterne um das Zentrum der Galaxie verlaufen deutlich ungeordneter als die der Sterne in der Scheibe: Sie bewegen sich in alle möglichen Richtungen, oft auch in sehr lang gezogenen Bahnen. Gleiches gilt für die Kugelsternhaufen der Galaxie, die sich ebenfalls im Halo befinden, mit einer ziemlich starken Konzentration zur Mitte hin.

Obwohl ein Menschenleben nicht ausreicht, um etwas davon zu bemerken, weist jede Spiralgalaxie eine langsame Rotation auf. Anders gesagt: Die Sterne, Staubwolken, Gasnebel und Sternhaufen in der Scheibe der Galaxie drehen sich alle in derselben Richtung um das Zentrum. Dies geschieht meist in unvorstellbaren Geschwindigkeiten: Unsere eigene Sonne hat eine Umlaufgeschwindigkeit von 200 Kilometern pro Sekunde. Doch da sich die Sonne in 27.000 Lichtjahren Entfernung vom Zentrum befindet, muss sie 170.000 Lichtjahre zurücklegen, bevor sie eine Runde geschafft hat. Selbst bei dieser hohen Geschwindigkeit braucht sie hierfür etwa 250 Millionen Jahre.

Himmlische Windmühle

Wegen ihrer Form wird diese Spiralgalaxie (M 101) Pinwheel- oder Feuerrad-Galaxie genannt. Sie ist uns relativ nah, nur 23 Millionen Lichtjahre entfernt im Sternbild Großer Bär. Dieses sehr detaillierte Bild wurde aus nicht weniger als 51 Einzelaufnahmen des Hubble-Weltraumteleskops zusammengesetzt. Die Galaxie ist etwa eineinhalb Mal so groß wie unsere Milchstraße.

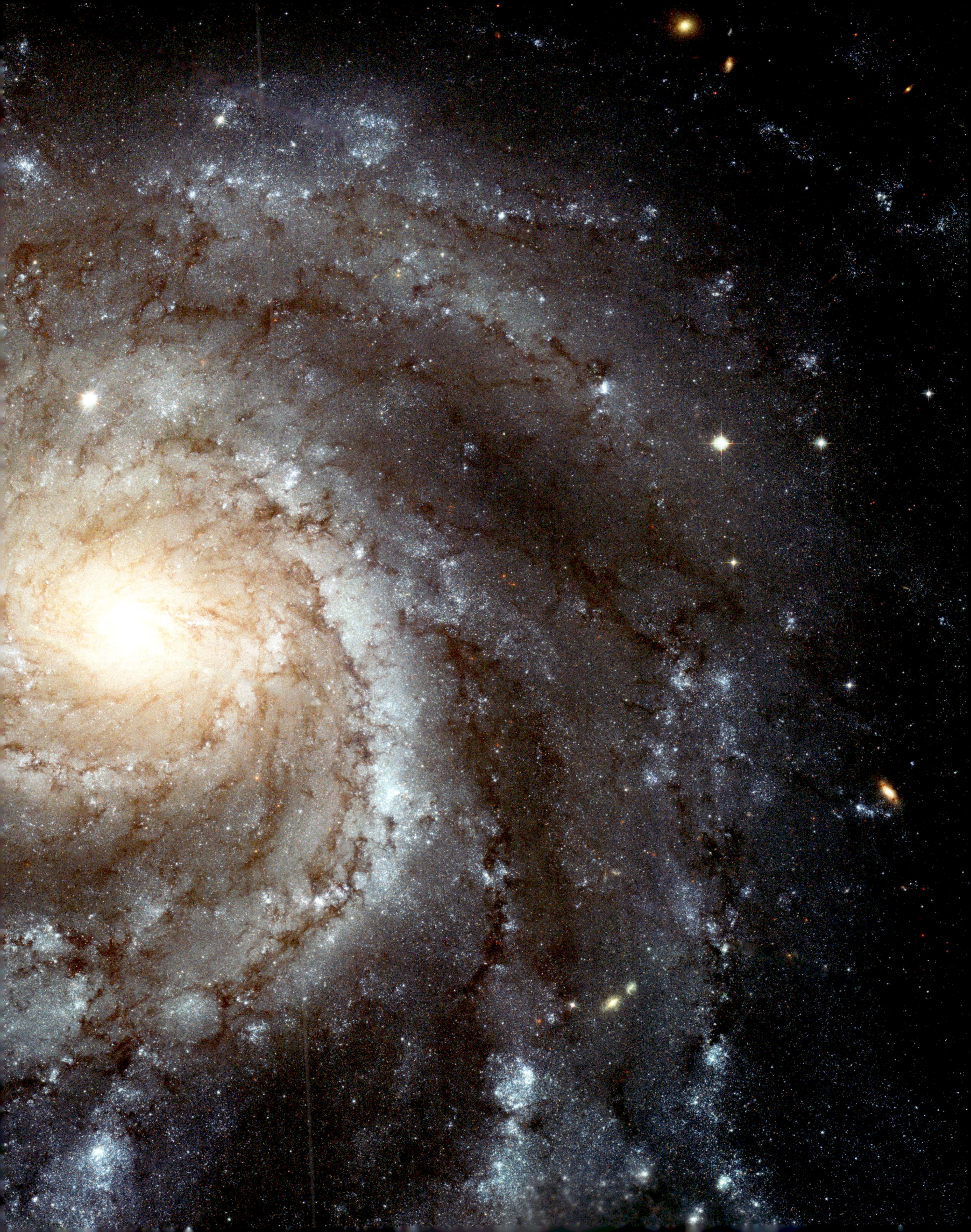

Mit Sternen bestreut

Während manche Spiralgalaxien ein wildes und dynamisches Äußeres haben, ist NGC 2841, in 65 Millionen Lichtjahren Entfernung im Großen Bär, ein Muster heiterer Ruhe. Die Galaxie hat auffällig kurze Spiralarme, in denen viele Dutzend Sternentstehungsgebiete wie kleine, helle Schneeflocken in der Nacht zu sehen sind. Wie solche „flockigen" Galaxien entstehen, ist nicht mit Gewissheit zu sagen.

Dennoch kann man nicht sagen, dass die Rotationsdauer des Milchstraßensystems 250 Millionen Jahre beträgt. Sterne in geringer Entfernung vom Zentrum absolvieren die Umrundung in viel kürzerer Zeit und Sterne am äußeren Rand der Galaxie haben eine längere Umlaufzeit. Auch andere Galaxien zeigen eine solche differentielle Rotation: Sie drehen sich nicht wie ein Wagenrad, sondern ihre Rotation gleicht eher der des Sonnensystems, in dem die inneren Planeten auch eine geringere Umlaufzeit haben als die äußeren. Damit wird deutlich, dass die Spiralarme keine starren Strukturen sein können, sonst wären sie aufgrund der differentiellen Rotation der Galaxie schon längst stramm aufgewickelt worden. Stattdessen kann man die Spiralarme besser als sichtbare Folge von Dichtewellen betrachten, die sich im eigenen langsamen Tempo durch die Scheibe der Galaxie fortpflanzen. In den Spiralarmen wird das interstellare Gas etwas stärker zusammengepresst, wodurch leichter neue Sterne entstehen. Jeweils zwischen den Spiralarmen ist die Dichte geringer und die Sterne stehen weiter entfernt voneinander. Somit bewegen sich die Sterne in der Scheibe der Galaxie durch die Spiralarme hindurch, wobei sie sich zeitweise in einer Region mit höherer Dichte befinden. Dies ist in etwa damit vergleichbar, wie wenn man mit dem Auto auf der vierspurigen Autobahn fährt und plötzlich auf zehn Kilometern Länge die Strecke zweispurig wird. Dann fahren die Autos auf dem schmaleren Stück dichter hintereinander als zuvor oder danach.

Zur Rotation von Spiralgalaxien ist noch viel mehr zu sagen, doch das heben wir uns für ein späteres Kapitel auf, in dem das Rätsel der dunklen Materie ausführlich zur Sprache kommt. Zunächst richten wir den Blick auf andersartige Galaxien und auf die Versuche der Astronomen, diesen Artenreichtum zu erklären.

Gesamteindruck
Um eine Spiralgalaxie richtig verstehen zu können, sollte man sie auch in Infrarot- und Ultraviolettwellenlängen betrachten. In diesem Falschfarbenbild von NGC 3344 wurden solche Messungen verarbeitet, was Sternentstehungsgebiete und junge Sternhaufen besser zur Geltung bringt. Der helle Stern links oben ist ein Vordergrundstern in unserer Milchstraße; NGC 3344 steht 20 Millionen Lichtjahre von uns entfernt.

Balkenspiral-galaxien

Testbild

Die Balkenspiralgalaxie NGC 6217 wurde 2009 von der Advanced Camera for Surveys des Hubble-Weltraumteleskops aufgenommen, um zu überprüfen, ob die Reparatur dieser Kamera gelungen war, die NASA-Astronauten einige Wochen zuvor vorgenommen hatten. Die ACS-Kamera zeichnet neben sichtbarem Licht auch Infrarotstrahlung auf, wodurch die Sternentstehungsgebiete in den Spiralarmen der Galaxie gut abgebildet werden.

Menschen sind Schubladendenker. Überall wollen wir ein System sehen, Ordnung schaffen. Dieses Bedürfnis zu klassifizieren und zu kategorisieren ist natürlich auch die Grundlage für jede Form der Wissenschaft. Will man die zugrundeliegenden Mechanismen und Prozesse der Natur ergründen, muss man mit Mustererkennung beginnen, Wechselbeziehungen finden und Zusammenhänge und Kausalitäten entschlüsseln. Aus diesem Grund zeichnen Astronomen sofort eine Grafik, wenn sie von einer Handvoll ähnlicher Objekte zwei Eigenschaften gemessen haben. Und aus diesem Grund versuchen wir, die Vielfalt im Weltall auf handliche Portionen zu reduzieren, indem wir Objekte in überschaubare Klassen und Gruppen einteilen.

Der Kosmos selbst verweigert dabei übrigens manchmal die Zusammenarbeit. Manche Planetoiden haben einen Schweif aus Gasteilchen, wodurch sie einem Kometen sehr ähnlich sehen. Über die Frage, ob Pluto ein Zwergplanet ist oder ein „vollwertiger" Planet, wird immer noch debattiert. Braune Zwerge passen nicht in die Schublade der Sterne, doch auch nicht in das Raster der Planeten. Es gibt keine scharfe Abgrenzung zwischen Kugelsternhaufen und Zwerggalaxien. Und so geht es weiter. Trotz alledem: Stößt man auf ein neues kosmisches Phänomen, tut man als Wissenschaftler gut daran, diesem ein System und eine Ordnung zu entnehmen oder zu geben. Was eine solche Klassifizierung letztendlich an neuen Einsichten abwirft, kümmert uns erst später. Edwin Hubble hatte in den 1920er-Jahren als Erster nachgewiesen, dass Spiralnebel in Wirklichkeit eigenständige Galaxien sind, weit entfernt außerhalb unseres Milchstraßensystems. Er verfügte zudem über das größte Teleskop seiner Zeit, das 2,5-m-Hooker-Teleskop auf dem Mt. Wilson. Damit fotografierte und studierte er so viele dieser Systeme wie nur irgend möglich. Und auf der Grundlage all dieser Beobachtungen erschien er 1927 mit einem Klassifikationsschema auf der Bildfläche: seinem berühmten „Stimmgabeldiagramm", auch als Hubble-Sequenz bezeichnet.

Anfangs sah Hubble, dass Spiralgalaxien (S) nicht immer gleich eng gewickelt sind. Wenn die Spiralarme einer Galaxie stramm um den Kern gewickelt waren, erhielt die Galaxie von Hubble die Typ-Bezeichnung Sa. Etwas weniger engen Galaxien gab er die Kennzeichnung Sb und die Spiralen mit der offensten Struktur nannte er Sc-Galaxien. Einfach, aber wirkungsvoll. Hubble und seine Zeitgenossen hatten außerdem entdeckt, dass viele Spiralgalaxien ein langgestrecktes Zentrum aufweisen – eine Art breiter Balken aus Sternen. Bei einer solchen Balkenspiralgalaxie (SB) gehen die Spiralarme nicht vom Zentrum aus, sondern setzen an den Enden dieses Balkens an. Die Galaxie ähnelt daher etwas einem Rasensprenger. Auch diese Balkenspiralgalaxien sind nicht alle gleichmäßig eng gewickelt; Hubble führte die Typen SBa, SBb und SBc ein.

Daneben schien es auch viele Galaxien zu geben, die überhaupt keine Spiralarme haben. Sie gleichen strukturlosen Ansammlungen von Sternen, mit der größten Dichte im Zentrum – eine Art übergroßer Kugelsternhaufen. Nur sind sie meist nicht genau kugelförmig, sondern leicht elliptisch. Abhängig von ihrer scheinbaren Abflachung klassifizierte Hubble diese Galaxien von E0 (fast kugelförmig) bis E7 (stark elliptisch). Er selbst war hocherfreut über sein Klassifikationsschema: „Von den mehr als tausend Galaxien, die ich untersucht habe, passen nur ein Dutzend nicht in eine dieser Kategorien", schrieb er. Hubble setzte die verschiedenen Kategorien logisch in ein Diagramm. Links standen die elliptischen Galaxien von E0 bis E7, auf einer horizontalen Linie. Er nannte diese auch die „Früh-Typ-Galaxien". Rechts von E7 teilte sich diese Linie in zwei Wege auf, sodass oben die Spiralgalaxien (von Sa bis Sc) und darunter die Balkenspiralgalaxien (SBa bis SBc) eingetragen sind. Spiralen und Balkenspiralen wurden zusammen die „Spät-Typ-Galaxien" genannt.

Dieses Schema ähnelt einer horizontal liegenden Stimmgabel; daher die Bezeichnung Stimmgabeldiagramm. Die Begriffe Früh-Typ und Spät-Typ sind

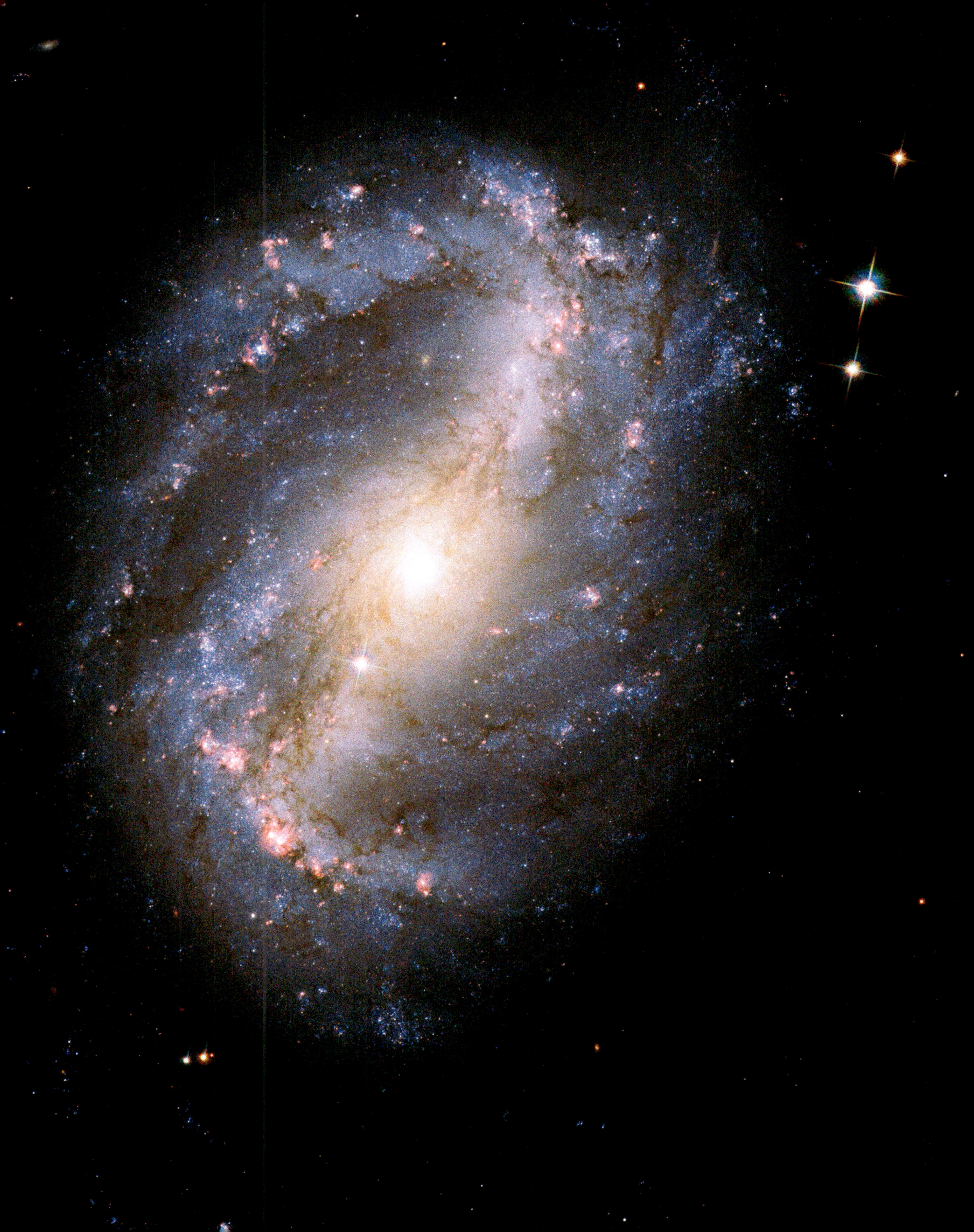

Staubiger Balken

Dutzende Hubble-Fotos wurden zu einem spektakulären Mosaik der Balkenspiralgalaxie NGC 1300 zusammengesetzt. Die Galaxie befindet sich 60 Millionen Lichtjahre entfernt im Sternbild Eridanus. Bemerkenswert sind die zwei langgezogenen Staubschleier, die vom Zentrum der Galaxie bis an die „Basis" der zwei riesigen Spiralarme reichen.

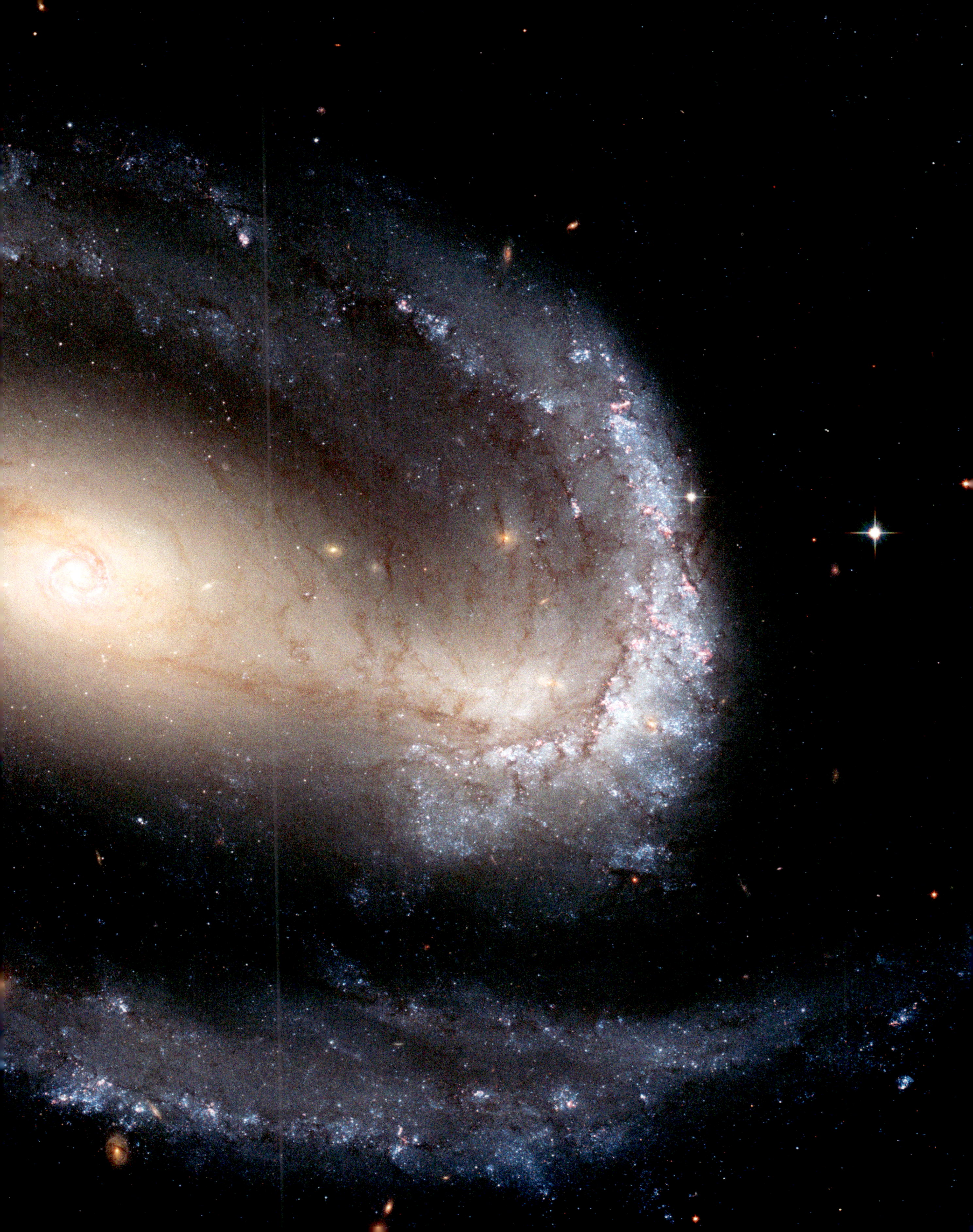

natürlich ziemlich suggestiv. Obwohl es nie Hubbles ausgesprochene Absicht war, lassen diese Bezeichnungen vermuten, dass die Hubble-Sequenz auch evolutionär gedacht ist. Dann würde eine Galaxie als eine kugelförmige Ansammlung von Sternen (E0) beginnen, durch die Drehung ständig weiter abgeflacht werden (bis E7) und danach entweder in eine normale Spiralgalaxie (S) oder in eine Balkenspiralgalaxie (SB) übergehen, deren Arme im Laufe der Zeit immer weniger straff aufgewickelt werden (a bis einschließlich c). Das klingt so gesehen recht logisch, besonders, da die elliptischen Galaxien überwiegend alte Sterne enthalten und Spiralgalaxien auch viele junge Sterne. Darüber hinaus wurden kurz nach der Publikation von Hubbles Klassifikationsschema auch sogenannte linsenförmige Galaxien entdeckt – eine Art Übergangsform zwischen den elliptischen und den Spiralgalaxien, die die Kennzeichnung S0 erhielten. In der Hubble-Sequenz passten diese wunderbar auf den Punkt, wo die Stimmgabel sich teilt.

Zentrale Heizung

Der zentrale Balken von NGC 4394, 55 Millionen Lichtjahre entfernt, ist weniger ausgeprägt als in manchen anderen Balkenspiralen. Doch ist auch hier deutlich zu sehen, dass die Spiralarme nicht im Zentrum der Galaxie ansetzen. In diesem Kern befinden sich übrigens große Mengen heißen Gases; niemand weiß mit Sicherheit zu erklären, wo die Energie herkommt, die so hohe Temperaturen verursacht.

Berauschende Schönheit

In 60 Millionen Lichtjahren Entfernung im südlichen Sternbild Fornax (Chemischer Ofen) steht die eindrucksvolle Balkenspiralgalaxie NGC 1365, die auch „The Great Barred Spiral Galaxy" genannt wird. Sie ist etwa doppelt so groß wie unsere Milchstraße. Dieses Foto wurde mit dem dänischen Teleskop auf der europäischen La Silla-Sternwarte in Nordchile aufgenommen.

Es ist sehr verführerisch, ein beobachtetes Muster (in diesem Fall die verschiedenen Arten von Galaxien) als das Ergebnis eines evolutionären Mechanismus zu verstehen. Früher hatten die Astronomen das auch schon so gehandhabt, als sie die verschiedenen Sterne am Himmel auf der Grundlage ihres sogenannten Spektrums klassifizierten. Ein solches Spektrum erhält man, indem man das Licht eines Sterns in die verschiedenen Farben des Regenbogens zerlegt, sodass man genau erkennen kann, wie die Energieproduktion des Sterns auf verschiedene Wellenlängen verteilt ist. Blaue und weiße Sterne – die heißesten Sterne, die es gibt – sind fast immer sehr lichtstark; etwas kühlere, gelbe Sterne wie die Sonne produzieren etwas weniger Energie; orangene und rote Sterne – die kühlsten Sterne im Weltall – sind im Allgemeinen die Schwächsten. Auch hier glaubte man anfänglich an einen evolutionären Effekt: Ein Stern würde sein Leben als ein heißer, heller, blauweißer Riese beginnen und im Laufe der Zeit abkühlen und einschrumpfen zu einem roten und kühlen Zwergstern. Noch immer diskutieren die Astronomen über die „frühen Spektralklassen" O, B und A (blaue und weiße Sterne) und über die „späten Spektralklassen" F, G, K und M (orangene und rote Sterne). Inzwischen wissen wir jedoch, dass dies so nicht funktioniert. Ob ein Stern als ein schwerer, heißer Riesenstern oder als ein leichtes, kühles Zwergsternchen geboren wird, hängt vor allem von der Gasmenge in der sich zusammenziehenden Wolke ab, aus der der Stern entsteht. Ein Stern wie die Sonne verändert nicht einfach seine Farbe oder Spektralklasse: Einmal ein G-Stern, immer ein G-Stern. Obwohl dies auch nicht ganz aufgeht: Am Ende ihres Lebens wird die Sonne zu einem roten Riesenstern anschwellen, um schließlich zu einem Weißen Zwerg zu schrumpfen. Für Galaxien gilt etwas Ähnliches: Von einem evolutionären Lebenslauf, wie er von Hubbles Stimmgabeldiagramm suggeriert wird, ist keine Rede, aber ein System, das als Sb-Spirale entstanden ist, kann im Laufe der Zeit vielleicht doch seinen Typ ändern. Elliptische Galaxien, linsenförmige und unregelmäßige Galaxien werden im nächsten Kapitel ausführlicher behandelt; hier befassen wir uns vornehmlich mit der Frage, wie eine normale Spiralgalaxie zu einer Balkenspiralgalaxie werden kann oder andersherum. Astronomen haben dies noch nicht beantwortet, doch es scheint mit den elliptischen Bahnen der Sterne im zentralen Teil einer Galaxie – der zentralen Verdickung – zu tun zu haben. Ein Stern in einer Ellipsenbahn verbringt mehr Zeit in größerem Abstand vom Zentrum als in der Nähe. Dichteschwankungen verstärken diesen Effekt, wodurch ein länglicher Balken entstehen kann, der für längere Zeit so bleibt.

Ob sich eine Balkenspiralgalaxie auch leicht wieder zu einer normalen Spirale zurückbildet, ist nicht mit Sicherheit bekannt. Es gibt zwar einige Hinweise, dass der Balken im Zentrum von Spiralgalaxien eine vorübergehende Struktur mit einer Lebensdauer von einigen Milliarden Jahren ist, doch es wurde auch gefunden, dass der Prozentsatz an Balkenspiralgalaxien gegenwärtig viel höher ist als vor vielen Milliarden Jahren. Heutzutage haben fast zwei von drei Spiralgalaxien im Zentrum einen Balken, während das in der Jugend des Universums auf nur eine von fünf Spiralgalaxien zutraf.

Auch unser Milchstraßensystem scheint eine Balkenspiralgalaxie zu sein, und zwar des Typs SBb. Der zentrale Balken ist mit einfachen Teleskopen nicht zu sehen, da die Sterne im Zentrum durch absorbierende Staubwolken den Blicken entzogen werden. Das amerikanische Spitzer-Weltraumteleskop, das Beobachtungen in Infrarotwellenlängen macht, stört dies jedoch nicht. Die Forschung mit Spitzer an der Verteilung von etwa 30 Millionen Sternen im zentralen Bereich des Milchstraßensystems hat zutage gebracht, dass ein zentraler Balken mit einer Länge von etwa 25.000 Lichtjahren vorliegt, auf den wir – von unserem Standort in den Außenregionen der Galaxis aus – unter einem Winkel von etwa 45 Grad blicken.

Kosmischer Rasensprenger

Die Spiralarme von NGC 1073 setzen nicht im Kern der Galaxie an, sondern an den äußersten Enden eines langgestreckten zentralen Balkens aus Gas und Sternen. Die Galaxie ähnelt daher ein wenig einem altmodischen Rasensprenger. Die Astronomen wissen noch immer nicht genau, wie solche Balkenspiralgalaxien entstehen. Sehr wohl bekannt ist, dass sie vor langer Zeit weniger oft anzutreffen waren als heute.

Balken im Auge

Die eng gewickelten Spiralarme von NGC 1398 werden von Schlieren aus Gas und Staub durchzogen. Das zentrale Auge der Galaxie zeigt einen kurzen, hellen Balken; die innersten Spiralarme bilden zusammen einen auffälligen Ring. Die faszinierende Galaxie befindet sich 65 Millionen Lichtjahre entfernt im Sternbild Fornax (Chemischer Ofen). Das Foto stammt vom europäischen Very Large Telescope in Chile.

Ellipsen, Linsen und Zwerge

Die Astronomie ist eine besondere Wissenschaft. Ein Geologe kann ein Stück Gestein in sein Labor mitnehmen, um dort dann die unterschiedlichsten Untersuchungen an ihm vorzunehmen. Ein Chemiker kann eine bestimmte chemische Reaktion genauso oft wiederholen, wie er möchte. Ein Physiker schleudert Elementarteilchen gegeneinander und schaut sich dann das Ergebnis dieses Aufpralls von jeder denkbaren Perspektive aus an.

Ein Astronom allerdings muss sich mit dem begnügen, was der Kosmos ihm anbietet. Niemand weiß, wann die nächste Supernova-Explosion stattfindet, wir können das Weltall eben nicht bitten, diesen letzten Radioblitz mal eben zu wiederholen; Beobachtungen rund um die Uhr sind daher von großer Bedeutung. Kosmische Erscheinungen gehen ihre eigenen Wege, im eigenen Tempo und außerdem sehen wir sie immer nur aus *einem* einzigen Blickwinkel.

Linse im Profil

Da wir von der Erde aus fast genau seitlich auf diese Galaxie blicken, sind die Staubwolken in der zentrale Ebene von NGC 5866 sehr gut zu sehen: Sie zeichnen sich dunkel gegen den riesigen elliptischen Halo aus Sternen ab. Objekte wie NGC 5866 – eine Art Übergangsform zwischen elliptischen und Spiralgalaxien – werden linsenförmige Galaxien genannt.

Gemischtes Duett

Astronomen wissen nicht genau, ob sich diese zwei Galaxien wirklich in genau derselben Entfernung befinden – eine große Wechselwirkung scheint nicht zu bestehen. Das Spiralsystem (NGC 4647) steht möglicherweise etwas weiter entfernt oder vielleicht etwas näher als das gigantische elliptische System M 60. Beide Galaxien sind Teil des Virgo-Galaxienhaufens, etwa 50 Millionen Lichtjahre entfernt im Sternbild Jungfrau.

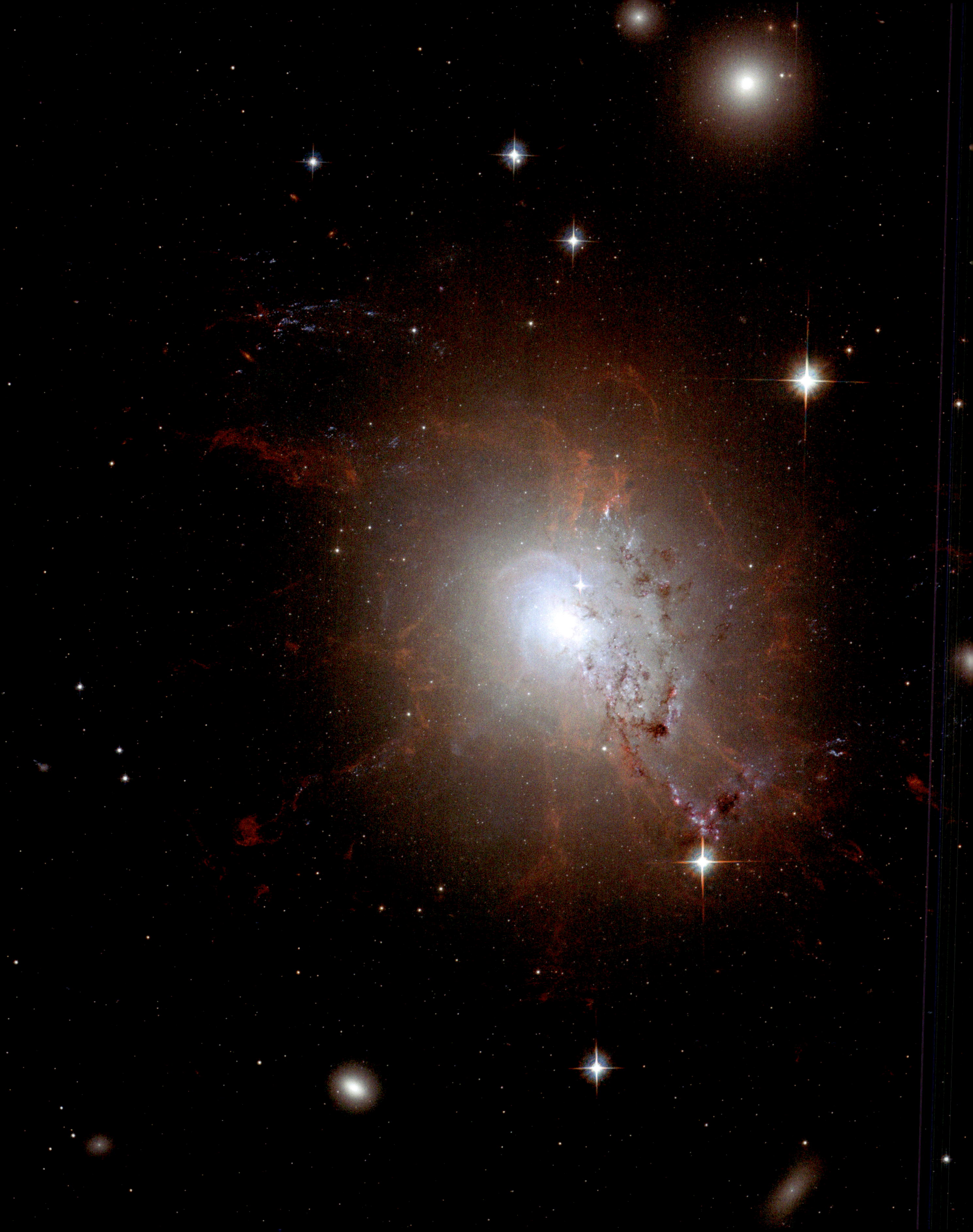

Letzteres hat in der Vergangenheit ziemlich für Verwirrung gesorgt. Man kann von einer fernen Explosion im All beispielsweise die Gesamtmenge an Energie berechnen, indem man misst, wieviel Strahlung man auf der Erde empfängt und wenn man die Entfernung kennt. Bei einer derartigen Berechnung geht man jedoch davon aus, dass die Explosion sich in jede Richtung mit der gleichen Kraft und Helligkeit ausbreitete. Wenn ein ferner Himmelskörper zufällig Licht nur in unsere Richtung ausstrahlt, wird die Gesamtmenge an Energie enorm überschätzt. Bei manchen weit entfernter Galaxien – den sogenannten Quasaren, die später in diesem Buch an die Reihe kommen – scheint das tatsächlich der Fall zu sein. Auch die räumliche Geometrie eines astronomischen Objekts lässt sich manchmal nur schwer mit Sicherheit ermitteln. Ja, Sterne sind kugelförmig, sie sehen aus jedem Blickwinkel mehr oder weniger gleich aus. Und bei spiralförmigen Galaxien wird auch sofort klar, in welchem Maße ihre scheinbare Form am Himmel von dem Winkel bestimmt wird, unter dem wir sie sehen: senkrecht auf die Scheibe, wie bei der Whirlpool-Galaxie, oder schräg von der Seite, wie bei der Andromeda-Galaxie – im ersten Fall ist die Galaxie nahezu rund; im zweiten Fall sehen wir einen langgezogen Nebelfleck. Doch bei den elliptischen Galaxien ist die wirkliche dreidimensionale Form nicht immer offensichtlich.

Die zwei auffälligen Begleiter der Andromeda-Galaxie sind schöne Beispiele für relativ kleine elliptische Galaxien. Sie zeigen keine auffällige zentrale Scheibe wie unser Milchstraßensystem und auch keine Spiralarme. Edwin Hubble und seine Zeitgenossen entdeckten zu Beginn des letzten Jahrhunderts viele hundert Beispiele für solche elliptischen Galaxien – strukturlose Ansammlungen von Sternen mit einer deutlichen Konzentration zum Zentrum hin. Je nach ihrer Form gab Hubble ihnen eine Typbezeichnung, von E0 (nahezu kreisförmig) bis E7 (ziemlich langgezogen). Aber woher weiß man, wie die tatsächliche Form einer E0-Galaxie ist? Vielleicht ist es eine große kugelförmige Ansammlung von Sternen, die aus jeder Blickrichtung gleich aussieht. Aber es könnte auch die Draufsicht auf eine ziemlich abgeflachte Galaxie sein, die, was ihre Form betrifft, mit einem Rosinenbrötchen vergleichbar wäre. Oder die Seitenansicht einer etwas länglichen Galaxie mit der Länge-Breite-Relation einer Kiwi. Und wenn wir eine E3-Galaxie sehen (sie sind am häufigsten), wird die wahrgenommene Form dann ausschließlich von den tatsächlichen dreidimensionalen Maßen bestimmt oder spielt der Winkel, unter dem wir die Galaxie sehen, auch eine Rolle? Mit empfindlichen Spektroskopen können Astronomen Bewegungsgeschwindigkeiten von Sternen in einer anderen Galaxie messen, doch solche Messungen sind bei elliptischen Systemen meist wenig ergiebig. Die Sterne in einem solchen System zeigen keine sauberen, geordneten Bewegungen wie in der flachen Scheibe einer Spiralgalaxie. Stattdessen bewegen sie sich mehr oder weniger kreuz und quer durcheinander, wie es in den zentralen Verdickungen der meisten Spiralgalaxien der Fall ist. Geschwindigkeitsmessungen entschlüsseln auch kaum die dreidimensionale Struktur einer elliptischen Galaxie. Bei Sternen jedoch erbringen Geschwindigkeitsmessungen wertvolle Informationen zu einem völlig anderen Aspekt der elliptischen Galaxien. Für alle elliptischen Galaxien gilt, dass die durchschnittliche Bahngeschwindigkeit von Sternen sehr schnell zunimmt, je kleiner ihre Entfernung zum Zentrum wird. Anders gesagt: Die Geschwindigkeitsverteilung zeigt einen enormen Höhepunkt im Zentrum der Galaxie. Das ist eigentlich nur zu erklären, wenn sich in diesem Zentrum eine große Menge an Masse befindet, zusammengepresst auf ein relativ kleines Volumen. Alles deutet darauf hin, dass sich hier große, schwere Schwarze Löcher mit einem starken Gravitationsfeld befinden. Wenn ein supermassereiches Schwarzes Loch im Kern einer Galaxie große Gasmengen aus seiner Umgebung verschluckt, wird das Gas erhitzt und sendet – noch bevor es im Schwarzen Loch verschwindet – energiereiche Röntgenstrahlung aus. Dass viele elliptische Galaxien doch keine auffälligen Röntgenquellen sind, kommt daher, dass sie meistens fast kein interstellares Gas enthalten. Molekülwolken und Sternentstehungsgebiete gibt es dort ebenfalls kaum. Junge, offene Sternhaufen und neugeborene helle Sterne sucht man dort vergeblich. Die Sterne in einer elliptischen Galaxie sind im Allgemeinen sehr alt und die Galaxie erhält dadurch eine etwas gelbliche Färbung. Ganz anders als bei einer Spiralgalaxie, die eine viel blauere Tönung hat, verursacht durch junge, heiße Sterne mit einer Lebensdauer von höchstens einigen Dutzend Millionen Jahren.

Wegen dieses greisenhaften Aussehens wurde irgendwann wohl angenommen, dass elliptische Galaxien zu den ältesten Systemen im Weltall gehören. Inzwischen ist jedoch klar, dass es in der Jugend des Weltalls deutlich weniger elliptische Systeme gab als heute. Offensichtlich sind im Laufe der kosmischen Geschichte ständig mehr E-Systeme hinzugekommen. Die Astronomen meinen, sie hätten den Entstehungsprozess herausgefunden: Ein elliptisches System ist das Ergebnis der Kollision von zwei kleineren Spiralgalaxien. Wie schon in einem früheren Kapitel erwähnt, wird unser eigenes Milchstraßensystem in einigen Milliarden Jahren mit der Andromeda-Galaxie kollidieren; Computersimulationen lassen vermuten, dass auch diese Verschmelzung die Bildung eines neuen, kolossalen elliptischen Systems zur Folge haben wird.

Elliptische Galaxien haben ihre Senioren-Ausstrahlung also nicht ihrem eigenen hohen Alter zu verdanken, sondern der Tatsache, dass sie vorwiegend alte Sterne enthalten, die irgendwann zu zwei oder mehreren anderen Galaxien gehörten. In der direkten Folge der Kollision haben diese Spiralgalaxien das Meiste ihres interstellaren Gasvorrats offenbar verloren, was zur Folge hatte, dass im verbleibenden elliptischen

Magnetische Wirkung

Die elliptische Galaxie NGC 1275, im Zentrum des Perseus-Haufens, wird teilweise durch eine nähergelegene Spiralgalaxie der Sicht entzogen, deren dunkle Staubbahnen besonders ins Auge fallen. Die roten, kettenartigen Strukturen mit Ausmaßen von vielen zehntausend Lichtjahren bestehen aus relativ kühlem Gas. Sie werden von kräftigen Magnetfeldern in der Galaxie festgehalten.

Rätselhafter Typ
Die Sombrero-Galaxie (M 104) im Sternbild Jungfrau steht 30 Millionen Lichtjahre entfernt. Von der Erde aus sehen wir die Galaxie mehr oder weniger von der Seite aus, wodurch die Staubwolken in der zentralen Ebene gut sichtbar sind. Ob die Galaxie auch Spiralarme hat, ist allerdings nicht gut zu sehen. Der ausgedehnte Halo aus Sternen lässt vermuten, dass hier eine sogenannte Linsengalaxie vorliegt.

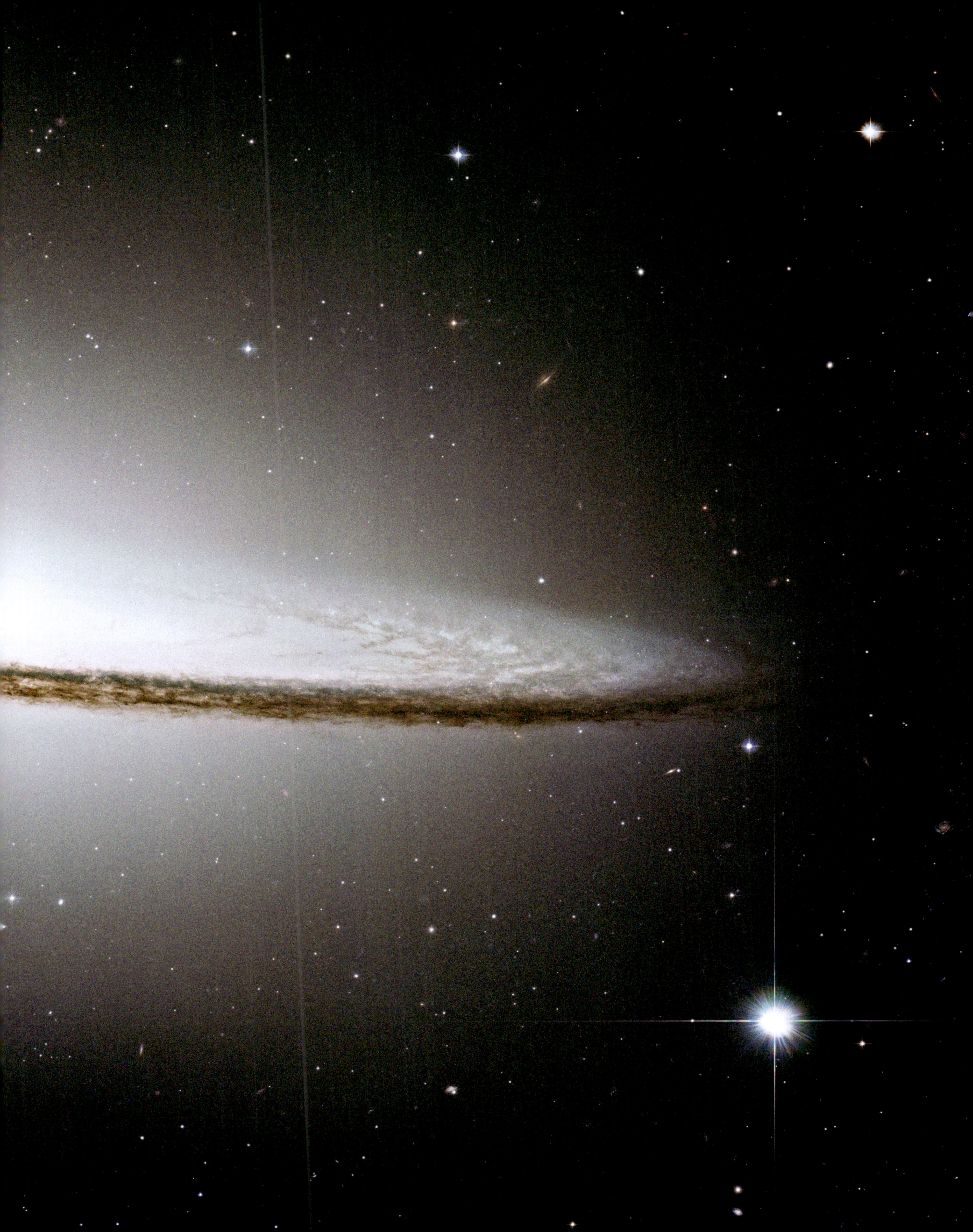

Unregelmäßiger Zwerg
Riesige Blasen aus glühend heißem Wasserstoffgas bestimmen das Bild der unregelmäßigen Zwerggalaxie Holmberg II, in elf Millionen Lichtjahren Entfernung im Sternbild Großer Bär. Links unten ist der zentrale Teil der Zwerggalaxie sichtbar; die größten Sternentstehungsgebiete befinden sich eher in den Außenregionen, doch auch an anderer Stelle in der Galaxie entstehen neue Sterne.

Tiefen-Effekt

Die gigantische elliptische Galaxie NGC 4696 unterscheidet sich von zahlreichen Artgenossen durch die auffallende Staubbahn, die auf dieser Hubble-Aufnahme deutlich zu sehen ist. Die Galaxie befindet sich 120 Millionen Lichtjahre entfernt. Im Hintergrund sind unzählige Galaxien zu sehen, die noch viel weiter entfernt stehen. Die zwei hellen Sterne sind Teil unserer Milchstraße.

System fast keine neuen Sterne mehr geboren werden. Die Einzelheiten dieses Vorgangs werden jedoch noch lange nicht richtig verstanden. Es ist auch unbekannt, ob alle elliptischen Systeme die Folge solcher Verschmelzungen sind. Was die gigantischen Exemplare betrifft, die sich im Zentrum großer Galaxienhaufen befinden – Systeme mit Ausmaßen von vielen Hunderttausenden von Lichtjahren, die einige Billionen Sterne enthalten –, so besteht diesbezüglich wenig Zweifel, doch es gibt auch elliptische Zwerggalaxien mit einer Größe von nur ein paar Tausend Lichtjahren, diese stammen möglicherweise tatsächlich aus der frühen Jugend des Weltalls.

Auch zu den merkwürdigen linsenförmigen Galaxien, die von Hubble die Bezeichnung S0 erhielten, wissen sich die Astronomen noch immer keinen Rat. Ebenso wie Spiralgalaxien haben sie eine deutlich erkennbare zentrale Scheibe, die eine geordnete Rotation aufweist und in der – ebenso wie in unserer Galaxis – Gas und Staubwolken vorkommen. Auffallende Spiralarme gibt es jedoch nicht und die zentrale Verdickung ist viel größer als bei regulären Spiralgalaxien; sie zeigt eher die Eigenschaften einer elliptischen Galaxie. Linsengalaxien scheinen also eine merkwürdige Übergangsform zwischen elliptischen und Spiralgalaxien darzustellen, doch ob hier ein evolutionärer Zusammenhang besteht, ist nicht eindeutig.

Von einigen Galaxien ist die wahre Natur übrigens noch immer nicht richtig bekannt. Bei einer Galaxie, die wir von der Erde aus mehr oder weniger seitlich betrachten, sind mögliche Spiralarme sowieso nicht richtig zu unterscheiden. Wir sehen die Galaxie in Kantenlage, schauen auf ihr zentrales Staubband und oft ist dann nicht klar, ob es eine Spiralgalaxie mit einer relativ großen zentralen Verdickung ist oder eine linsenförmige Galaxie. Die bekante Sombrero-Galaxie im Sternbild Jungfrau (M 104) wird beispielsweise von manchen Astronomen als ein großes Spiralsystem mit einem ausgedehnten Halo aus Sternen beschrieben und von anderen als eine S0-Galaxie. Infrarotmessungen wiederum lassen vermuten, dass die Sombrero-Galaxie eigentlich eine elliptische Galaxie ist, dann jedoch mit einer auffallenden, staubreichen zentralen Scheibe.

Schließlich gibt es noch bizarr geformte Außenseiter ohne erkennbare Symmetrie – irreguläre Galaxien genannt –, die in keine Kategorie zu passen scheinen. Mitunter legen sie eine enorme Sternbildungsaktivität an den Tag; vermutlich haben sie viel gemein mit den allerersten kleinen Galaxien, die etwa vor 13 Milliarden Jahren – kurz nach dem Urknall – entstanden sind. Hubble kennzeichnete sie mit den Buchstaben „Irr", das Sammelbecken für alle Galaxien, die sich nicht um das menschliche Schubladendenken scheren.

Dunkle Materie

Funkelnder Strudel

NGC 300 ist eine wunderschöne Spiralgalaxie, sechs Millionen Lichtjahre entfernt von der Erde im Sternbild Sculptor (Bildhauer). Man sollte erwarten, dass die Drehgeschwindigkeit einer solchen rotierenden Galaxie mit der Entfernung zum Zentrum abnimmt. Tatsächlich zeigen die äußeren Bereiche nahezu dieselbe Rotationsgeschwindigkeit wie die inneren – ein Hinweis auf das Vorliegen dunkler Materie.

„Es gibt mehr Dinge zwischen Himmel und Erde als Eure Schulweisheit sich träumen lässt, Horatio." Dies ist ein berühmtes Zitat aus *Hamlet*, dem man nur zustimmen kann. Denn es würde von grenzenloser Arroganz zeugen, zu behaupten, dass wir alles kennen, was existiert. Wie viel die Wissenschaft – unsere „Weisheit" – uns auch offenbart hat, es gibt immer Dinge, von denen wir keine Ahnung haben; das hat Shakespeare richtig erkannt. Und das gilt ganz und gar für unser Wissen vom Weltall. Im Laufe der Jahrhunderte und Jahrtausende wurden unzählige Planeten, Monde, Sterne, Nebel und Galaxien kartiert, unsere Inventarisierung jedoch ist natürlich niemals vollständig. Es gibt immer noch Neues zu entdecken.

Dass man unbekannten Himmelskörpern auf die Spur kommen kann, ohne sie tatsächlich zu sehen, bewies der deutsche Astronom Friedrich Bessel 1844. Er sah, dass die hellen Sterne Sirius und Prokyon am Himmel ein wenig taumeln. Das war eigentlich nur richtig zu erklären, wenn die zwei Sterne einen kleinen unsichtbaren Begleitstern haben. In beiden Fällen ist dieser Begleiter später tatsächlich gefunden worden: ein schwacher, kompakter Weißer Zwerg, der mit seiner Schwerkraft die Bewegung des Hauptsterns etwas beeinflusst.

Auch die Existenz des Planeten Neptun wurde auf diese Weise abgeleitet. 1781 hatte William Herschel den Planeten Uranus entdeckt, in großer Entfernung außerhalb der Bahn von Saturn. Doch zu Beginn des 19. Jahrhunderts war klar, dass Uranus sich nicht an die vorausberechnete Bahnbewegung hielt. Es war, als würde er von einem anderen, unsichtbaren Himmelskörper angezogen. Auf der Grundlage der gemessenen Bahnabweichungen berechnete der französische Astronom und Mathematiker Urbain Le Verrier, wo sich dieser Tunichtgut am Himmel befinden müsste. Im September 1846 wurde an der Berliner Sternwarte praktisch exakt an der vorausberechneten Position dieser neue Planet entdeckt – Neptun.

Die Begleitsterne von Sirius und Prokyon sind mit einem Teleskop sichtbar, ebenso wie der Planet Neptun. Jedoch ist deutlich geworden, dass man auch *unsichtbare* Objekte über die Anziehungskraft, die sie auf ihre Umgebung ausüben, aufspüren kann. Genau diese Vorgehensweise hat die Astronomen im Laufe vieler Jahrhunderte von der Existenz dunkler Materie im Weltall überzeugt. Präzisionsmessungen an den Bewegungen von Sternen und Gaswolken in anderen Galaxien spielten dabei eine entscheidende Rolle. Noch immer hat niemand eine genaue Vorstellung von der wahren Beschaffenheit dieser mysteriösen dunklen Materie: Zwar wissen wir, dass es ungefähr fünfmal so viel davon geben muss wie von „normaler" Materie in Form von Atomen und Molekülen – alles Weitere ist bisher im Verborgenen.

Die ersten Hinweise auf die Existenz dunkler Materie wurden bereits Anfang der 1930er-Jahre von dem niederländischen Astronomen Jan Oort gefunden. Oort beobachtete die Geschwindigkeiten, mit denen Sterne sich „nach oben" oder „nach unten" in Bezug auf die zentrale Ebene unseres Milchstraßensystems bewegen. Diese Geschwindigkeiten werden von der Schwerkraft aller Materie in der Michstraßenfläche beeinflusst. Aus der gemessenen Geschwindigkeitsverteilung leitete er 1932 ab, dass sich im Umfeld der Sonne mehr Materie befinden muss, als man dem Anschein nach vermuten würde. Ein Jahr später kam der schweizerisch-amerikanische Astronom Fritz Zwicky zu vergleichbaren Schlussfolgerungen zur Menge der Materie in Galaxienhaufen. Auch sie müssen viel „dunkle Materie" enthalten. Die überzeugendsten Hinweise für die Existenz dunkler Materie ergaben sich jedoch in den 1970er-Jahren durch Messungen an anderen Galaxien. Je mehr Masse eine Galaxie enthält, umso schneller werden sich die Sterne um das Zentrum bewegen – auch und insbesondere in den Außenregionen der Galaxie. Wenn man die Rotationsgeschwindigkeit einer Galaxie in verschiedenen Entfernungen vom Zentrum messen kann, dann kann man daraus ziemlich genau ihre gesamte Masse ableiten. Und wenn diese viel größer ist als die Masse aller sichtbaren Sterne, Sternhaufen, Gasnebel

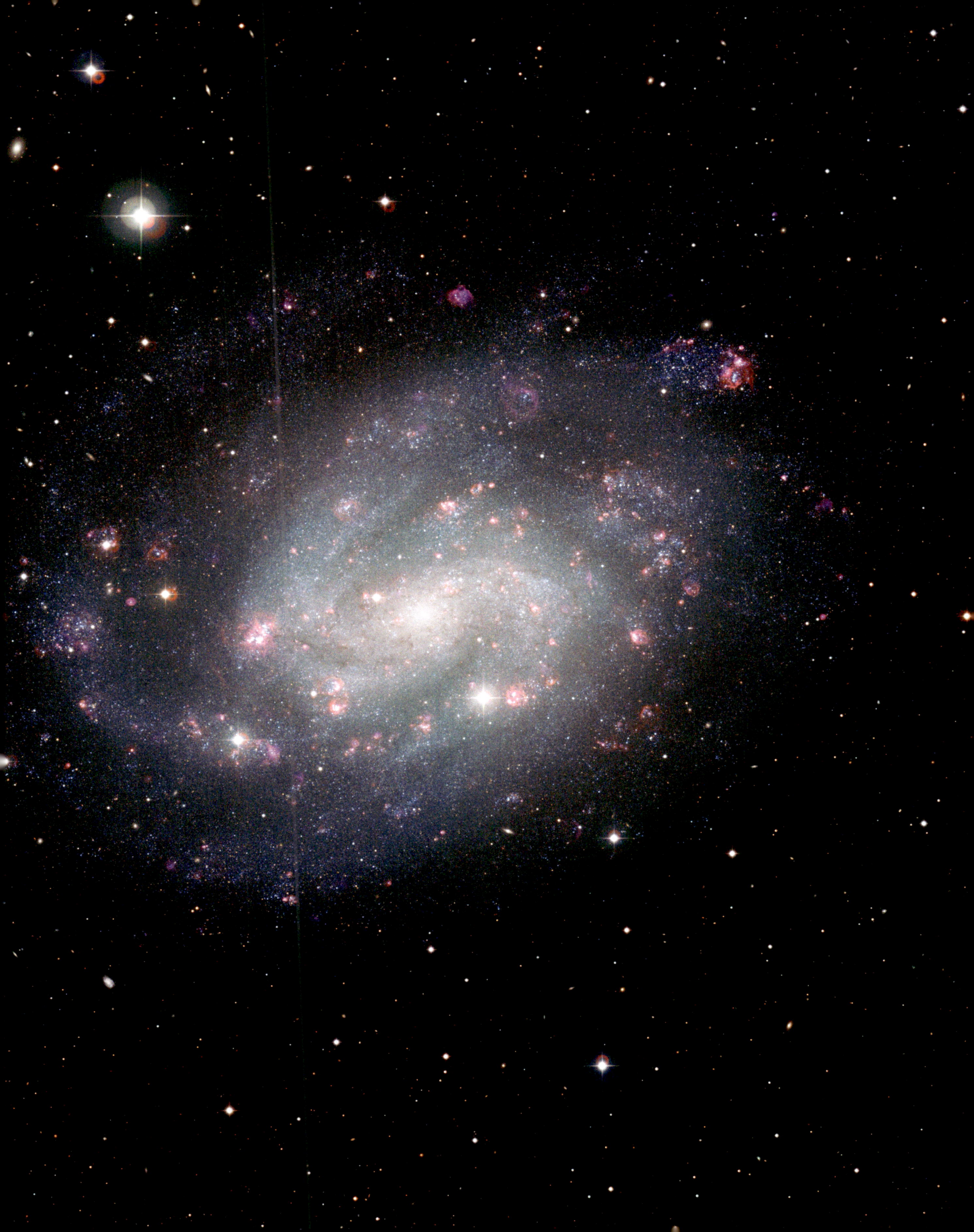

Halo in Leo
Im Sternbild Löwe (Leo), in 35 Millionen Lichtjahren Entfernung, befindet sich diese eindrucksvolle Spiralgalaxie M 96. Messungen der Rotationsgeschwindigkeit haben ergeben, dass sie – genau wie andere Spiralgalaxien – in einem weiträumigen unsichtbaren Halo dunkler Materie eingehüllt ist. Ohne die stabilisierende Schwerkraftwirkung eines solchen Halos könnte eine Spiralgalaxie selbst nicht existieren.

und Staubwolken zusammen, dann muss man wohl große Mengen dunkler Materie vermuten.

Doch Moment, wie kann man diese Rotationsgeschwindigkeiten jemals ermitteln? Wir sehen doch im Laufe eines Menschenlebens nicht, wie sich eine weit entfernte Galaxie dreht! Von uns aus gesehen scheint infolge der enormen Entfernung alles still zu stehen. Selbst die Sterne in einer nahegelegenen Galaxie wie M 31 oder M 33 wandern am irdischen Himmel nicht mehr als einige Dutzend Mikrobogensekunden im Jahr; diese minimale Seitwärtsbewegung ist kaum messbar. Doch die Astronomen kostet es viel weniger Mühe, die *Radialbewegung* von Sternen zu messen – zu uns hin und von uns weg, entlang der Visierlinie. Radialgeschwindigkeiten von Sternen lassen sich mit spektroskopischen Präzisionsmessungen ermitteln. Ebenso wie die Sirene eines vorbeifahrenden Krankenwagens je nach Annäherungs- oder Entfernungsgeschwindigkeit etwas höher oder niedriger klingt, so zeigt auch Sternenlicht eine geringe Änderung in der Wellenlänge, wenn sich die Lichtquelle uns nähert oder von uns entfernt. Je größer diese Blau- oder Rotverschiebung ist, umso höher ist die Radialgeschwindigkeit der Galaxie.

1970 waren Vera Rubin und Kent Ford in den Vereinigten Staaten die Ersten, die auf diese Weise ziemlich genau die Rotationsgeschwindigkeit der Andromeda-Galaxie bestimmten, bis hin zu etwa 22.000 Lichtjahren vom Zentrum entfernt. Der wirkliche Durchbruch kam jedoch erst acht Jahre später mit der Arbeit des niederländischen Radioastronomen Albert Bosma. Bosma setzte die brandneuen Radioteleskope von Westerbork ein – damals zwölf zusammenarbeitende Parabolantennen, jeweils mit einem Durchmesser von 25 m –, um die Rotationsgeschwindigkeiten von Wasserstoffgaswolken in den Außenbezirken von gut 25 Galaxien zu messen. Diese Wasserstoffwolken befinden sich in viel größeren Entfernungen vom Zentrum als die Sterne, die von Rubin und Ford vermessen wurden, was die Schlussfolgerungen auch viel offensichtlicher machte.

Inzwischen ist das Messen der Rotationsgeschwindigkeiten von Galaxien zur Routine geworden, wobei insbesondere große Radio-Observatorien wie das

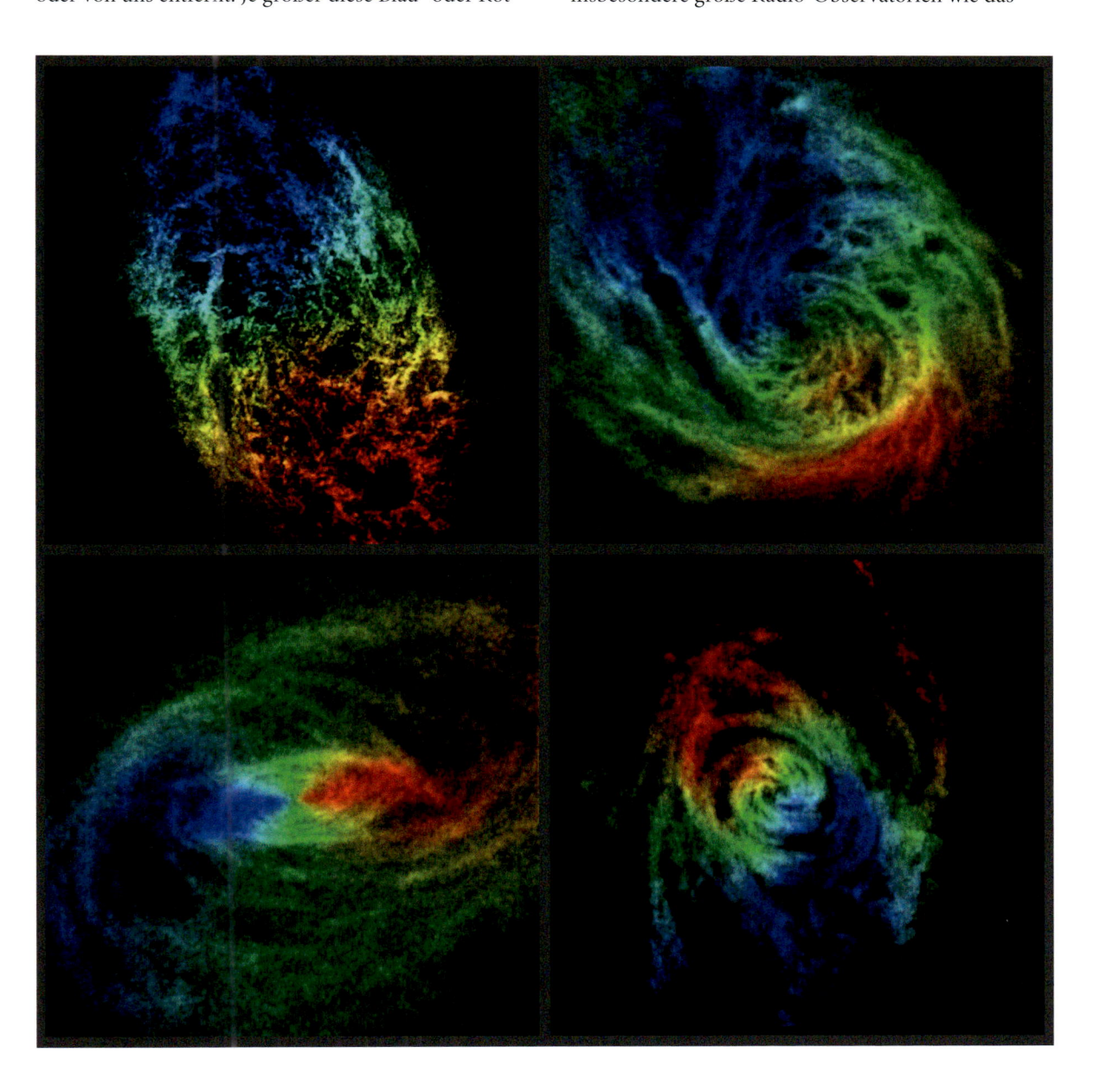

Spiralgalaxien geblitzt

Mit einem Radioteleskop können die Geschwindigkeiten von Gaswolken in anderen Galaxien aufgenommen werden. Gas, das sich auf uns zu bewegt, ist blau abgebildet; Gas, das sich von uns entfernt, ist rot. Aus dem gemessenen Rotationsmuster leiten die Astronomen die Schwerkraftverteilung in der Galaxie ab. So erweist sich immer wieder, dass Galaxien viel unsichtbare dunkle Materie enthalten.

Dunkles Geheimnis
M 81, im Sternbild Großer Bär, wird auch Bodes Galaxie nach dem deutschen Astronomen Johann Elert Bode genannt. Trotz ihrer Entfernung von fast zwölf Millionen Lichtjahren sind auf diesem Hubble-Mosaik einzelne Sterne in der Galaxie sichtbar. Sie muss viel dunkle Materie enthalten, deren wahre Natur jedoch unbekannt ist und die noch nie direkt beobachtet wurde.

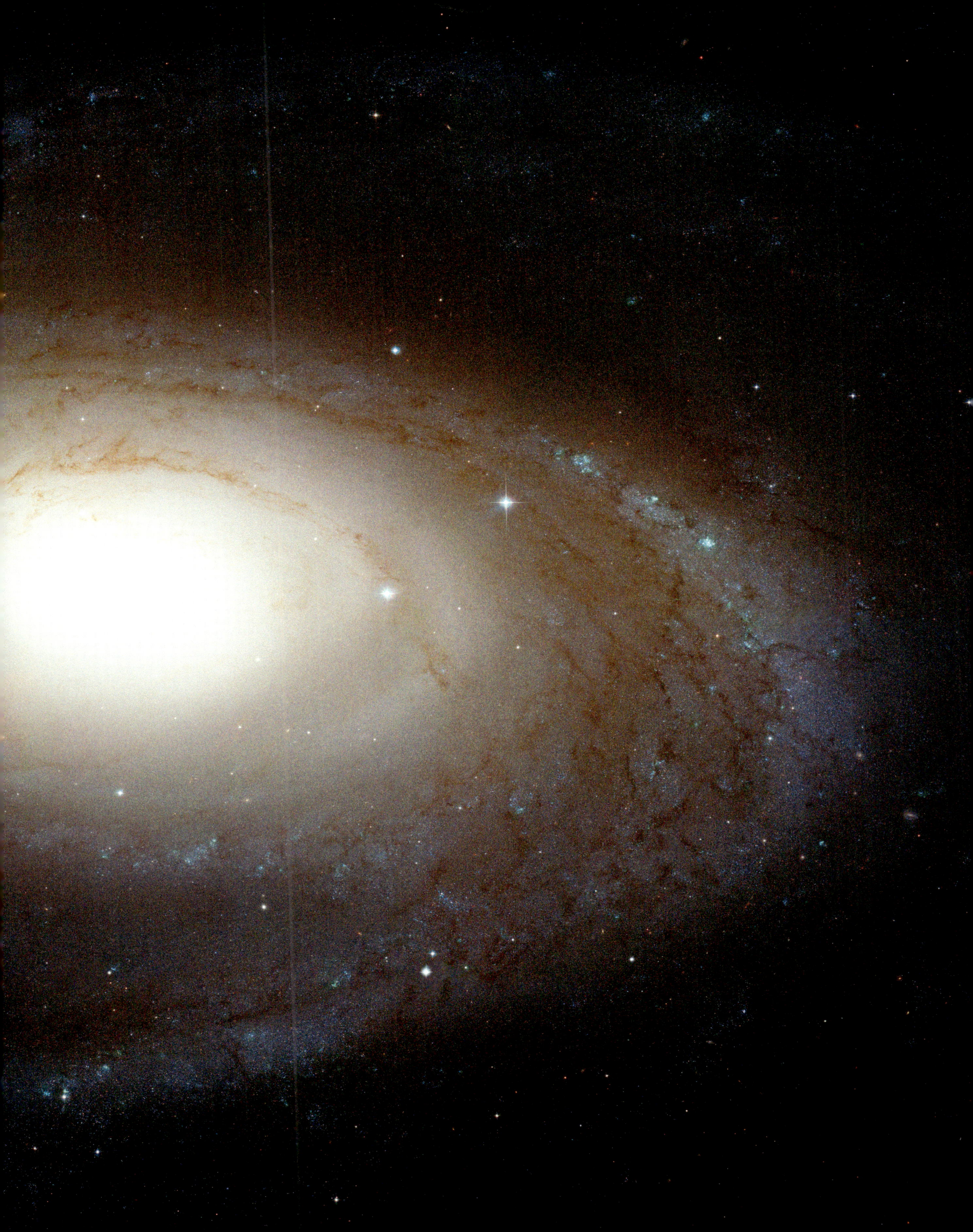

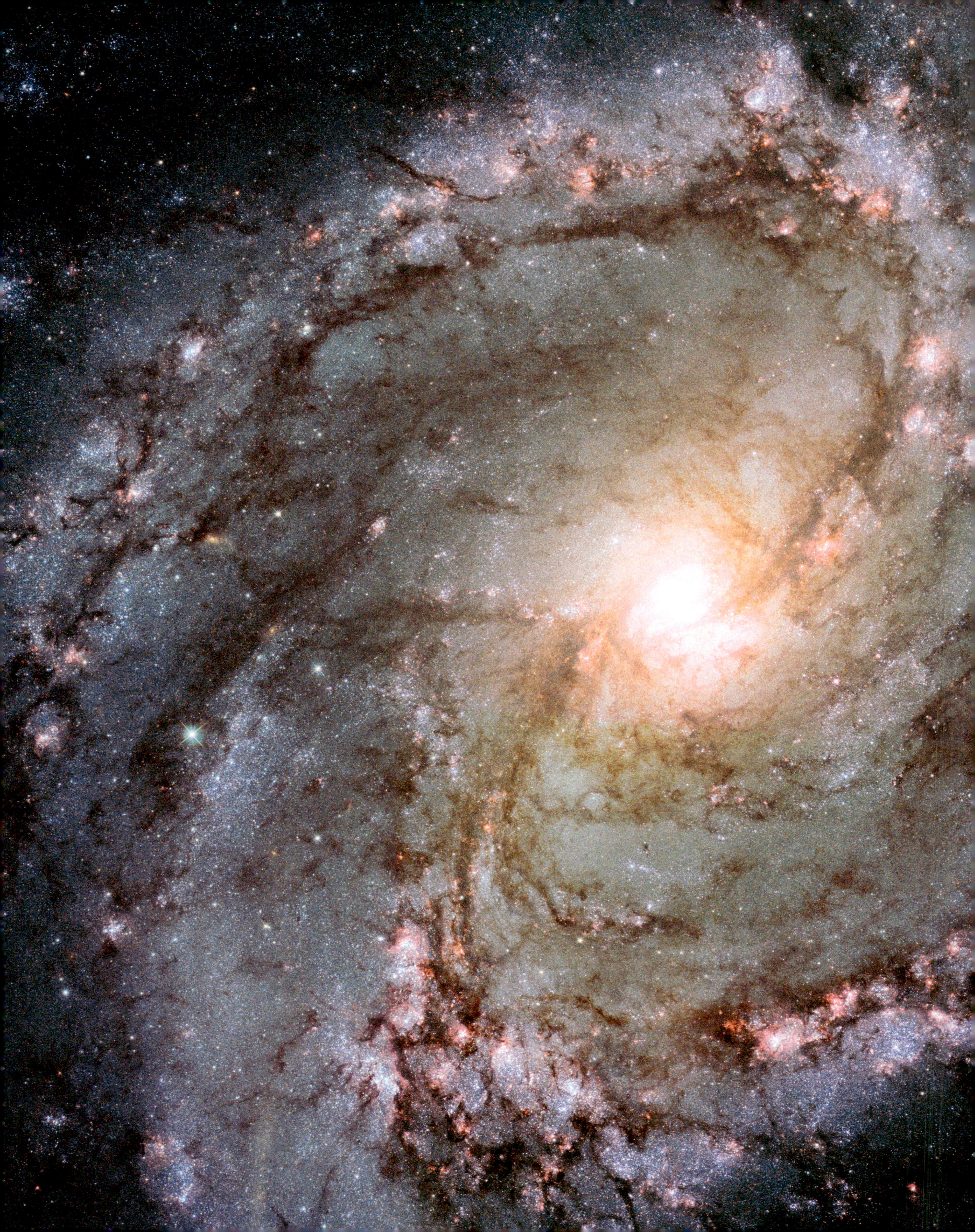

amerikanische Very Large Array eine wichtige Rolle spielen. Und immer wieder zeigt sich, dass irgendetwas nicht stimmt. Aufgrund der sichtbaren Verteilung von Sternen und Gaswolken sollte man erwarten, dass die Rotationsgeschwindigkeiten langsam abnehmen, je weiter entfernt man vom Kern der Galaxie misst. In Wirklichkeit stellt sich jedoch heraus, dass die Rotationsgeschwindigkeiten in den Außenbereichen der Galaxien mehr oder weniger konstant sind, unabhängig von der Entfernung zum Zentrum. Das kann nur eines bedeuten: Die Galaxien sind eingebettet in einen riesigen Halo aus dunkler Materie, und durch die gemeinsame Anziehungskraft all dieser dunklen Materie erhalten die beobachtbaren Außenbereiche der Galaxie eine derart hohe Rotationsgeschwindigkeit.

Doch nicht alle sind überzeugt davon, dass es dunkle Materie gibt. Nicht zuletzt deswegen, weil es Physikern trotz großangelegter Suchaktionen noch nie gelungen ist, die mysteriösen Teilchen in einem irdischen Labor dingfest zu machen. Zugegeben, die Rotationseigenschaften von Galaxien können nicht aus der berechneten Schwerkraftwirkung sichtbarer Materie hergeleitet werden – das stimmt haargenau. Man geht jedoch dabei davon aus, dass unsere Auffassung von der Schwerkraft auch unter besonderen Umständen gilt, wie in den dünnen Außenbereichen von Galaxien. Vielleicht verhält sich die Schwerkraft dort einfach anders und wir wenden die falschen Formeln an – kein Wunder, dass wir dann zu unerklärlichen Ergebnissen kommen.

Ein kleines Grüppchen von Zweiflern widersetzt sich mutig dem vorherrschenden Denken, dass das Weltall Riesenmengen von dunkler Materie enthält. Mit ihrer „Modified Newtonian Dynamics"-Theorie (MOND) können sie die beobachteten Geschwindigkeitsverteilungen in Galaxien gut ohne dunkle Materie erklären – einfach, indem sie die Formulierung der Schwerkrafttheorie anpassen. Es scheint jedoch ein Kampf gegen Windmühlen zu sein, denn die Existenz dunkler Materie ergibt sich auch aus völlig anderen Beobachtungen, wie der Verteilung von Galaxien im Weltall, den Eigenschaften der kosmischen Hintergrundstrahlung (dem „Echo" des Urknalls), die Gravitationslinsenwirkung von Galaxien und Galaxienhaufen und so weiter. Viele dieser Themen werden später in diesem Buch noch behandelt; hier streife ich sie nur, um zu verdeutlichen, dass das Rätsel der dunklen Materie wahrscheinlich nicht einfach zu lösen ist. Es scheint sich wirklich zu bewahrheiten, wie Shakespeare schon vor rund 400 Jahren schrieb: „Es gibt viel mehr Dinge zwischen Himmel und Erde, als sich unsere Schulweisheit träumen lässt."

Einmal mehr erweist sich, wie die Forschung an Galaxien unser Bild vom Universum bestimmt. Die sich würdevoll drehenden Spiralgalaxien, die vielgestaltigen Balkenspiralen, die elliptischen Riesen – sie alle sind Bausteine des Universums und gleichzeitig die Sprungbretter in unserer nicht erlahmenden Jagd nach der Entschlüsselung der kosmischen Mysterien.

Schnelle Rotation

Im Sternbild Wasserschlange (Hydra) befindet sich die Südliche Feuerrad-Galaxie, auch bekannt als M 83. Messungen mit Radioteleskopen weisen, in großer Entfernung vom Zentrum, auf das Vorliegen von Wolken aus kühlem Wasserstoffgas hin. Die hohen Rotationsgeschwindigkeiten dieser Wolken müssen eine Folge der Anwesenheit großer Mengen dunkler Materie sein.

◆ INTERMEZZO ◆

Das expandierende Universum

Galaxien sind unvorstellbar weit entfernt: Millionen oder sogar Milliarden Lichtjahre. Ein Lichtjahr ist die Entfernung, die das Licht mit einer Geschwindigkeit von 300.000 Kilometern in der Sekunde im Zeitraum von einem Jahr zurücklegt: etwa 9,5 Billionen Kilometer. Der hier abgebildete Fornax-Galaxienhaufen steht beispielsweise in einer Entfernung von rund 60 Millionen Lichtjahren. Zudem nehmen alle Entfernungen im Kosmos ständig infolge des sich ausdehnenden Weltalls zu. Diese kosmische Ausdehnung verrät sich in der Rotverschiebung des Lichts von weit entfernten Galaxien: Während der langen Reise zur Erde wird die Wellenlänge der ausgesandten Strahlung gedehnt, da der leere Raum selbst sich ausdehnt. Diese Rotverschiebung ist also ein Maß für die Reisedauer des Lichts und somit auch ein zuverlässiges Maß für die Entfernung der beobachteten Galaxie.

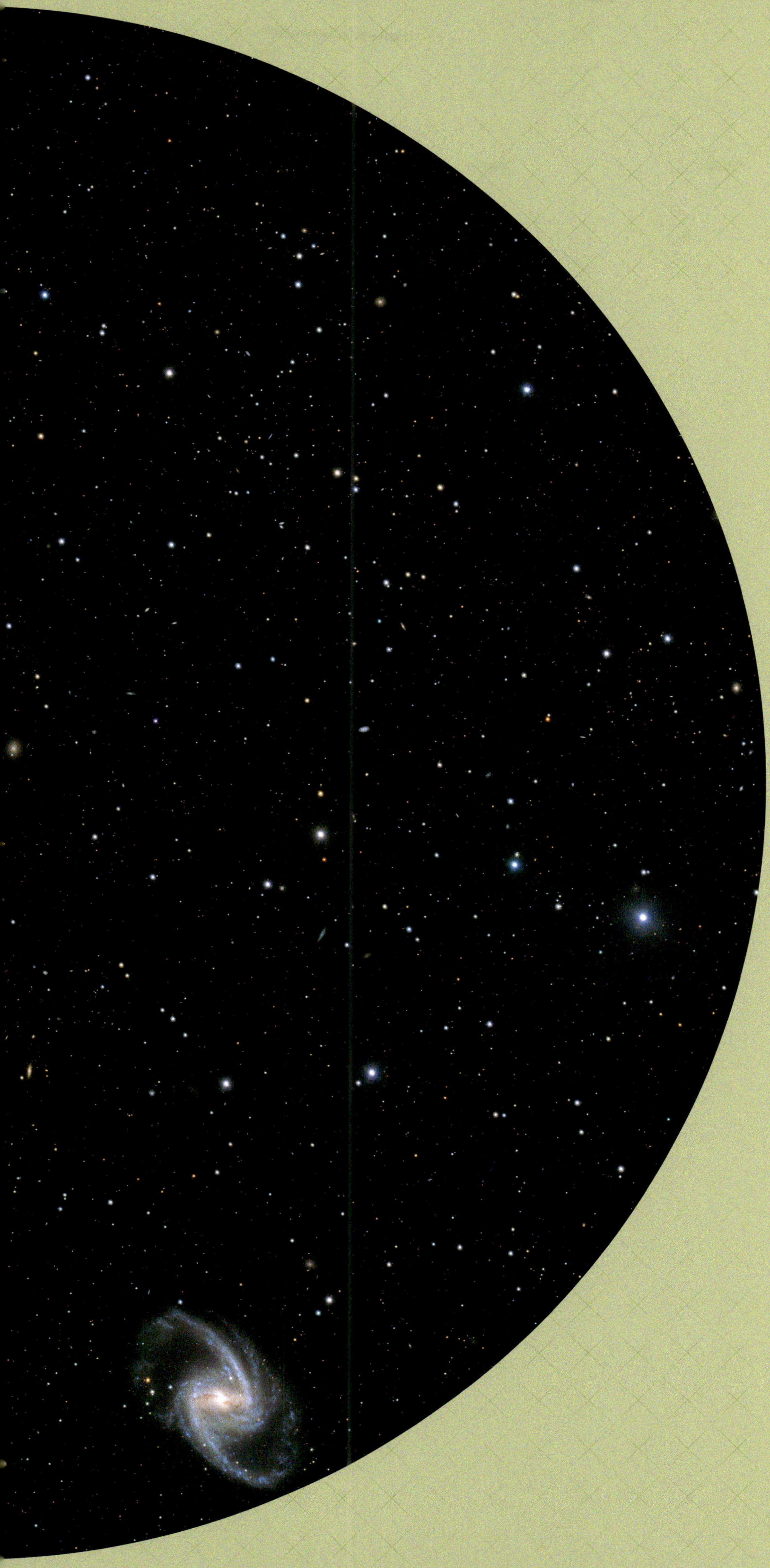

Zusätzliche Arme

Die Spiralgalaxie M 106, in etwa 20 Millionen Lichtjahren Entfernung im Sternbild Jagdhunde, ist eine sogenannte Seyfertgalaxie mit einem aktiven Schwarzen Loch im Zentrum. Durch Infrarotbeobachtungen (hier in rot wiedergegeben) entdeckte man zwei zusätzliche Spiralarme, die sich aus der galaktischen Ebene nach oben und nach unten biegen. Sie entstehen wahrscheinlich infolge der Aktivität im Zentrum.

Monster und Vielfraße

Tanzende Galaxien

Der Mensch ist eine kosmische Eintagsfliege. Der Homo sapiens entstand vor einem Wimpernschlag. In den wenigen hunderttausend Jahren, in denen wir die Erde besiedelt haben, hat sich der Anblick des Universums kaum verändert. Ein Menschenleben ist einfach viel zu kurz, um etwas von der Evolution des Universums mitzubekommen – angesichts der Lebensdauer des Kosmos ist ein Jahrhundert nicht mehr als *ein* Schriftzeichen in der vierzehnbändigen Enzyklopädie des Weltalls.

Ja, wir sehen, wie der Mond seine Phasen durchläuft und wie die Planeten durch die Sternbilder des Tierkreises wandern. Hin und wieder erscheint ein Komet am nächtlichen Firmament und wer Glück hat, kann die Explosion eines weit entfernten Sterns beobachten. Doch im Großen und Ganzen kommt uns das Weltall unveränderlich vor. Die Welt der Galaxien ist für den Menschen der Inbegriff der Beständigkeit. Könnten wir die Zeit doch beschleunigen, dann würden wir sehen, wie Spiralgalaxien herumwirbeln, wie sich Staubwolken zusammenziehen und Sternhaufen aufleuchten. Wir könnten sehen, wie Zwerggalaxien und Kugelsternhaufen um ihre Muttergalaxie schwirren wie Bienen um einen Bienenstock. Und schließlich würden wir begreifen, wie schnell die galaktischen Bausteine des Universums selbst ihr Aussehen ändern; wie sie ihre Gestalt und ihr Erscheinungsbild im Laufe der kosmischen Geschichte transformieren.

Wir denken nicht daran, doch auch im Universum spielt die Frage „nature versus nurture" eine Rolle – ist alles von der Natur vorprogrammiert oder von der Umwelt geprägt? Ebenso, wie es beim Menschen oft schwierig zu begreifen ist, ob kennzeichnende Charakterzüge genetisch oder erziehungsbedingt sind, so wissen wir von Galaxien auch nicht immer mit Sicherheit zu sagen, in welchem Maße ihre Eigenschaften „angeboren" oder „anerzogen" sind. Und solange es uns nicht möglich ist, Zeuge der einzelnen Biografien

Schaukelnde Scheibe

Die zentrale Ebene der Galaxie ESO 510-G13 ist gewölbt wie der eingerollte Rand eines Hutes. Solche Verformungen werden meist durch den störenden Schwerkrafteinfluss einer wechselwirkenden Galaxie ausgelöst, doch in diesem Fall wurde der Verursacher nicht identifiziert. Die Galaxie befindet sich 150 Millionen Lichtjahre entfernt von der Erde im Sternbild Wasserschlange.

Nachbarschaftsstreit

In 300 Millionen Lichtjahren Entfernung, im Sternbild Andromeda, kann man diese zwei asymmetrischen Spiralgalaxien finden, die zusammen als Arp 273 bekannt sind. Da sie einander in geringer Entfernung passierten, wurden sie durch wechselseitige Gezeitenkräfte verformt. Die Schockwellen in der größten Galaxie haben die Bildung zahlloser junger blauer Sterne ausgelöst.

Gestörter Strudel

Die Strudelgalaxie (M 51) war die erste Galaxie, in der eine Spiralstruktur entdeckt wurde. Einer der Spiralarme scheint durch die Anziehungskraft der kleinen begleitenden Galaxie NGC 5195 losgerissen worden zu sein. Die zwei Galaxien stehen im kleinen Sternbild Jagdhunde, in einer Entfernung von 25 Millionen Lichtjahren. Die Strudelgalaxie ist schon mit einem Fernglas zu sehen.

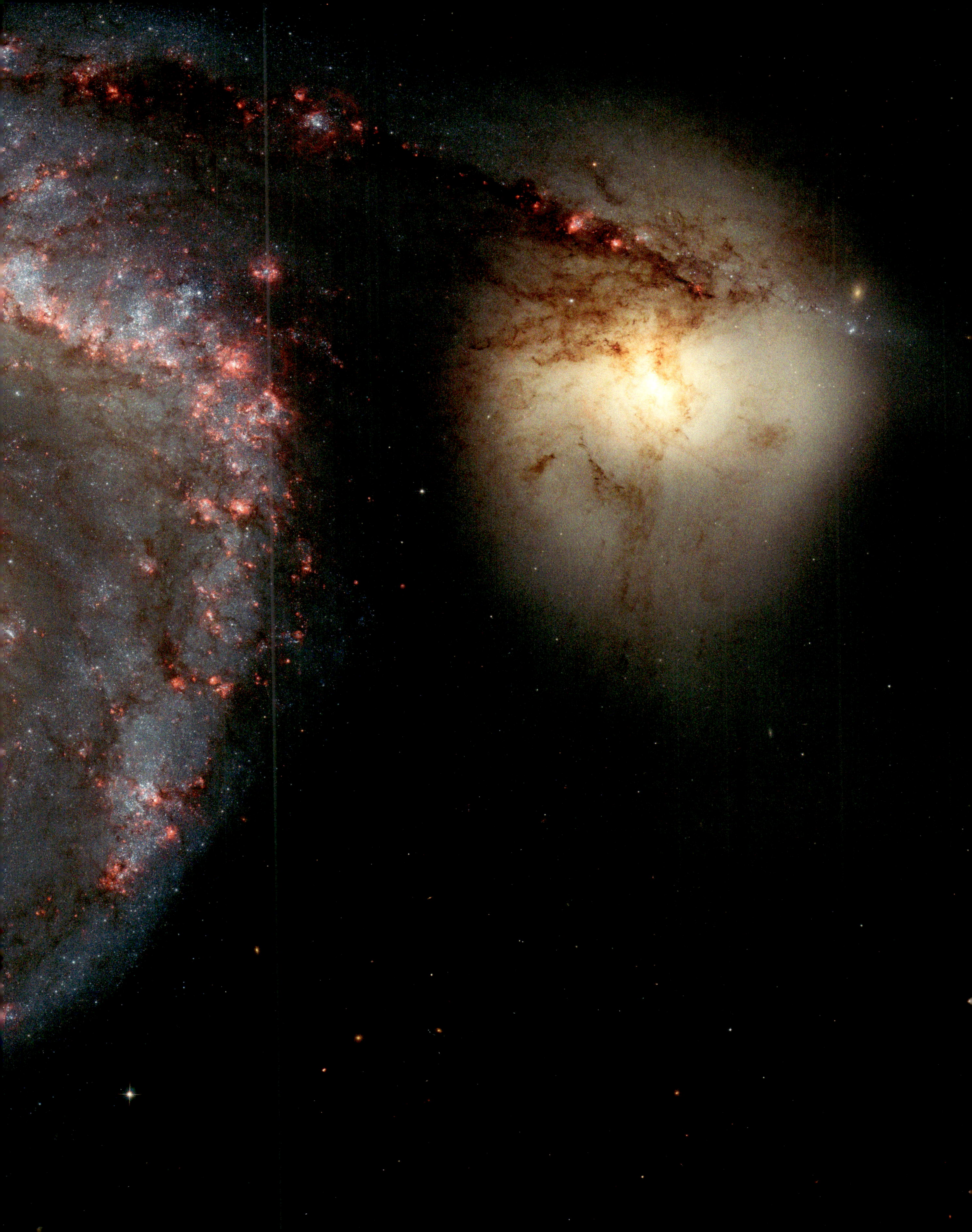

Der Schein trügt

Galaxien, die am Himmel nahe zusammen stehen, befinden sich oft in total unterschiedlichen Entfernungen von uns. Dies ist hier der Fall: Die „blaue" Galaxie ist näher, wodurch die Staubwolken in der Scheibe sich dunkel gegen den hellen Hintergrund der weiter entfernt liegenden Galaxie (NGC 3314) abzeichnen. Daher kann hier auch keine Schwerkraftwechselwirkung vorliegen.

von Galaxien zu sein, werden wir nie über Mutmaßungen hinauskommen.

Dieser auffällige zentrale Balken – war der schon von Geburt an da oder ist er später erst entstanden? Und falls ja, wodurch eigentlich genau und für wie lange? Ob die Arme einer Spiralgalaxie enger oder lockerer gewickelt sind – ist das eine unveränderliche Eigenschaft jeder einzelnen Galaxie oder verändert sie sich im Laufe von Milliarden Jahren? Stellen die mysteriösen Linsengalaxien wirklich eine evolutionäre Übergangsphase zwischen zwei Arten von Galaxien dar und wie und in welche Richtung erfolgt dann diese Evolution?

Eines ist sicher: Ebenso wie Menschen sind Galaxien in der Regel keine isolierten Phänomene. Vor hundert Jahren sprachen Astronomen wie Edwin Hubble zwar von „Inseluniversen", doch abgesehen von einzelnen Ausnahmen sind alle Galaxien Teil eines größeren Ganzen – einer „sozialen Struktur". Unser Milchstraßensystem, die Andromeda-Galaxie und die Dreiecks-Galaxie bilden zusammen mit vielen Dutzenden von Zwerggalaxien die sogenannte Lokale Gruppe; an anderer Stelle im Universum treffen wir auf gigantische Galaxienhaufen und Superhaufen – das Thema des folgenden Teils in diesem Buch. Und wie jeder Mensch von seiner Umgebung beeinflusst wird, so ist auch jede Galaxie empfänglich für Einflüsse durch ihre nächsten Nachbarn.

Wir sehen nicht, wie die wechselseitige Beeinflussung sich im Laufe der kosmischen Geschichte vollzieht. Die Eintagsfliege muss sich mit einer Momentaufnahme zufriedengeben – ähnlich wie wenn wir Art und Intensität von Familienbeziehungen einem Gruppenfoto entnehmen müssten. Glücklicherweise ist die Wechselwirkung zwischen zwei Galaxien viel einfacher und besser vorhersagbar als die komplexen sozial-psychologischen Prozesse auf menschlicher Ebene. Im Universum dominiert der Einfluss der Schwerkraft und die lässt sich mit einer Hand voll einfacher und zuverlässiger Formeln genau beschreiben.

Gruppenprozess
Stephans Quintett ist eine Gruppe von Galaxien im Sternbild Pegasus, in einer Entfernung von 300 Millionen Lichtjahren. Zwei der fünf Galaxien, leicht rechts von der Mitte, sind beinahe miteinander verschmolzen. Die Galaxien sind durch wechselseitige Gezeitenkräfte verformt, ausgenommen die blaue Galaxie links oben. Sie scheint eine kleine Galaxie im Vordergrund zu sein, 40 Millionen Lichtjahre entfernt.

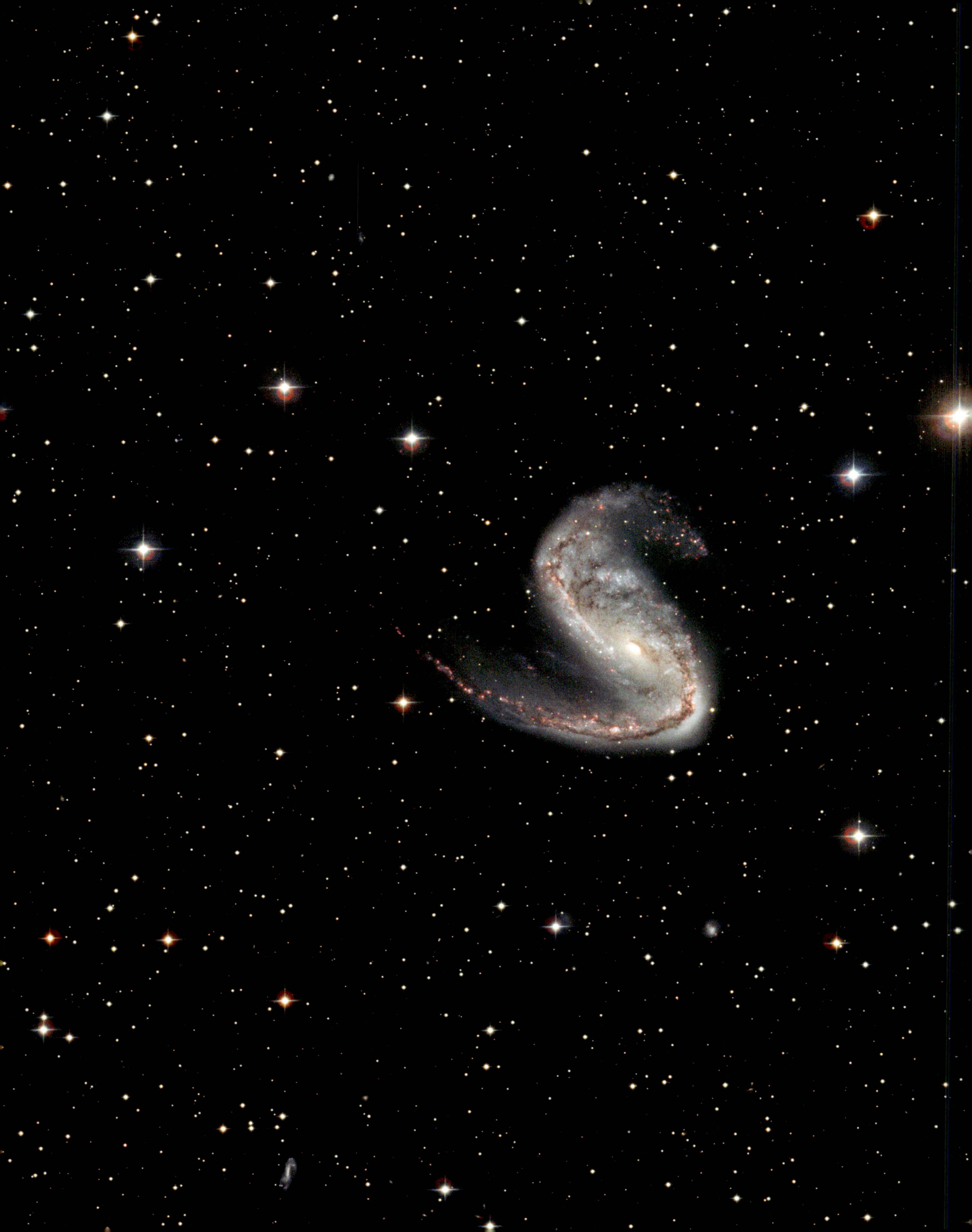

Dass sich Galaxien mit ihrer wechselseitigen Anziehungskraft beeinflussen, gaben schon die Beobachtungen von Lord Rosse im 19. Jahrhundert zu erkennen. Seine Bleistiftskizzen von M 51, im kleinen Sternbild Jagdhunde, offenbarten erstmals die eindrucksvolle Spiralstruktur, die dem Lichtfleck seinen Beinamen „Strudelnebel" gab. Die gräflichen Zeichnungen ließen auch deutlich erkennen, dass einer der Spiralarme ein wenig verzerrt zu sein scheint: Er deutet in die Richtung eines kleineren benachbarten Nebelfleckens. Wäre es möglich, dass die anfänglich symmetrische Form der großen Galaxie durch die Anziehungskraft des kleineren Begleiters gestört wurde?

Mittlerweile wurde die Strudelgalaxie – 25 Millionen Lichtjahre von der Erde entfernt – sehr detailliert beobachtet, unter anderem vom Hubble-Weltraumteleskop. Niemand bezweifelt heute, dass die asymmetrische Spiralstruktur tatsächlich von der kleineren Galaxie mit der Kennzeichnung NGC 5195 verursacht wird. Jene kleinere Galaxie ist selbst übrigens auch enorm deformiert – sogar so stark, dass die Astronomen nicht mit Sicherheit ihren Typ zu bestimmen wagen. Deutlich ist, dass sich NGC 5195 – von der Erde aus gesehen – etwas hinter der Strudel-Galaxie befindet: Der Staub im verzerrten Spiralarm von M 51 zeichnet sich deutlich in der Silhouette gegen die Sternenglut der kleineren Galaxie ab.

Andernorts im Universum wurden Galaxien entdeckt, die in relativ geringer Entfernung einander passieren. Dutzende von Millionen Jahre – ein Wimpernschlag in der Zeitrechnung des Universums – bleiben die Galaxien im wechselseitigen Einflussbereich, die Folgen hiervon können einige Hundertmillionen Jahre danach noch immer sichtbar sein. Vergleichen kann man das mit der Art und Weise, wie das eigene Leben durch ein kurzes intensives Treffen mit einer charismatischen und inspirierenden Person für lange Zeit eine neue Wendung erhalten kann.

Die Anziehungskraft eines passierenden Artgenossen kann eine feine Wölbung in der Ebene einer Spiralgalaxie hervorrufen. Spiralarme werden nicht nur deformiert und lang ausgedehnt, sie werden oft auch aus der symmetrischen Fläche herausgezogen. Manchmal bildet sich zwischen den zwei passierenden Galaxien eine langgezogene Brücke aus dünnem Wasserstoffgas, übersät mit funkelnden Sternen. Und wenn im herausgezogenen Gas Verdichtungen und Stoßwellen auftreten, lässt dies auch wieder neue Sterne entstehen.

Das Zauberwort für all diese Interaktionen ist Gezeitenwirkung. Wir kennen sie in unserem täglichen Leben vor allem als Ebbe und Flut, bewirkt durch das Kräftespiel des Mondes mit den irdischen Ozeanen. Die Gezeitenwirkung tritt in Erscheinung, wenn zwei Objekte durch ihre Schwerkraft beeinflusst werden und ihre Ausmaße relativ groß im Verhältnis zu ihrer Entfernung voneinander sind. Der dünne Wassermantel auf der Erdoberfläche ist hierfür ein gutes Beispiel: Dieser Wassermantel hat einen Durchmesser von etwa 12.500 Kilometern, was etwa drei Prozent der Entfernung zwischen Erde und Mond entspricht. Das bedeutet, dass die Schwerkraft des Mondes auf der dem Mond zugewandten Seite merklich stärker ist als auf der anderen Seite, die dem Mond abgewandt ist. Diese Differenz in der Schwerkraft verstehen wir als Gezeitenkraft des Mondes.

Für wechselwirkende Galaxien gilt Ähnliches. Die Bewegung der zwei Galaxien – die Art und Weise, in der ihre Bahnen abgelenkt werden – wird von der wechselseitigen Schwerkraft bestimmt. Doch jede Galaxie erfährt auf der *einen* Seite eine stärkere Schwerkraftwirkung – und daher eine stärkere Ablenkung – als auf der anderen Seite. Die Folge ist, dass die Galaxien leicht, entlang ihrer imaginären Verbindungslinie, gedehnt werden. (In gleicher Weise wird die formbare „Wasserschale" der Erde leicht durch die Gezeitenkräfte des Mondes angezogen – der Grund, warum es immer *zwei* Flutberge gibt: den einen mehr oder weniger „unter" dem Mond und einen anderen auf der gegenüberliegenden Seite der Erde.)

Wie die Gezeiteninteraktion zwischen zwei einander nahen Galaxien das genau zuwege bringt, hängt nicht nur von der Masse, Geschwindigkeit und Entfernung ab, sondern auch von der wechselseitigen Orientierung und dem inneren Aufbau der zwei Systeme. Viel komplizierter wird es, wenn es um die Wechselwirkung zwischen drei oder mehr Galaxien geht, beispielsweise im Fall von Stephans Quintett – einer kompakten Gruppe von Galaxien in einigen Hundertmillionen Lichtjahren Entfernung von der Erde.

Das Zusammentreffen von Galaxien hat letztendlich nicht selten eine Kollision und Verschmelzung zur Folge. Was als subtile Gezeitenverformung begann, mündet dann schnell in einem chaotischen Bild sich gegeneinander drehender Materie, lang ausgezogener Spiralarme, fortgeschleuderter Gas- und Staubschlieren und Geburtenwellen neuer Sterne. Im folgenden Kapitel machen wir Bekanntschaft mit diesen spektakulären kosmischen Verkehrsunfällen.

Auch unser eigenes Milchstraßensystem ist nicht ganz frei von den Folgen der Gezeitenwirkung. Die Große und die Kleine Magellansche Wolke, die sich „schräg unterhalb" der Milchstraße befinden, bewirken eine leichte Wölbung in der zentralen Ebene der Galaxis. Und in ferner Zukunft wird unsere Heimatgalaxie durch den Schwerkrafteinfluss der Andromeda-Galaxie stärker verformt, wenn diese zwei Spiralen sich im Anlauf zu einem Frontalzusammenstoß aufeinander zubewegen.

Entstellte Spirale

In 55 Millionen Lichtjahren Entfernung im Sternbild Fliegender Fisch befindet sich die Spiralgalaxie NGC 2442, die wegen ihrer ungewöhnlichen Form auch Fleischerhaken-Galaxie genannt wird. Einer der Spiralarme ist stark entstellt und enthält viele hell aufleuchtende Sternentstehungsgebiete. Dies muss die Folge einer engen Passage einer anderen Galaxie, vor geraumer Zeit in der Vergangenheit, sein.

Kollisionen und Vereinigungen

Im Spielfilm *Frida* (2002) der amerikanischen Regisseurin Julie Taymor gibt es eine spektakuläre Zeitlupenszene des dramatischen Busunglücks am 17. September 1925, bei dem die mexikanische Künstlerin Frida Kahlo im Alter von 18 Jahren schwer gelähmt wurde. Die Zeit wird so stark verlangsamt, dass der kurze, verhängnisvolle Schlag fast in ein anmutiges Ballett fallender Körper, verstörter Blicke, verbogenen Stahls und herumfliegender Glassplitter verwandelt wird. Noch etwas langsamer und die Uhr steht still, die Zeit erstarrt und als Zuschauer ist man in einem einzigen Augenblick gefangen.

Ich muss oft an diese Szene denken, wenn ich das spektakuläre Hubble-Foto der Antennen-Galaxie betrachte: Zwei Galaxien, die frontal miteinander zusammengestoßen sind und die ihren Beinamen den langen, gebogenen Schlieren aus Gas und Sternen zu verdanken haben, die schon in einem früheren Stadium aufgrund wechselseitiger Gezeitenkräfte nach außen gezogen wurden. Auch hier ist man als Zuschauer Zeuge eines Standfotos aus einem Katastrophenfilm und es fällt auf der Grundlage dieser Momentaufnahme nicht leicht, den tatsächlichen Hergang des kosmischen Verkehrsunfalls zu rekon-

Kosmische Antennen
Beim Zusammenprall zweier Galaxien sind lange Schweife aus Gas und Sternen unter dem Einfluss wechselseitiger Gezeitenkräfte nach außen geschleudert worden. Die zwei Galaxien, NGC 4038 und NGC 4039, befinden sich 45 Millionen Lichtjahre entfernt im kleinen Sternbild Rabe. Sie wurden bereits 1785 von William Herschel entdeckt. In einigen Hundertmillionen Jahren werden sie miteinander verschmolzen sein.

Zweite Jugend

Die Kollision der Antennen-Galaxien hat in beiden Galaxien eine Geburtswelle neuer Sterne ausgelöst. Diese Hubble-Nahaufnahme zeigt glühende Gasnebel, helle junge Sternhaufen und weggeschleuderte Staubwolken. Auch der zukünftige Zusammenprall unseres Milchstraßensystems mit der Andromeda-Galaxie wird Auslöser für eine derart große Sternentstehungsaktivität sein.

Glücksrad

Die Wagenrad-Galaxie (ESO 350-40), in 500 Millionen Lichtjahren Entfernung von der Erde, verdankt ihre auffällige Form dem Frontalzusammenstoß mit einer kleineren Galaxie – wahrscheinlich mit der deformierten blauen Spiralgalaxie links oben. Diese flog quer durch die größere Galaxie hindurch; Schockwellen haben danach Gas und Staub in einen gigantischen Ring, in dem neue Sterne entstehen, hinausgeblasen.

struieren, der sich hier in Dutzenden von Millionen Lichtjahren Entfernung von der Erde abspielt.

Die zwei Galaxien im relativ kleinen Sternbild Rabe wurden 1785 von William Herschel entdeckt. Sie erhielten die Bezeichnungen NGC 4038 und NGC 4039. Der amerikanische Astronom Halton Arp nahm sie in den 1960er-Jahren zusammen als Nummer 244 in seinen *Atlas of Peculiar Galaxies* auf – alles schien darauf hinzudeuten, dass hier eine galaktische Kollision vorliegt. Aber wie vollzieht sie sich nun genau? Und weshalb diese asymmetrischen „Gezeitenschwänze"?

Zuvor habe ich geschrieben, dass die Wechselwirkung zwischen zwei Nachbargalaxien fast vollständig von der Anziehungskraft bestimmt wird und diese wiederum lässt sich in mathematischen Gleichungen genau ausdrücken. Allerdings gibt es keine Formel, mit der man das Ergebnis einer kosmischen Kollision auf einmal berechnen kann, auch wenn Größe, Struktur, Orientierung und Geschwindigkeit der zwei glücklosen Galaxien genau bekannt sind. Nur wenn man den Prozess in zahlreiche kleine Zeitschritte aufteilt, kann man eine Vorstellung vom wahren Hergang gewinnen. Immer wieder muss man dann berechnen, auf welche Weise die Bewegung jedes einzelnen Sterns durch die gemeinsame Schwerkraft aller anderen Sterne in den zwei Galaxien bestimmt wird.

Ein moderner Superrechner knackt eine solche harte Nuss in ein paar Minuten; Anfang der 1970er-Jahre brauchten die einfachen Rechenmaschinen der Brüder Alar und Juri Toomre dafür allerdings noch viele Wochen, um ein einigermaßen akzeptables Resultat zu präsentieren, das auf den Berechnungen an maximal einigen Hundert kleinen Testteilen beruht. Ich selbst kann mich noch gut an den Frust erinnern, als ich in der ersten Hälfte der 1980er-Jahre meinen Commodore 64-Homecomputer programmierte, um die Kollision von zwei Galaxien zu simulieren – es dauerte endlos lange und das Ergebnis taugte nichts. Die Gebrüder Toomre waren dennoch die ersten, die plausibel erklären konnten, dass die Antennenschwänze von NGC 4038 und NGC 4039 unter dem Einfluss von Gezeitenkräften entstanden sind. Und dank fortschrittlicher Computersimulationen wissen wir heute ziemlich genau, wie sich die Kollision der Antennen-Galaxien bis zum heutigen Tag vollzogen hat und wie es den zwei Galaxien in weiterer Zukunft ergehen wird. Es hat sich erwiesen, dass sie etwa vor 600 Millionen Jahren miteinander kollidiert sind. Dabei bewegten sich die zwei Galaxien anfangs kreuz und quer durcheinander; die langgezogenen Gezeitenschwänze entstanden vor etwa 300 Millionen Jahren. Inzwischen wurden sie zu stark abgebremst, um noch dem wechselseitigen Schwerkrafteinfluss entkommen zu können; in etwa 400 Millionen Jahren werden die zwei Galaxien miteinander zu einer elliptischen Riesengalaxie verschmelzen – genau dieses

Vermischtes Doppel

Haben sich zwei kollidierende Galaxien ausreichend abgebremst, verschmelzen sie schließlich zu einer großen Galaxie. Bei NGC 2623, 300 Millionen Lichtjahre entfernt im Sternbild Krebs, ist es bald soweit. In den langen „Gezeitenschweifen" werden noch immer Sterne geboren. Von der ursprünglichen Spiralstruktur der zwei Galaxien ist fast nichts mehr zu erkennen.

Knallzigarre

Die Zigarren-Galaxie (M 82), in 13 Millionen Lichtjahren Entfernung im Sternbild Großer Bär, zeigt eine enorme Sternbildungsaktivität und Zeichen explosiver Erscheinungen im Zentrum, vermutlich infolge der Wechselwirkung mit der benachbarten Spiralgalaxie M 81. Diese Fotomontage zeigt neben sichtbarem Licht (orange, gelb und grün) auch Röntgenstrahlung (blau) und Infrarotstrahlung (rot).

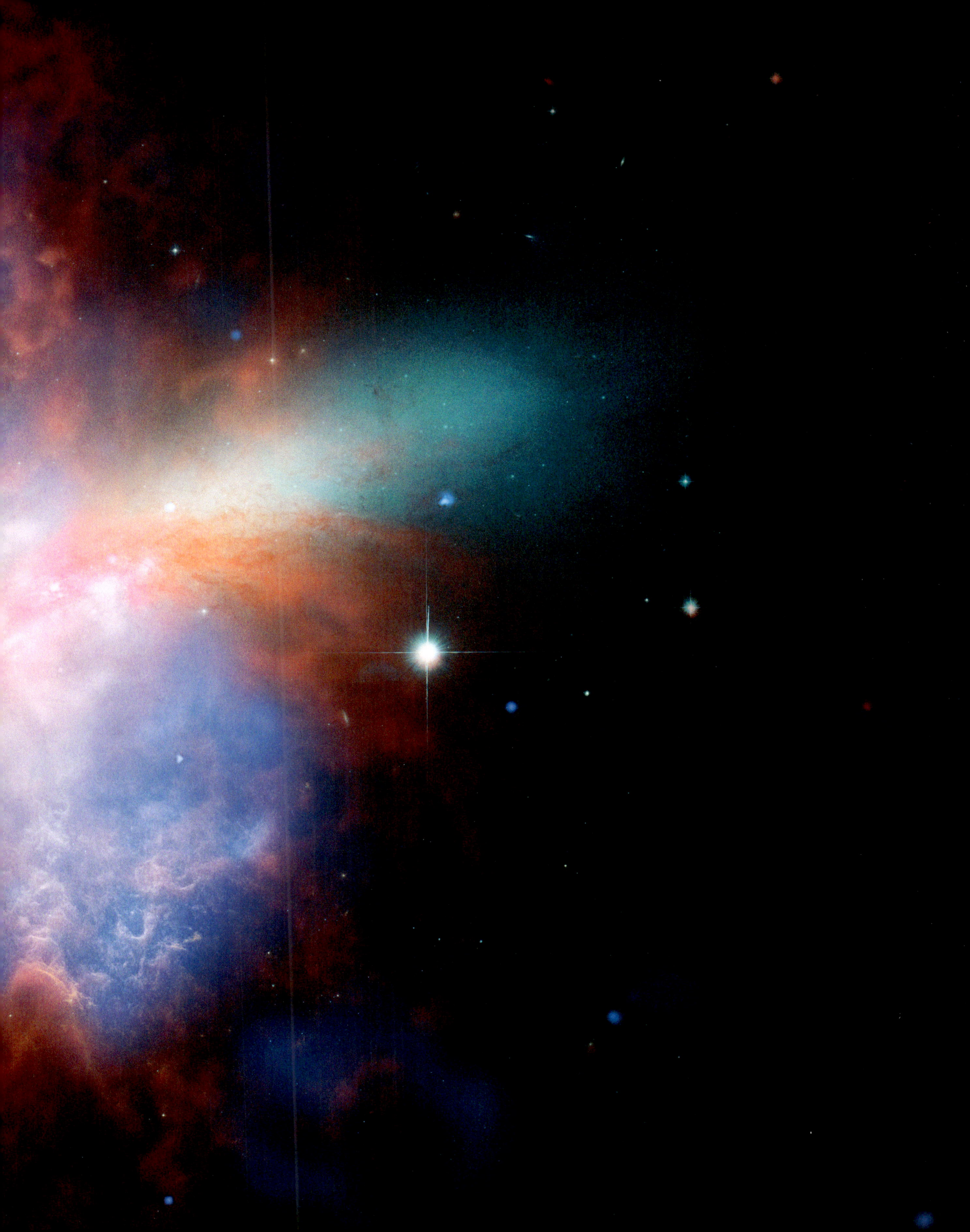

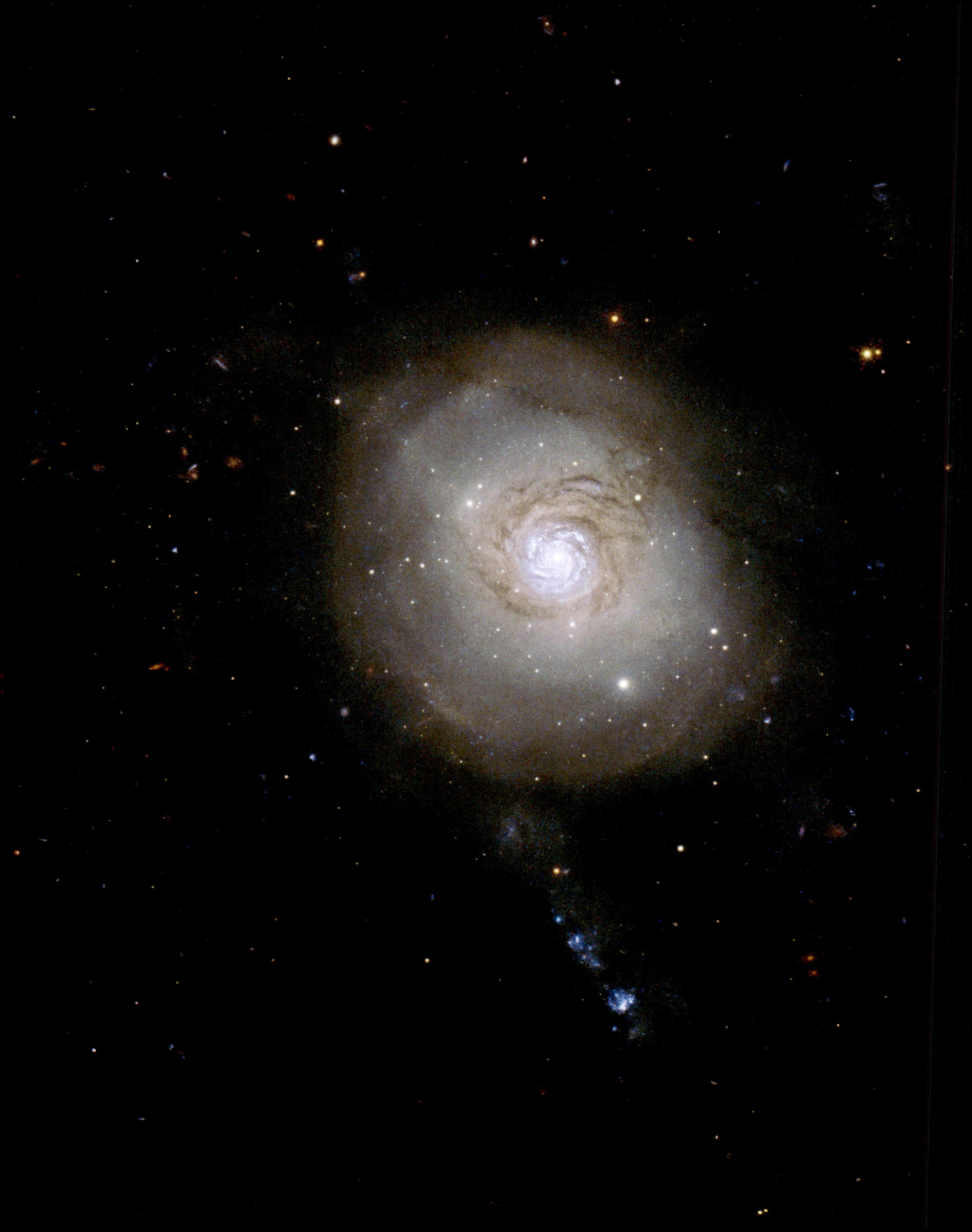

Schicksal erwartet unser eigenes Milchstraßensystem und die benachbarte Andromeda-Galaxie in einigen Milliarden Jahren. Es klingt vielleicht fantastisch, dass sich zwei gigantische Galaxien kreuz und quer durcheinander bewegen können. Doch Galaxien sind keine massiven Konstruktionen wie Autos oder mexikanische Stadtbusse. Die Sterne in einer Galaxie sind verhältnismäßig sehr weit voneinander entfernt: Die Entfernung zwischen Sonne und dem am nächsten stehenden Stern, Proxima Centauri, beträgt etwa 40 Billionen Kilometer, doch der Durchmesser der Sonne beträgt keine 1,5 Millionen Kilometer. Die Entfernung zwischen den zwei Sternen ist also rund 25 Millionen Mal so groß wie der Durchmesser der Sonne. Mit anderen Worten: Galaxien bestehen größtenteils aus leerem Raum.

Gewiss, wenn sich zwei Galaxien einander nähern und miteinander kollidieren, werden die Bewegungen der Sterne in diesen zwei Galaxien durchgreifend von der Schwerkraft aller anderen Sterne beeinflusst. Doch aufgrund der großen Distanzen zwischen ihnen ist die Wahrscheinlichkeit einer tatsächlichen Kollision einzelner Sterne gleich Null. So gesehen bewegen sich zwei Galaxien ebenso einfach durcheinander hindurch wie zwei Mückenschwärme; in Wirklichkeit sogar noch viel einfacher.

Die zwei Galaxien werden natürlich von der gegenseitigen Anziehungskraft abgebremst, was in den meisten Fällen schließlich doch mit einer Verschmelzung endet. Noch andere Faktoren spielen mit: Der Raum zwischen den Sternen ist nicht wirklich leer. Dünnes Gas und feiner Staub, die sich in der einen Galaxie befinden, geraten sofort beim ersten Zusammenstoß mit der interstellaren Materie der anderen Galaxie in Kollision. Das führt zu abrupten Verdichtungen und trägen Stoßwellen, die sich in alle Richtungen durch die zwei Galaxien hindurch fortsetzen. An unerwarteten Orten entstehen so neue Ansammlungen junger, heißer Sterne, die mitunter innerhalb weniger Millionen Jahre schon wieder als Supernova explodieren. So kann sich eine relativ ruhige und bedächtige Galaxie (wie unsere Milchstraße) infolge eines kosmischen Zusammenpralls in eine tumultuöse Bühne mit glühendem Gas, wüst strahlenden Sternen und blendenden Explosionen verwandeln.

Die Geburtswellen neuer Sterne treten nicht nur *innerhalb* der zwei aneinandergeratenen Galaxien auf, sondern auch in den abgerissenen Gezeitenschweifen. Auch sie enthalten große Mengen Gas und Staub, woraus wieder vollständige Sternhaufen geboren werden. Hell aufleuchtende Sternentstehungsgebiete und funkelnde Gruppen neuer Sterne markieren so die Bereiche, in denen der Zusammenprall der zwei Galaxien am stärksten nachhallt und wo das schwappende Gas zeitweilig die höchste Dichte erreicht, ebenso wie Schaumkämme die höchsten Meereswellen krönen. Wie die Dichtewellen sich genau fortpflanzen hängt wesentlich von dem Winkel ab, unter dem die zwei Galaxien aufeinander zusteuern. So ist die weithin bekannte Wagenrad-Galaxie das Ergebnis eines Zusammenpralls, wobei eine relativ kleine Galaxie fast unmittelbar „von oben" auf eine Spiralgalaxie krachte, als sei ein Stein in einen Teich gefallen. Durch den Aufprall wurden große Mengen an Gas mit hoher Geschwindigkeit nach außen geblasen. Schockwellen in diesem Gas bewirkten die Entstehung neuer Sterne in einem auffällig hellen Ring in großer Entfernung außerhalb der Spiralgalaxie. Radial ausgerichtete Gezeitenschweife verleihen der Galaxie ein auffälliges Aussehen, dem sie ihren Beinamen zu verdanken hat.

Auch nachdem alle Gewalt des Zusammenpralls abgeebbt ist, sind die Spuren der Katastrophe mit etwas Mühe oft noch immer zu sehen. Wenn eine große Galaxie eine kleinere Artgenossin verschlungen hat, ist von der ursprünglich symmetrischen Struktur meist nicht mehr viel geblieben. Ist dann eine große elliptische Galaxie entstanden, wird sie oft von konzentrischen Hüllen heißen Gases und schwacher Sterne umgeben; alles wird nach außen geblasen im Nachhall der kosmischen Kollision und ist nur auf sehr lang belichteten Fotos sichtbar. Im Kern der neu gebildeten Galaxie entdecken Astronomen oft ungewöhnliche Bewegungen: Sterne, die gegen die normale Rotationsrichtung in der Runde um das Zentrum kreisen.

Ernstliche Verkehrsunfälle sind auf der Erde zum Glück noch immer recht ungewöhnlich. Obgleich sie das Dasein eines jeden einschneidend verändern können – wie es Frida Kahlos Leben voller Qualen zeigt –, sind sie nie für die Evolution der Menschheit als Ganzes bestimmend gewesen. Im Universum ist das jedoch völlig anders: Fast jede Galaxie gerät irgendwann in eine Kollision mit einer kleinen oder großen Artgenossin und bekommt die Folgen dieser kosmischen Zusammenstöße zu spüren. Vielmehr noch: Die meisten Galaxien verdanken ihr heutiges Aussehen früheren Episoden von galaktischem Kannibalismus, wie wir im letzten Teil dieses Buches sehen werden.

Galaxien sind die Bausteine des Universums. Doch diese Bausteine sind nicht statisch und unveränderlich wie Legosteine. Sie sind aus kleineren Vorläufern entstanden, beeinflussen einander, verändern ihre Form, prallen aufeinander und schmelzen zusammen zu größeren Strukturen. Und langsam aber sicher wird immer klarer, wie sich diese galaktische Evolution im Laufe von Milliarden Jahren abgespielt hat.

Posttraumatischer Stress

An der Stelle, wo vor etwa einer Milliarde Jahren zwei Galaxien miteinander kollidierten, sind die Folgen dieser kosmischen Katastrophe noch immer sichtbar: dünne Schalen aus Gas und Staub und eine kleine zentrale Spirale aus Sternen, die in der „falschen" Richtung rotiert. Diese Galaxie, NGC 7252, steht etwa 200 Millionen Lichtjahre entfernt im Sternbild Wassermann.

Aktive Kerne und Quasare

Wenn man die detailgenauen Fotos in diesem Buch betrachtet, kann man sich kaum vorstellen, dass vor 100 Jahren nur wenig über Galaxien bekannt war. In dem Maße, in dem im 18. und 19. Jahrhundert immer größere Teleskope gebaut wurden, stieg die Zahl der bekannten kosmischen Nebelfleckchen rasant an: von den rund 100, die von Charles Messier katalogisiert worden waren, bis auf fast 8000 im New General Catalogue von John Dreyer. Doch was deren Art, Entfernung und Dimension betraf, tappten die Astronomen im Dunkeln.

Es dauerte bis zum Beginn der 1920er-Jahre, bis Edwin Hubble die Entfernung zum Andromeda-Nebel bestimmte und niemand mehr bestreiten konnte, dass sich zahlreiche Spiralnebel am Sternenhimmel – genau wie ihre ellipsenförmigen Artgenossen, wie sich später herausstellte – in großer Entfernung außerhalb unseres eigenen Milchstraßensystems befinden. Dass viele dieser Nebel ganz besondere Eigenschaften besitzen, war jedoch schon viel früher bekannt. Auch wenn man keine Ahnung von der Entfernung oder der wahren Art eines nebelartigen Objekts hat, kann man doch das ausgesandte Licht genauen Messungen unterziehen.

Die Astronomen benutzen hierfür seit Jahr und Tag die Technik der Spektroskopie. Dabei zerlegen sie das aufgefangene Licht in die Spektralfarben, wie Regentropfen es mit dem weißen Licht der Sonne tun. Man kann dann sehr genau bestimmen, wie die Energie des ausgesandten Lichts in den verschiedenen Wellenlängen verteilt ist. Und da jedes chemische Element Strahlung in ganz spezifischen Wellenlängen absorbiert oder aussendet, verraten diese spektroskopischen Messungen etwas über die chemische Zusammensetzung eines Himmelskörpers. Ohne zu übertreiben kann man doch sagen, dass die Spektroskopie – neben der Erfindung des Teleskops – den größten technologischen Durchbruch in der Geschichte der Astronomie erbrachte.

Bei vielen Nebelflecken waren zu Beginn des 20. Jahrhunderts bereits sogenannte Absorptionslinien entdeckt worden: Bei bestimmten Wellenlängen sprach man von Lichtabsorption durch relativ kühle Gasatome, wodurch im Spektrum des Nebels dunkle Linien sichtbar werden. Doch im Jahr 1908 machten die Astronomen eine überraschende Entdeckung: Das Licht des Nebelflecks M 77, im Sternbild Walfisch, zeigte helle Emissionslinien statt dunkler Absorptionslinien. Dies ließ vermuten, dass sich im (ebenfalls auffällig hellen) Kern der Galaxie extrem heißes Gas befindet, das in besonderen Wellenlängen Strahlung aussendet. Als sich herausstellte, dass Spiralnebel in Wirklichkeit extragalaktische Galaxien sind, mussten die Astronomen eine Erklärung für die Tatsache finden, dass einige dieser Galaxien offensichtlich einen viel „aktiveren" Kern aufweisen als andere. In den 1950er-Jahren publizierte der Amerikaner Carl Seyfert neue Messungen an sechs dieser außergewöhnlichen Systeme, darunter M 77. (Gegenwärtig werden sie daher Seyfertgalaxien genannt; inzwischen steht fest, dass etwa eine von zehn Galaxien zu dieser Kategorie gehört, auch wenn die Emissionslinien nicht immer gleich auffällig sind.) Doch warum sich die Gasatome in den Zentren dieser Galaxien in einem so aufgewühlten Zustand befinden, war Mitte des letzten Jahrhunderts noch unklar.

Dass sich im Kern einer Galaxie oft merkwürdige Szenen abspielen, zeigte sich bereits 1918, als der amerikanische Astronom Heber Curtis – der wichtigste Vertreter der Theorie, dass Spiralnebel extragalaktisch sind – ein detailreiches Foto vom Nebelfleck M 87 im Sternbild Jungfrau machte. Zwar zeigte M 87 keine Spiralstruktur, doch war auf dem Foto ein bizarrer, pfeilgerader „Lichtstrahl" zu sehen, der vom Zentrum des kreisförmigen Nebelflecks ausging – als werde von diesem Zentrum ein schmales Band von Energie nach außen katapultiert.

Kurz nach dem Zweiten Weltkrieg, als die Astronomen Messungen an kosmischen Radiowellen vornahmen, wurde entdeckt, dass sich im Sternbild Jungfrau (Virgo) eine kräftige Quelle von Radiostrahlung befindet, deren Position am Himmel mit der von M 87

Aktives Zentrum
Das Zentrum der Balkenspiralgalaxie M 77, in 47 Millionen Lichtjahren Entfernung im Sternbild Walfisch, beherbergt ein gewaltiges Schwarzes Loch. M 77 war die erste entdeckte Seyfertgalaxie mit einem sehr aktiven Kern. Auf diesem Foto, aufgenommen von dem europäischen Very Large Telescope, sind auch die in die schwachen Außenregionen der Galaxie weggeschleuderten Gaswolken zu sehen.

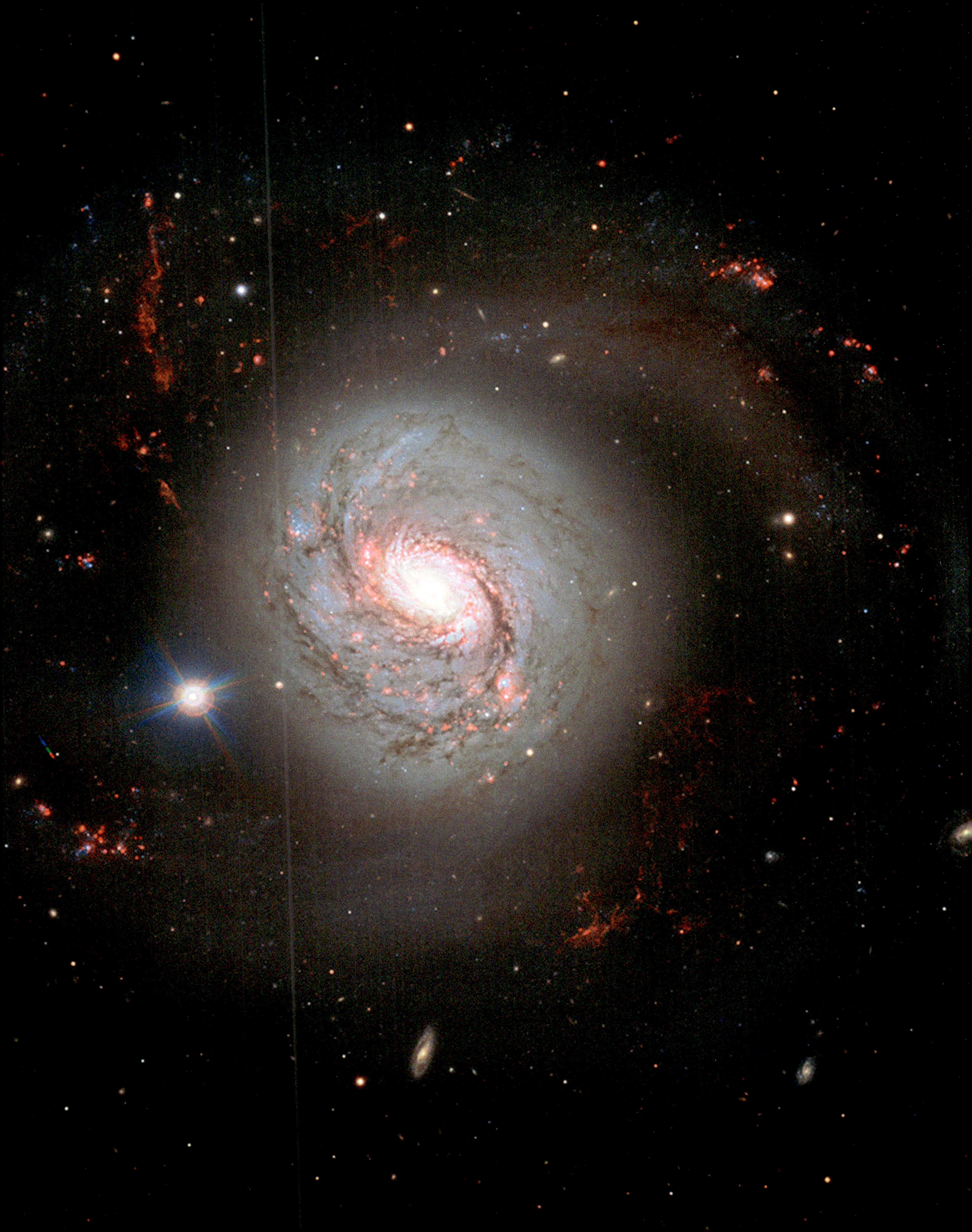

Ring aus Feuer
Ein heller Ring neugeborener Sterne, 5000 Lichtjahre im Durchmesser, kennzeichnet das Zentrum der Seyfertgalaxie NGC 1097, in der sich ein massives Schwarzes Loch verbirgt. Schmale Staubfahnen zeichnen sich in der Silhouette gegen den hellen Hintergrund der Galaxie ab. NGC 1097 steht im Sternbild Fornax (Chemischer Ofen), in einer Entfernung von 65 Millionen Lichtjahren.

übereinstimmt. Auch die Sternbilder Schwan (Cygnus) und Zentaur schienen hellere Radioquellen zu besitzen, die mit einer großen elliptischen Galaxie zusammenfallen. Virgo A, Cygnus A und Centaurus A, wie die drei hellen Radioquellen offiziell heißen, gehören zu den nächsten – und dadurch hellsten – Beispielen einer vollkommen neuen Klasse von Galaxien: den Radiogalaxien.

Dank der enorm gewachsenen Empfindlichkeit großer Radioteleskope sind inzwischen viele Tausend Radiogalaxien bekannt, von denen sich die meisten übrigens in gewaltigen Entfernungen im Universum befinden. Ebenso wie Virgo A (M 87) weisen sie ausnahmslos auffällige Jets („Strahlströme") auf, die dem Zentrum der Galaxie zu entspringen scheinen. In den weitaus meisten Fällen trifft man zwei dieser Jets an, die in entgegengesetzten Richtungen in den Raum geblasen werden. Die beobachtete Radiostrahlung stammt von sich sehr schnell bewegenden Elektronen in diesen energiereichen Strömen und vor allem aus großen „Radio-Keulen" an den Spitzen, wo die Jets mit der dünnen sie umgebenden intergalaktischen Materie in Berührung kommen (und durch sie abgebremst werden).

Anfang der 1950er-Jahre war die Zahl der bekannten Quellen von Radiostrahlung am Himmel jedoch noch

Schwarzes Herz
M 87 ist eine Galaxie der Superlative. Sie umfasst mehrere Billionen Sterne und Tausende Kugelsternhaufen. Im Zentrum befindet sich ein gigantisches Schwarzes Loch, das rund sechs Milliarden Mal so massereich ist wie die Sonne. Auf diesem Hubble-Foto ist der vom Schwarzen Loch verursachte, langgezogene Jet deutlich zu sehen. M 87 markiert das Zentrum des Virgo-Galaxienhaufens.

Großmaul
3C 348 ist die zentrale Galaxie im Herkules-Galaxienhaufen. Das riesige Schwarze Loch im Zentrum der elliptischen Galaxie ist 2,5 Milliarden Mal so schwer wie die Sonne. Es bläst zwei entgegengesetzt ausgerichtete Strahlströme geladener Teilchen in den Raum. Mit dem Very Large Array-Radioteleskop wurden diese eineinhalb Millionen Lichtjahre langen Jets festgehalten (rosa).

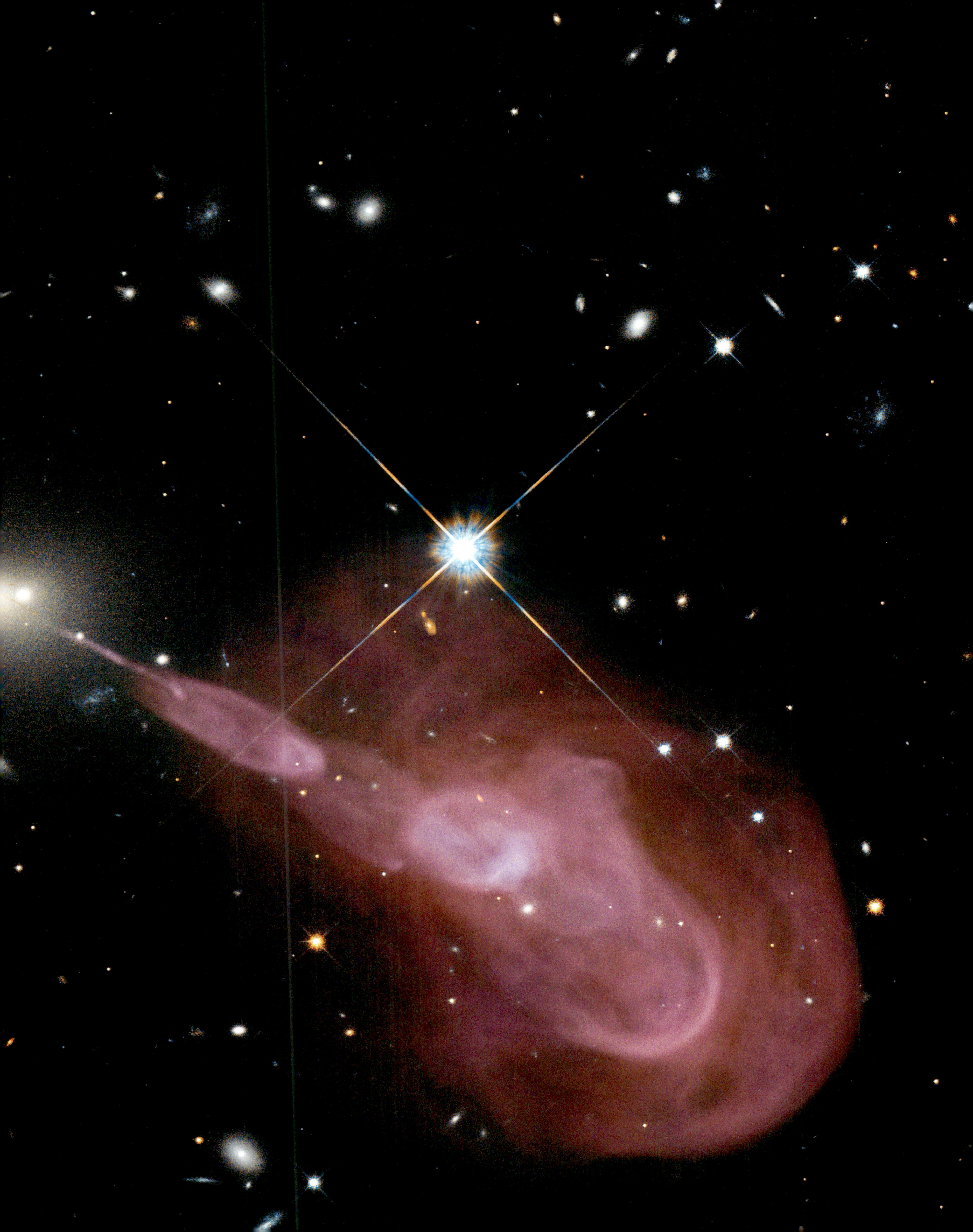

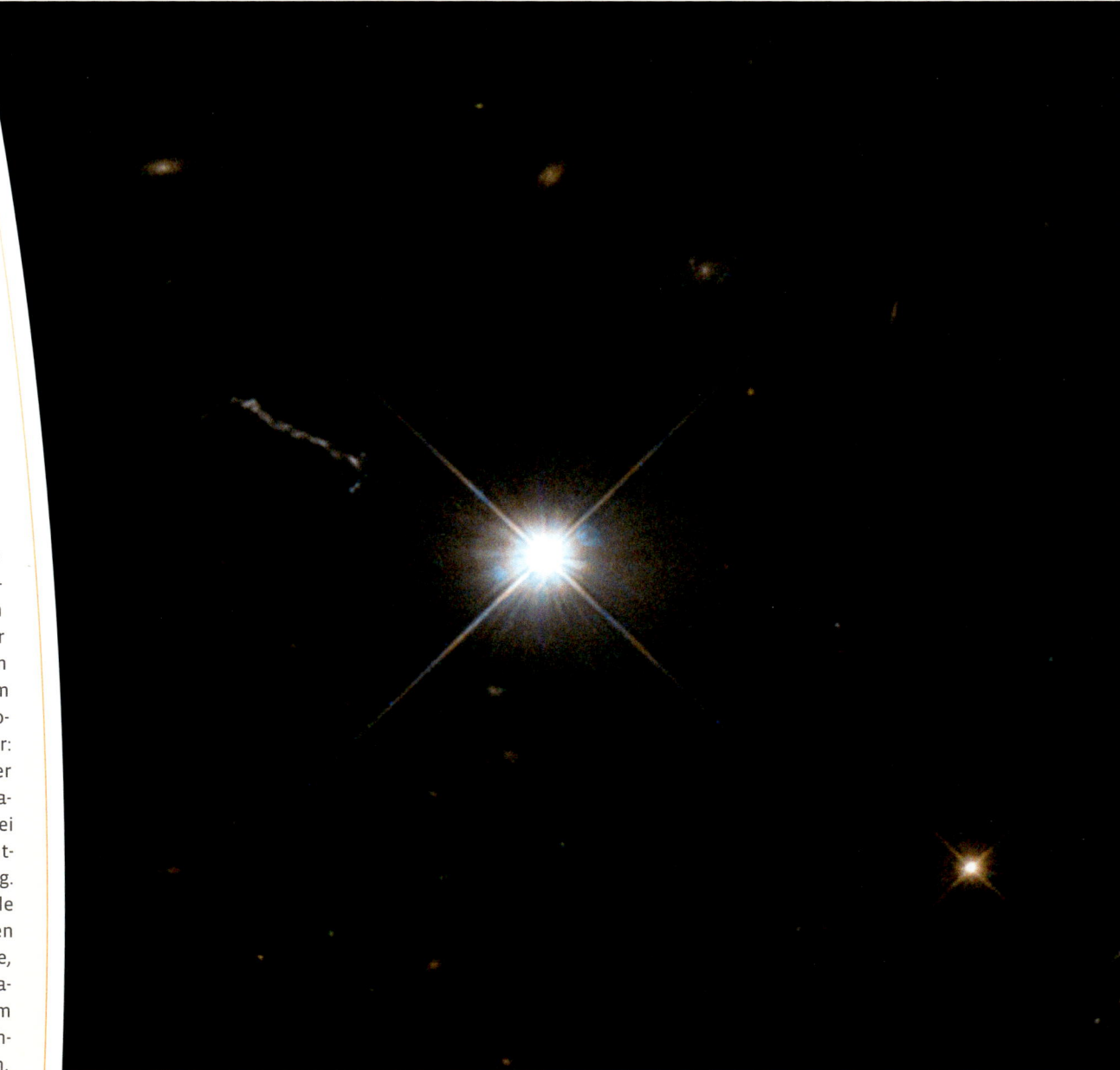

Der erste Quasar

Maarten Schmidt entdeckte Ende 1962, dass der mysteriöse Radiostern 3C 273 kein normaler Stern in unserem Milchstraßensystem ist, sondern ein sogenannter Quasar: der aktive Kern einer weit entfernten Galaxie, in etwa zwei Milliarden Lichtjahren Entfernung. Dieser blendend helle Kern überstrahlt den Rest der Galaxie, doch der Jet des Quasars ist auf diesem Hubble-Foto durchaus zu sehen.

nicht sehr groß – die Radioastronomie erlebte erst im Laufe der 50er-Jahre ihre Blüte. Das Radio-Observatorium im englischen Cambridge hatte einige Kataloge von Radioquellen veröffentlicht; der ausführlichste war der *Third Cambridge Catalogue of Radio Sources* (3C) aus dem Jahr 1959, der einige Hundert Objekte enthielt. In vielen Fällen fiel solch eine Radioquelle mit einer Galaxie zusammen, doch es gab auch 3C-Quellen, die mit keinem einzigen bekannten Objekt identifiziert werden konnten, insbesondere weil ihre Himmelspositionen nicht genau genug bekannt war. Eine dieser Quellen war 3C 273, die ebenso wie Virgo A im Sternbild Jungfrau liegt.

Doch im Herbst 1962 schob sich der Mond vor dieser Radioquelle vorbei und dies ermöglichte eine viel genauere Bestimmung der exakten Position am Sternenhimmel. Die relativ helle Quelle von Radiostrahlung schien mit einem vollkommen unauffälligen Sternchen zusammenzufallen – offensichtlich einfach ein Stern unseres eigenen Milchstraßensystems. Als der niederländisch-amerikanische Astronom Maarten Schmidt Ende 1962 jedoch ein Spektrum dieses mysteriösen Radiosterns bestimmte, entdeckte er, dass es sich in Wirklichkeit um ein Objekt in wohlgemerkt etwa zwei Milliarden Lichtjahren Entfernung handelt. 3C 273 musste also eine doch sehr weit entfernte – und bemerkenswert energiereiche – Radiogalaxie sein. Es dauerte nicht lange, bis mehr derartige „quasistellare Radioquellen" gefunden wurden; heute werden sie Quasare genannt

Seyfertgalaxien, Radiogalaxien und Quasare sind Beispiele für sogenannte aktive Galaxien. In allen Fällen handelt es sich um Galaxien mit einem energiereichen Kern (im Englischen als AGN bezeichnet, von active galactic nucleus), meist umgeben von einer Region, in der helle Emissionslinien durch heißes Gas erzeugt werden. Aktive Galaxien strahlen nicht nur viel sichtbares Licht und Radiostrahlung, sondern auch große Mengen energiereicher Ultraviolett- und Röntgenstrahlung aus. Die elliptische Galaxie M 87 ist beispielsweise nicht nur als helle Radioquelle (Virgo A), sondern auch als kräftige Quelle von Röntgenstrahlen (Virgo X-1) bekannt, die zuerst als solche bei einem Raketenexperiment im Jahr 1965 entdeckt wurde.

Staubiges Zentrum

Der zentrale Teil der aktiven Galaxie NGC 5128 (Centaurus A) bietet ein chaotisches Bild bizarrer Staubschleier und heller Sternentstehungsgebiete. Das Zentrum (links oben) wird von einem kolossalen Schwarzen Loch beherrscht, das etwa 55 Millionen Mal so schwer ist wie die Sonne. Aus der direkten Umgebung dieses Schwarzen Lochs werden Bündel elektrisch geladener Teilchen in den Raum geblasen (auf diesem Hubble-Foto nicht sichtbar).

Auf der Grundlage ihrer beobachteten Eigenschaften werden die verschiedenen Typen aktiver Galaxien wiederum in Unterklassen unterteilt: Seyfertgalaxien vom Typ I und II; Radiogalaxien der FR-Klasse I und II (die Buchstaben stehen für Fanaroff und Riley, die zwei Astronomen, die diese Unterteilung einführten) sowie „radiolaute" und „radioleise" Quasare. Daneben unterscheiden die Astronomen noch eine Reihe anderer Typen, unter ihnen Blazare, BL Lacertae-Objekte (benannt nach dem Prototyp im Sternbild Eidechse, Lacerta) und OVV-Quasare, was für optically violent variable (optisch stark veränderlich) steht.

Ebenso wie Edwin Hubble die Galaxien in Spiral-, Balkenspiral- und elliptische Galaxien, einschließlich einer Reihe Unterklassen, unterteilte, so entwickelten Astronomen seit der Mitte des letzten Jahrhunderts eine eindrucksvolle Klassifizierung für aktive Galaxien. Sie zeigt, dass sich Wissenschaftler immer eifrig damit befassen, Übereinstimmungen und Unterschiede aufzuzeichnen, denn dies führt oft zu einem besseren Verständnis der zugrundeliegenden Ursachen all dieser Verschiedenartigkeit.

Im Fall der aktiven Galaxien sind die äußerlichen Unterschiede zwischen den einzelnen Typen vermutlich vornehmlich auf einen Unterschied in der Orientierung zurückzuführen. Es macht einiges aus, ob wir die betreffende Galaxie direkt „von oben" sehen, wobei wir gleichsam in den energiereichen Jet hineinschauen, oder ob wir sie mehr von der Seite betrachten, was die Jets besser sichtbar macht, jedoch den extrem hellen Kern der Galaxie mehr oder weniger den Blicken entzieht. Innerhalb dieses Unifikationsmodells haben alle aktiven Galaxien *eine* Eigenschaft gemein: Der zentrale Motor in all diesen energiereichen Galaxien ist ein supermassives Schwarzes Loch, wie es sich auch im Zentrum unseres eigenen Milchstraßensystems versteckt.

Superschwere Schwarze Löcher

Aufsaugende Wirkung

Cygnus X-1 war das erste Schwarze Loch, dessen Identität mit Sicherheit festgestellt wurde. Es saugt (unten in dieser Illustration) Materie eines begleitenden Sterns auf. Bevor das Gas für immer verschwindet, sendet es energiereiche Röntgenstrahlung aus. Das Milchstraßensystem zählt vermutlich viele Millionen stellare Schwarze Löcher wie Cygnus X-1 – entstanden als Folge einer Supernova-Explosion.

Unser Universum zählt schätzungsweise gut Hundertmilliarden Galaxien. Fast jedes dieser Systeme beherbergt tief in seinem Inneren ein dunkles Geheimnis: ein großes und gieriges Schwarzes Loch. Einige dieser kosmischen Vielfraße halten sich zurück; andere verraten ihre Anwesenheit, indem sie Gaswolken oder sogar komplette Sterne in ihrer Umgebung verschlingen. Die extremsten Exemplare manifestieren sich als glühende Leuchttürme energiereicher Röntgenstrahlung. Diese superschweren Schwarzen Löcher sind ebenso rätselhaft wie zahlreich und ihre Herkunft ist vorerst noch ein Mysterium.

Die Existenz der Schwarzen Löcher wird von Einsteins Relativitätstheorie vorausgesagt. Wenn ein schwerer Stern sein Leben in einer katastrophalen Supernova-Explosion aushaucht, wird der Kern zu einem kompakten Neutronenstern kollabieren oder – wenn der Stern schwer genug war – zu einem Schwarzen Loch: Ein mysteriöses Objekt, das ein so starkes Schwerkraftfeld besitzt, dass ihm sogar Licht nicht entwischen kann. Dutzende von Jahren wurden Schwarze Löcher als theoretische Kuriosa betrachtet, doch 1971 entdeckten Astronomen, dass die Röntgenquelle Cygnus X-1 tatsächlich solch ein bizarres Objekt beherbergt, 15-mal so schwer wie die Sonne. Im selben Jahr äußerten die britischen Kosmologen Donald Lynden-Bell und Martin Rees, dass sich im Zentrum unseres Milchstraßensystems vielleicht ein um einiges massiveres Schwarzes Loch verbirgt. Wie ich zuvor in diesem Buch schon beschrieben habe, ist die Existenz dieses superschweren Schwarzen Lochs mit einer Masse von rund vier Millionen Sonnenmassen inzwischen schlüssig belegt worden. Und das Milchstraßensystem ist bestimmt keine Ausnahme. Allgemein wird angenommen, dass nahezu jede Galaxie im Universum ein solches supermassereiches Schwarzes Loch beherbergt.

Schwarze Löcher selbst sind per definitionem unsichtbar, doch sie verraten ihre Gegenwart durch ihr starkes Schwerkraftfeld. Aus Messungen der Geschwindigkeiten von Sternen in M 32, einer der elliptischen Begleiter der Andromeda-Galaxie, wurde 1987 abgeleitet, dass sich im Kern der Galaxie ein Schwarzes Loch befinden muss, das einige Millionen Mal so schwer ist wie die Sonne. Auch das Zentrum der Andromeda-Galaxie beherbergt ein Schwarzes Loch, das mindestens hundert Millionen Mal so schwer ist wie die Sonne.

Doch auch wenn eine Galaxie zu weit entfernt steht, um die Geschwindigkeiten von einzelnen Sternen messen zu können, kann ein zentrales Schwarzes Loch seine Anwesenheit verraten. Aufgesaugtes Gas häuft sich in einer abgeflachten, rotierenden Scheibe an, bevor es über den „Ereignishorizont" des Schwarzen Loches verschwindet. Das Gas in dieser sogenannten Akkretionsscheibe wird so heiß, dass es Röntgenstrahlung aussendet. Die Gesamtmenge an Röntgenstrahlung ist ein verlässliches Maß für die Masse des Schwarzen Lochs. Außerdem wird ein kleiner Teil der aufgesaugten Materie mit enormer Geschwindigkeit in den Raum geblasen, in zwei entgegengesetzten Richtungen entlang der Rotationsachse der Akkretionsscheibe. Wie zuvor schon gezeigt, verfügen praktisch alle aktiven Galaxien über solche Jets; sie werden wahrscheinlich von starken magnetischen Feldern in der direkten Umgebung des zentralen Schwarzen Lochs beschleunigt. Niemand zweifelt noch daran, dass sich im Zentrum jeder Radiogalaxie ein supermassives Schwarzes Loch befindet und dass die gewaltige Energieproduktion von Quasaren einem riesenhaften Schwarzen Loch im Kern der Muttergalaxie zu verdanken ist. So ist es Astronomen in den vergangenen Jahrzehnten gelungen, zahlreiche superschwere Schwarze Löcher tatsächlich zu „wiegen". Das furchterregende Monster Sagittarius A*, im Kern unseres eigenen Milchstraßensystems, scheint mit etwa vier Millionen Sonnenmassen ein äußerst bescheidenes Exemplar zu sein. Einige Hundertmillionen Sonnenmassen sind eher die Regel als die Ausnahme im Universum und es sind viele Beispiele für noch viel schwerere Schwarze Löcher bekannt.

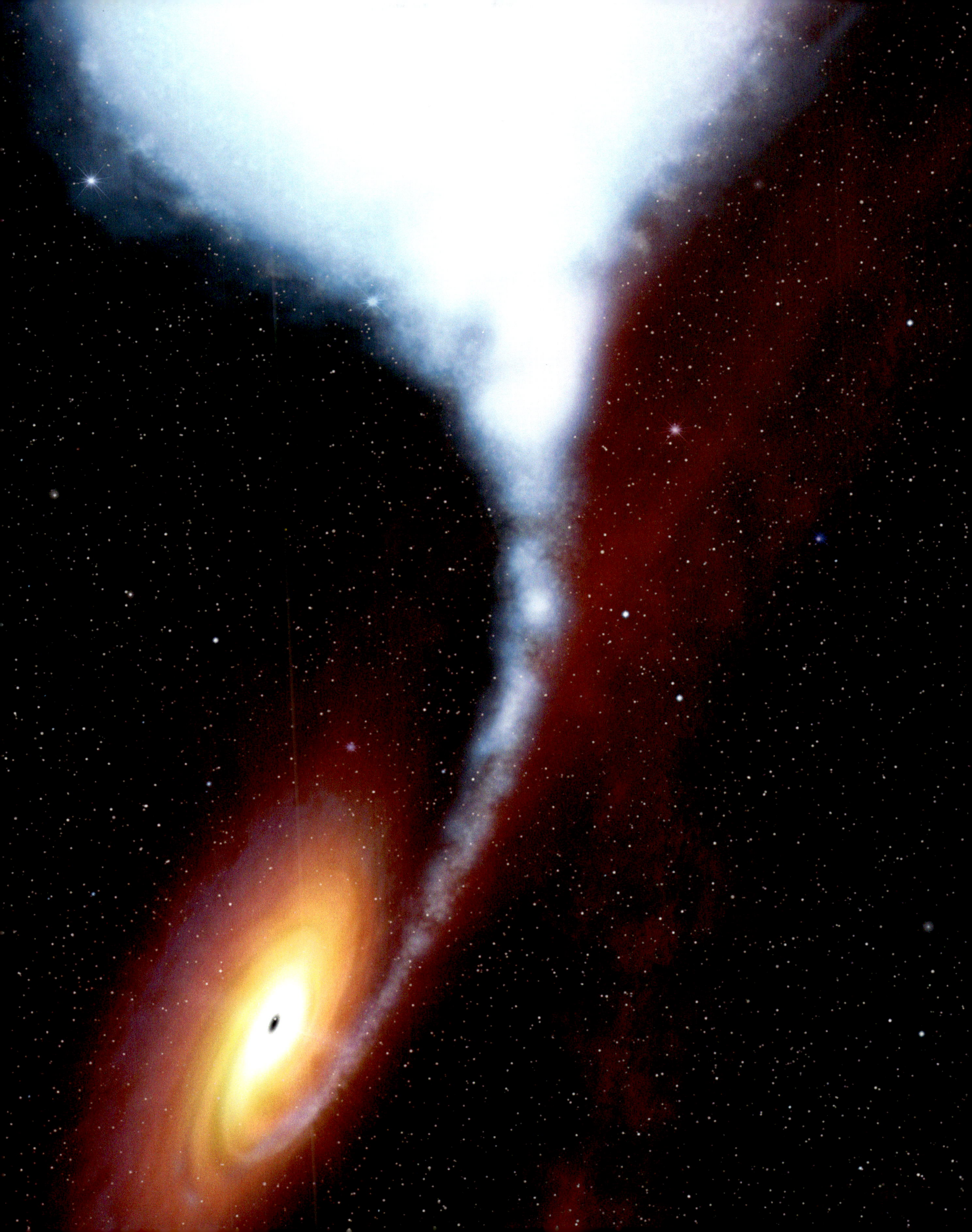

Fossiler Riese
Auf den ersten Blick sollte man es nicht meinen, doch die langgezogene Galaxie NGC 1277 im Perseus-Haufen beherbergt ein Schwarzes Loch, das vermutlich einige Milliarden Mal so schwer wie die Sonne ist. Die Galaxie besteht fast ausschließlich aus extrem alten Sternen; sie ist ein galaktisches Fossil aus der Urzeit des Universums. NGC 1277 steht in einer Entfernung von 220 Millionen Lichtjahren.

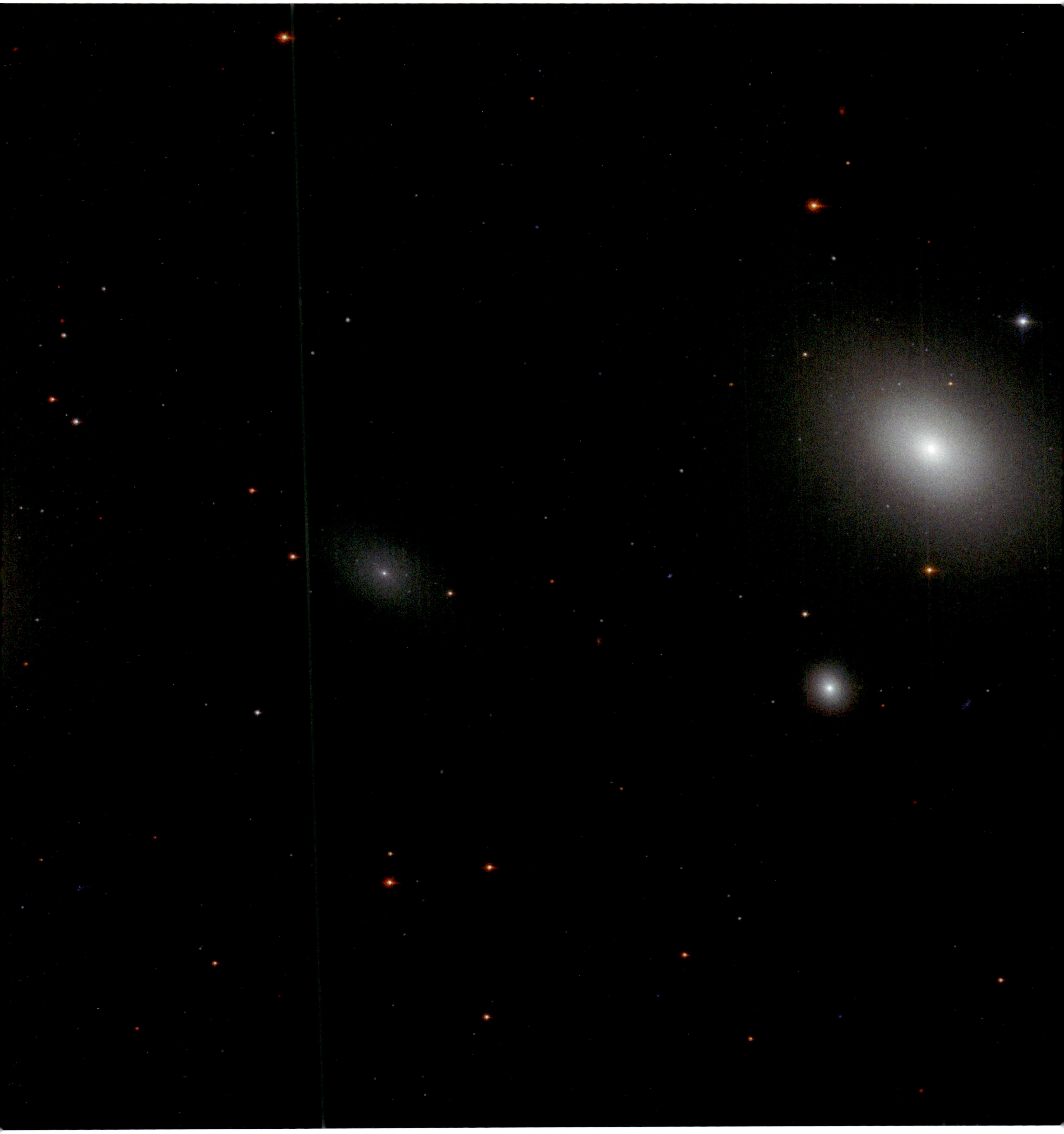

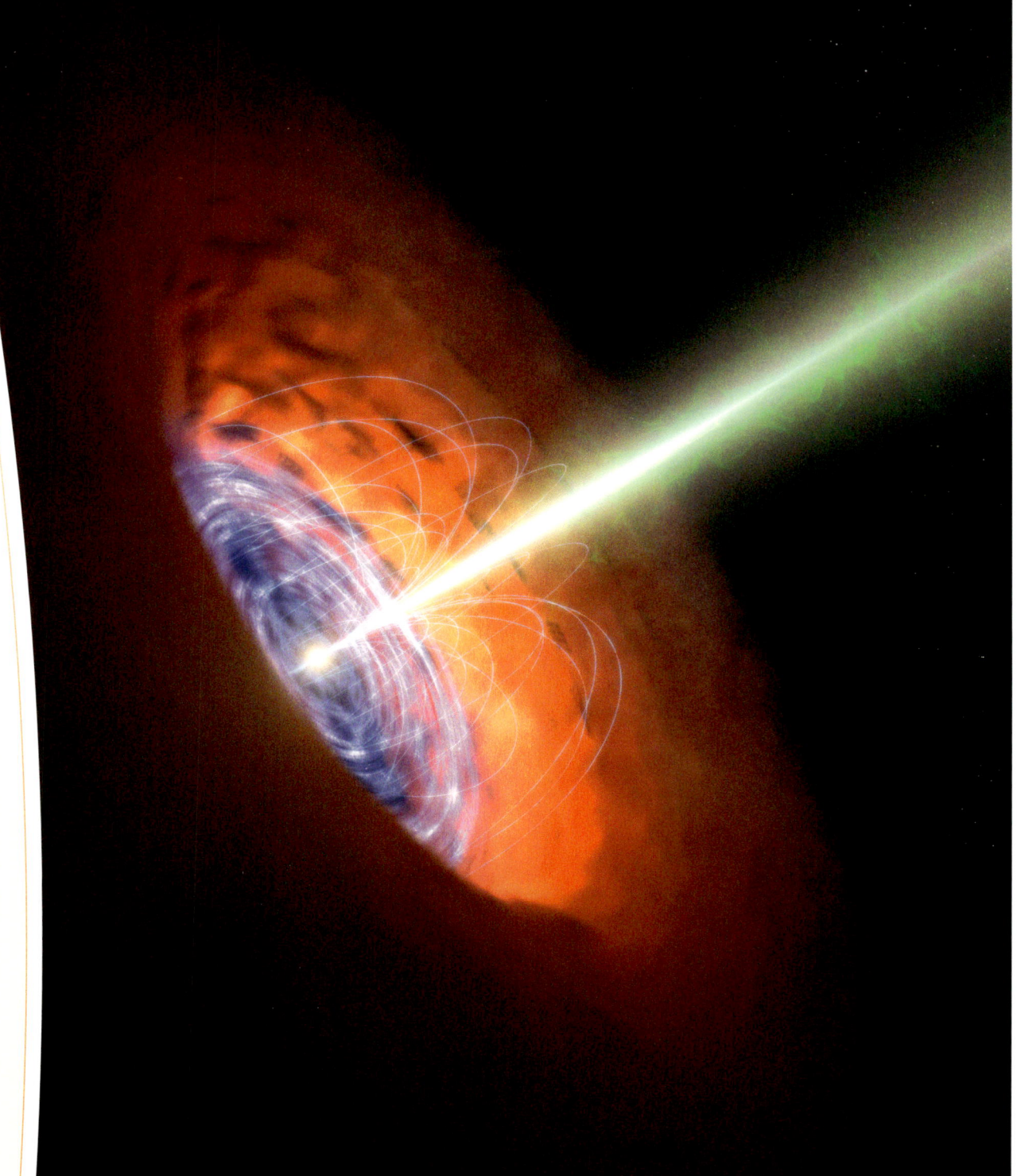

Quasar in Nahaufnahme

Ein supermassives Schwarzes Loch im Kern einer Galaxie bläst auf dieser künstlerischen Darstellung einen energiereichen Jet aus elektrisch geladenen Teilchen in den Raum, vermutlich unter dem Einfluss von starken Magnetfeldern. Das Schwarze Loch ist umgeben von einer heißen Akkretionsscheibe; in größerer Entfernung befindet sich ein dicker, nahezu undurchsichtiger Torus aus kosmischem Staub.

Rekordhalter im nahen Universum ist zweifellos das schwarze Loch im Zentrum von M 87 – der elliptischen Galaxie im Sternbild Jungfrau, die auch als die Radioquelle Virgo A bekannt ist. Statistischen Geschwindigkeitsmessungen an Sternen im Kern der Galaxie kann man entnehmen, dass das zentrale Schwarze Loch 6,4 Milliarden Mal so schwer sein muss wie die Sonne – rund 1000-mal so schwer wie das Schwarze Loch im Zentrum der Milchstraße. Die Entfernung zu M 87 (53,5 Millionen Lichtjahre) ist zwar 2000-mal so groß wie die Entfernung zu Sagittarius A*, doch wegen der großen Masse hoffen Radioastronomen, dass das Schwarze Loch von M 87 in nächster Zukunft ebenso detailliert aufgenommen werden kann wie das viel leichtere und kleinere Exemplar im Milchstraßenkern.

Noch zehnmal so schwer ist das Schwarze Loch in der fernen Galaxie TON 618, 10,4 Milliarden Lichtjahre von der Erde entfernt. Alles scheint darauf hinzudeuten, dass wir es hier mit einem „ultraschweren" Schwarzen Loch von 66 Milliarden Sonnenmassen zu tun haben. Massereichere Schwarze Löcher wurden bis heute nicht entdeckt.

Übrigens scheint eine Relation zwischen der Masse einer Galaxie (oder der zentralen Verdickung) und der Masse des superschweren Schwarzen Lochs im Zentrum zu bestehen. Ausnahmen gibt es natürlich in Hülle und Fülle – das Schwarze Loch im Milchstraßenkern ist relativ leicht; das Schwarze Loch in der Andromeda-Galaxie zählt zu den schweren. Zusammengefasst kann man sagen, dass eine fünfmal so massereiche Galaxie auch ein fünfmal so massereiches Schwarzes Loch in sich trägt. Das führt zu der Annahme, dass das Wachstum von superschweren Schwarzen Löchern in gewisser Weise an das Wachstum ihrer Muttergalaxien gekoppelt ist.

Milchstraßenmonster

Mit Röntgenteleskopen im Weltraum wurden die heißesten Objekte und Strukturen im Zentrum der Milchstraße auf ein Bild gebannt. Die zahlreichen Röntgen-„Sterne" sind stellare Schwarze Löcher und Neutronensterne. Im hellen Zentrum der Milchstraße, rechts unten das auffallende blaue Licht, befindet sich Sagittarius A*, ein enormes Schwarzes Loch, das rund vier Millionen Mal so schwer ist wie die Sonne.

Früher Rekordhalter

Mit etwas Fantasie können wir uns vorstellen, wie der ferne Quasar ULAS J1120+0641 aus der Nähe aussieht. Die heiße Akkretionsscheibe um das zentrale Schwarze Loch wird durch magnetische Felder verzerrt, während Gas mit hoher Geschwindigkeit entlang der Rotationsachse weggeschossen wird. Etwa 800 Millionen Jahre nach dem Urknall war dieser Quasar eines der hellsten Objekte im Universum.

Fernes Schwergewicht
Das unansehnliche rote Tüpfelchen im Zentrum dieses Fotos ist ULAS J1120+0641, einer der entferntesten Quasare, der jemals entdeckt wurde, in 13 Milliarden Lichtjahren Entfernung im Sternbild Löwe. Genau im hellen Kern einer Galaxie befindet sich ein Schwarzes Loch von zwei Milliarden Sonnenmassen. Wir sehen den fernen Quasar wie er aussah, als das Universum etwa 800 Millionen Jahre „jung" war.

Dass die Gegenwart eines schweren, aktiven Schwarzen Lochs einen großen Einfluss auf die Evolution einer Galaxie haben kann, leuchtet inzwischen ein. Die energiereiche Strahlung der Akkretionsscheibe bläst heißes Gas durch die Galaxie nach außen, was die Bildung neuer Sterne – aus kühleren Gas- und Staubwolken – verhindert oder sogar vollständig zum Stillstand bringt. Andersherum gilt, dass die Zufuhr großer Mengen von Gas in den Kern der Galaxie (beispielsweise durch Kollision mit einer anderen Galaxie) zu einer massiven Zunahme der Masse des zentralen Schwarzen Lochs führen wird. Und bei einer Kollision zweier Galaxien, die *beide* im Zentrum ein Schwarzes Loch beherbergen, werden die zwei Schwarzen Löcher schließlich miteinander zu einem extra großen und schweren Exemplar verschmelzen.

Supermassive Schwarze Löcher in den Zentren von Galaxien haben in der letzten Zeit eine ganze Menge ihrer Geheimnisse preisgeben müssen, doch ein Rätsel haben die Astronomen bis heute noch nicht gelöst: Wie sind die gefräßigen Monster entstanden und wie konnten sie jemals so unwahrscheinlich massereich werden? Am Ende sind der Geschwindigkeit, mit der ein Schwarzes Loch wachsen kann, Grenzen gesetzt: Wenn zu viel Gas auf einmal nach innen fällt, wird dieses so sehr aufgeheizt, dass die erzeugte Strahlung wieder für Gegendruck sorgt.

Heute ist das Universum etwa 13,8 Milliarden Jahre alt, also sollte man annehmen, dass Schwarze Löcher reichlich Zeit gehabt haben, um zu ihrer heutigen Größe heranzuwachsen. Für das Schwarze Loch von 6,4 Milliarden Sonnenmassen im Kern von M 87 gilt das wohl auch. Aber andere Schwarze Löcher hatten bereits eine unwahrscheinlich große Masse, als das Universum noch ganz jung war. Im Sternbild Boötes, dem Bärenhüter, wurde beispielsweise ein heller Quasar entdeckt, der 13,1 Milliarden Lichtjahre entfernt ist. Dies bedeutet, dass das Licht des Quasars 13,1 Milliarden Jahre gebraucht hat, um zur Erde zu gelangen. Wir sehen den Quasar also so, wie er vor 13,1 Milliarden Jahren ausgesehen hat, als das Universum lediglich 700 Millionen Jahre alt war. Bemerkenswerterweise hat das Schwarze Loch im Zentrum dieses Quasars jedoch bereits eine Masse etwa 800 Millionen Sonnenmassen.

Die große Frage ist, wie die allerersten Ansätze der superschweren Schwarzen Löcher geformt sind. Bei einer normalen Supernova-Explosion entsteht ein Schwarzes Loch von höchstens einigen Dutzend Sonnenmassen. Aber die allerersten Sterne im gerade geborenen Universum waren vermutlich sehr viel massereicher als die schwersten Sterne im heutigen Universum. Vielleicht hinterließen diese Schwarze Löcher von einigen Hundert Sonnenmassen. Es ist sogar nicht ausgeschlossen, dass gewaltige Wolken aus Wasserstoffgas in dieser frühen Vorzeit unter ihrem eigenen Gewicht zu Schwarzen Löchern zusammenstürzten. Aber auch dann muss in der Jugend des Universums ein unwahrscheinlich hohes Wachstumstempo geherrscht haben. Einstweilen scheint eine einfache Lösung des Rätsels nicht in Sicht. Zukünftige Teleskope werden weiter in das Universum vordringen und somit auch weiter in die Zeit zurückblicken können. Vielleicht kommen wir auf diese Weise in den allerersten Galaxien einmal den frühesten Vorläufern der heutigen supermassiven Schwarzen Löcher auf die Spur. Abermals erweist sich, dass die Galaxien der Schlüssel zur Enträtselung des Universums sind.

157

· INTERMEZZO ·

Große Augen

Für die Erforschung des Universums sind die Astronomen auf große Teleskope angewiesen – erdgebundene und Weltraumteleskope. Das James-Webb-Weltraumteleskop (der Nachfolger von Hubble) soll 2021 gestartet werden; es besitzt einen Spiegeldurchmesser von 6,5 m. Erheblich viel größer ist das hier abgebildete Extremely Large Telescope der Europäischen Südsternwarte (ESO). Es befindet sich im Bau auf dem Berggipfel Cerro Armazones im Norden Chiles und wird einen segmentierten Hauptspiegel mit einem Gesamtdurchmesser von 39,2 m erhalten. Nach seiner Fertigstellung wird es das bei weitem größte Teleskop in der Geschichte der Astronomie sein. Die neue Generation der Teleskope ermöglicht die Untersuchung von Galaxien am Rande des Universums und zu Beginn der Zeit. Außerdem wird ständig am Bau neuer Instrumente für Beobachtungen in anderen Wellenlängenbereichen, wie Röntgenstrahlung, Mikrowellen- und Radiowellen, gearbeitet.

159

Ein Haufen im Ofen

Hunderte einzelner Galaxien sind auf diesem Foto des Fornax-Galaxienhaufens zu sehen, das mit dem VLT Survey Telescope in Chile aufgenommen wurde. Der Galaxienhaufen befindet sich etwa 60 Millionen Lichtjahre entfernt im Sternbild Chemischer Ofen. Die runden Lichtflecken um die hellsten Objekte auf dem Foto herum sind die Folge von Reflexionen in der Teleskop- und Kameraoptik.

Galaxienhaufen

Kosmische Ansammlungen

Jungfräulicher Schwarm

Der Virgo-Galaxienhaufen im Sternbild Jungfrau ist die nächstgelegene große Galaxienansammlung. Das Zentrum des Galaxienhaufens befindet sich in einer Entfernung von 54 Millionen Lichtjahren. Auf diesem Übersichtsfoto ist die riesige elliptische Galaxie M 87 etwas oberhalb der Mitte zu finden. Der Galaxienhaufen zählt schätzungsweise rund 1500 Galaxien.

Blickt man in einer klaren Frühlingsnacht in Richtung der Sternbilder Jungfrau (Virgo) und Löwe (Leo), dann sieht man geradewegs ins Herz eines gigantischen Galaxienschwarms. Rechts steht der Stern Denebola; der arabische Name für den „Schwanz des Löwen". Es ist ein junger, heißer Stern in 36 Lichtjahren Entfernung. Links steht Vindemiatrix (die „Weinleserin") im Sternbild Jungfrau. Sie sieht etwas schwächer aus als Denebola, doch das ist ihrer größeren Entfernung von 110 Lichtjahren geschuldet; in Wirklichkeit ist sie ein leuchtkräftiger Riesenstern. Im scheinbar sternleeren Gebiet zwischen diesen zwei Sternen befindet sich der Virgo-Galaxienhaufen – eine gigantische Ansammlung von Galaxien in einer Entfernung von Dutzenden von Millionen Lichtjahren. Mit bloßem Auge sind sie nicht zu sehen, doch ein kleines Amateurteleskop reicht aus, um sie aufzuspüren.

Ende des 18. Jahrhunderts entdeckte der französische Astronom Charles Messier bereits, dass in diesem Teil des Sternenhimmels eine enorme Konzentration an Nebelflecken angesiedelt ist; hier ist ein Sechstel der Objekte seines Katalogs versammelt. Außer diesen 16 relativ hellen Messierobjekten enthält der Galaxienhaufen viele Hundert schwächere Galaxien. Schätzungsweise sind es insgesamt rund 1500 Galaxien, die über ein Gebiet mit einem Durchmesser von etwa zehn Millionen Lichtjahren verteilt sind. Die Astronomen haben gegenwärtig ein recht gutes Bild von der räumlichen Struktur des Virgo-Galaxienhaufens. Er scheint aus drei Teilhaufen zu bestehen, die sich jeweils um eine große elliptische Galaxie gruppieren; eine von diesen Dreien ist die riesige Galaxie M 87, die ein Schwarzes Loch von einigen Milliarden Sonnenmassen in sich trägt. Elliptische und linsenförmige Galaxien gibt es vor allem im zentralen Teil des Galaxienhaufens; Spiralgalaxien sind vornehmlich an den Rändern des Haufens zu finden. Entfernungsmessungen haben ergeben, dass der Galaxienhaufen keine Kugelform besitzt, sondern sich relativ weit in Blickrichtung erstreckt.

Der Virgo-Galaxienhaufen ist nicht der einzige Galaxienschwarm, jedoch mit 54 Lichtjahren Entfernung wohl der nächste. Etwas nördlicher am Himmel, im unauffälligen Sternbild Coma Berenices (Haar der Berenike) ist der Coma-Galaxienhaufen zu finden, der rund 1000 Mitglieder zählt. Die Galaxien im Coma-Galaxienhaufen sind erheblich schwächer und am Himmel erscheint der Haufen deutlich kleiner; aus dem einfachen Grund, da er sich viel weiter entfernt befindet: 320 Millionen Lichtjahre. Andere bekannte Galaxienhaufen – alle benannt nach dem Sternbild, in dem sie sich befinden – sind der Hercules-Galaxienhaufen, der Perseus-Galaxienhaufen, der Fornax-Galaxienhaufen, der Hydra-Galaxienhaufen und der Centaurus-Galaxienhaufen.

Der amerikanische Astronom George Abell hat Ende der 1950er-Jahre als Erster systematisch Galaxienhaufen erforscht. Als Teil seiner Promotionsforschung am California Institute of Technology in Pasadena untersuchte Abell die fotografischen Platten vom Sternenhimmel, die mit dem 1,2-m-Schmidt-Teleskop auf der Palomarsternwarte im Süden Kaliforniens gemacht worden waren. Dieser Palomar Observatory Sky Survey, der zum Teil von der amerikanischen National Geographic Society finanziert wurde, besteht aus annähernd 2000 Glasplatten, auf denen jeweils viele Tausend Sterne und Galaxien abgebildet sind. Bewaffnet mit einem Leuchtkasten, einer Lupe und einer unglaublichen Menge an Geduld ging Abell auf die Suche nach Anhäufungen von Galaxien. Sein erster Katalog, 1958 veröffentlicht, enthielt 2712 Haufen. Als die Liste später um die Galaxienhaufen am südlichen Sternenhimmel erweitert wurde, die auf einer Sternwarte in Australien fotografiert worden waren, erhöhte sich die Anzahl auf 4073. Der Coma-Galaxienhaufen ist beispielsweise auch bekannt als Abell 1656; der Fornax-Galaxienhaufen ist Abell S373. (Seltsamerweise trägt der große, nahegelegene Virgo-Galaxienhaufen keine Abell-Kennzeichnung – denn er ist am Himmel so groß, dass er mehrere fotografische Platten überdeckt.)

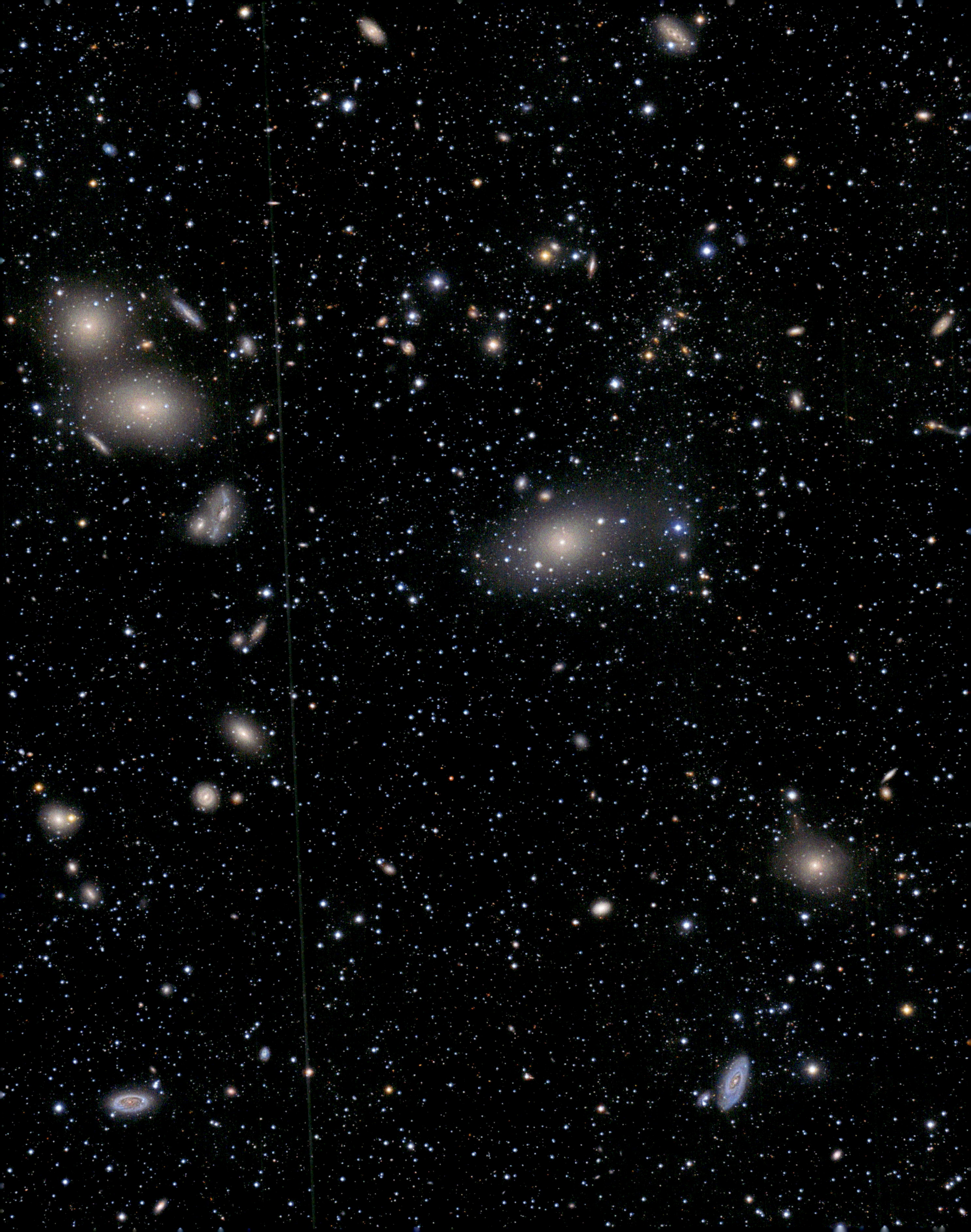

Galaxie unter Einfluss

NGC 4911 ist eine bemerkenswerte Spiralgalaxie im Coma-Galaxienhaufen. Nahe beim Kern sind auffällige Arme aus Gas und Staub zu sehen, doch viel weiter entfernt vom Zentrum wird die Galaxie noch immer von schwachen Spiralen aus Gas und Sternen umgeben. Die dünnen Strukturen entstehen unter dem Einfluss von Schwerkraftstörungen anderer Galaxien im dichtbesiedelten Galaxienhaufen.

Haufen im Haar

Der Coma-Galaxienhaufen ist mit 320 Millionen Lichtjahren viel weiter entfernt als der Virgo-Galaxienhaufen; er umfasst etwa 1000 Galaxien. Der Galaxienhaufen ist nach dem unscheinbaren Sternbild Coma Berenices (Haar der Berenike) benannt. Er wird von zwei riesigen elliptischen Galaxien dominiert, NGC 4874 und NGC 4889.

Wenn man eine Konzentration von schwachen Galaxien am Himmel sieht, weiß man natürlich nicht genau, ob sie auch wirklich zusammengehören. Vielleicht stehen die Galaxien in unterschiedlichen Entfernungen und man sieht sie nur zufällig in mehr oder minder derselben Richtung. Indem er auch die scheinbare Helligkeit der Galaxien beobachtete, versuchte Abell dem Rechnung zu tragen. Dennoch scheinen einige seiner Galaxienhaufen in Wirklichkeit zufällige Konstellationen von kleineren Gruppen zu sein, die nichts miteinander zu tun haben.

Elizabeth Scott und Jerzy Neyman versuchten, dieses Problem mathematisch zu lösen. Sie unterzogen frühere Zählungen von Galaxien einer gründlichen statistischen Analyse, die sie 1958 publizierten, im selben Jahr, in dem Abells erster Galaxienhaufenkatalog erschien. Scott und Neyman bewiesen, dass es im Universum nicht nur zahlreiche Galaxienhaufen gibt – daran bestand eigentlich kein Zweifel –, sondern auch gigantische Supergalaxienhaufen. Abell hatte diese Idee bereits selbst (er nannte sie „Galaxienhaufen der zweiten Größenordnung"), doch er konnte seine Vermutung nicht erhärten.

Heute wissen wir, dass der Virgo-Galaxienhaufen der zentrale Teil des gigantischen Virgo-Superhaufens (auch Lokaler Superhaufen genannt) ist, der über Ausmaße von vielen Millionen Lichtjahren verfügt. Die Lokale Gruppe, zu der unser eigenes Milchstraßensystem und die Andromeda-Galaxie gehören, ist eine relativ kleine Konzentration von Galaxien in den äußersten Regionen dieses Superhaufens. Andere große Superhaufen sind der Centaurus-Superhaufen und der Perseus-Pisces-Superhaufen. So ergibt sich das Bild einer kosmischen Hierarchie: Galaxien bilden kleine Gruppen, die wiederum in Galaxienhaufen geordnet sind, diese wiederum sind Teil von gigantischen Superhaufen.

Um sich einen Überblick über die räumliche Verteilung der Galaxien im Universum zu verschaffen, muss man von jeder Galaxie nicht nur die Position am Himmel kennen, sondern auch deren Entfernung bestimmen. Da sich das Universum seit seiner Geburt (vor 13,8 Milliarden Jahren) ausdehnt, ist das glücklicherweise nicht so schwierig. Die Lichtwellen einer entfernten Galaxie werden auf ihrer langen Reise zur Erde gedehnt, weil der Raum, in dem sie sich bewegen, fortwährend expandiert. Das Licht kommt hierdurch mit einer etwas längeren Wellenlänge (und daher mit einer zum Roten hin verschobenen Farbe) auf der Erde an, als es ausgesandt wurde. Je größer diese

Gruppenfoto
Im Sommersternbild Herkules befindet sich dieser Haufen mit einigen Hundert Galaxien. Er ist etwa 500 Millionen Lichtjahre entfernt. Der Hercules-Galaxienhaufen enthält die unterschiedlichsten Arten von Galaxien, die zudem eine große Wechselwirkung untereinander aufweisen. Die Aufnahme wurde mit dem europäischen VLT Survey Telescope in Chile gemacht.

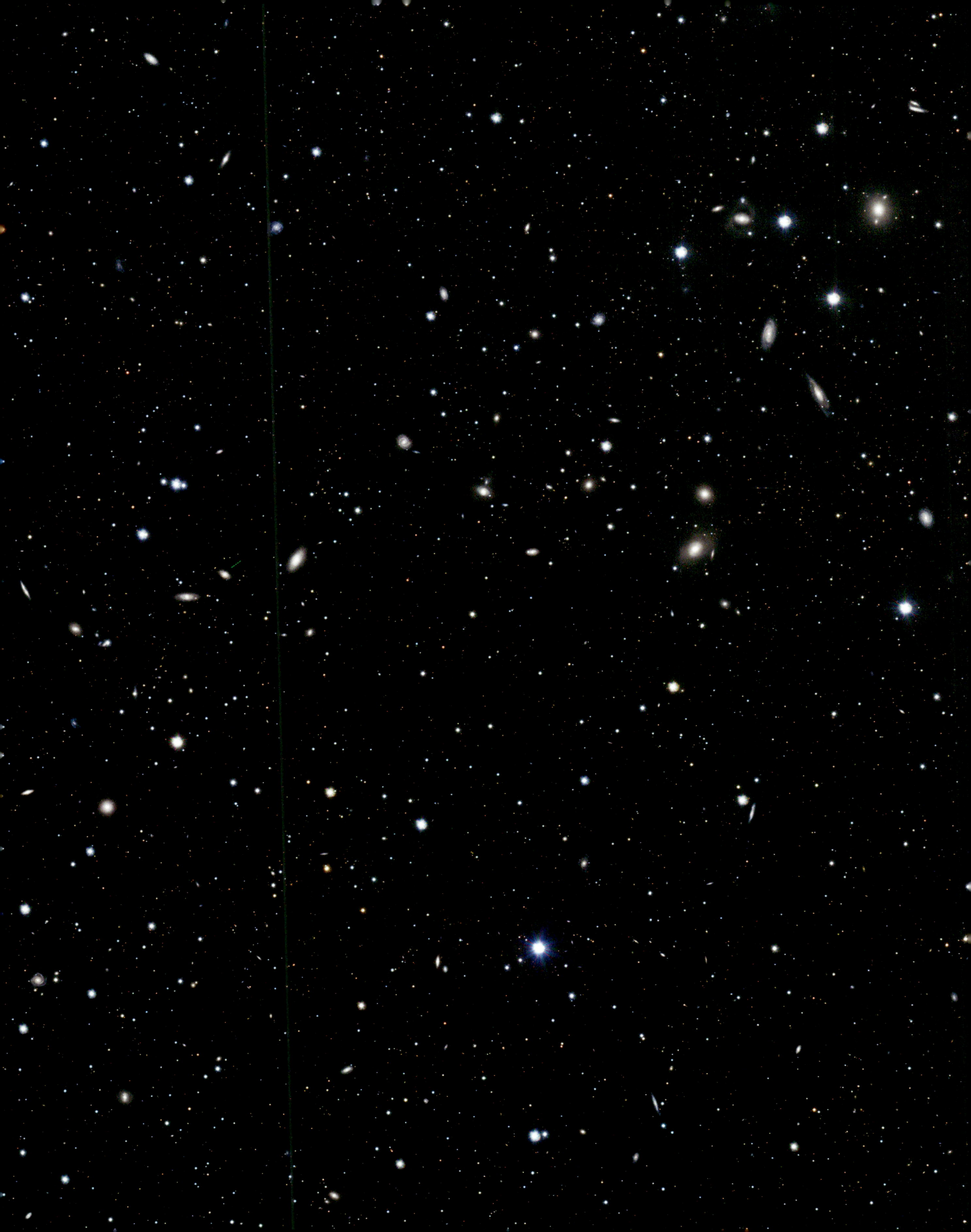

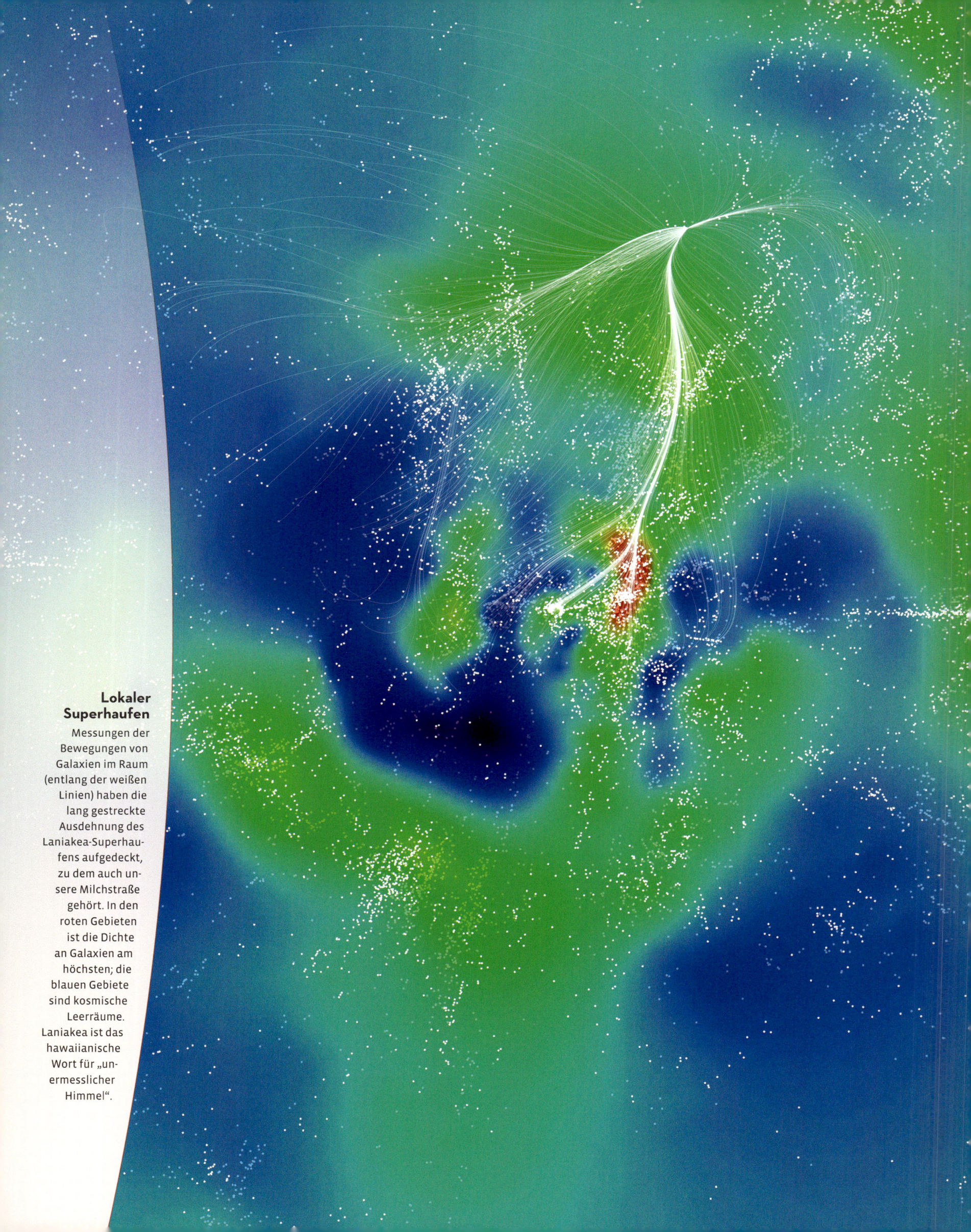

Lokaler Superhaufen
Messungen der Bewegungen von Galaxien im Raum (entlang der weißen Linien) haben die lang gestreckte Ausdehnung des Laniakea-Superhaufens aufgedeckt, zu dem auch unsere Milchstraße gehört. In den roten Gebieten ist die Dichte an Galaxien am höchsten; die blauen Gebiete sind kosmische Leerräume. Laniakea ist das hawaiianische Wort für „unermesslicher Himmel".

Röntgenbild

Ebenso wie andere Galaxienhaufen ist der Perseus-Galaxienhaufen mit dünnem, heißem Gas angefüllt, das Röntgenstrahlen aussendet (hier in blau abgebildet). Das Gas konzentriert sich um die zentrale Galaxie, NGC 1275. Die Radiostrahlung dieser Galaxie ist in roten Tönen wiedergegeben. Das Intracluster-Gas hat viel mehr Masse als alle Galaxien des Galaxienhaufens zusammen.

Rotverschiebung ist, desto länger ist das Licht unterwegs gewesen und desto größer ist die Entfernung der Quelle. Diese Methode wandte auch Maarten Schmidt 1962 an, um die Entfernung des mysteriösen Radiosterns 3C 273 zu ergründen.

Dank automatisierter Beobachtungsprogramme, die von Dutzenden von Galaxien gleichzeitig die Rotverschiebung messen, verfügen Astronomen heute über detaillierte 3D-Karten von der Verteilung der Galaxien im Universum. Daneben ist es auch geglückt, die relativen Bewegungen von Galaxien zu vermessen, wodurch die Forscher „Strömungsmuster" aufzeichnen konnten, die die Folge der Schwerkraftwirkung all dieser Galaxienhaufen und Superhaufen sind. So zeigte sich, dass der Virgo-Superhaufen eigentlich Teil einer noch viel größeren Struktur ist, die von ihren Entdeckern Laniakea-Superhaufen genannt wurde, nach dem hawaiianischen Wort für „unermesslicher Himmel". Laniakea erstreckt sich über eine Entfernung von einer halben Milliarde Lichtjahre und zählt insgesamt mindestens 100.000 Galaxien, die in einige Hundert einzelne Gruppen und Haufen verteilt sind.

Wenn Galaxien die Dörfer und Städte des Universums sind, dann sind Haufen und Superhaufen die städtischen Agglomerationen wie die Randstad (der Ballungsraum im Westen der Niederlande) oder das Ruhrgebiet. Wenn es große Konzentrationen von Galaxien gibt, muss es auch Gebiete geben, wo sie viel weniger zahlreich sind – die sogenannten „Voids" (Hohlräume, die man als kosmische Provinz bezeichnen könnte). So entdeckten amerikanische Astronomen 1981 den Boötes-Void: ein gigantisches leeres Gebiet mit einem Durchmesser von etwa 250 Millionen Lichtjahren, in dem es fast keine Galaxien gibt. Inzwischen sind eine Vielzahl dieser kosmischen Voids bekannt.

Für eine Galaxie ist es von Bedeutung, ob sie eine Existenz als Einzelgänger in der kosmischen Provinz führt oder ob sie Teil eines großen Galaxienhaufens ist. Die seltsamen Galaxien, die hier und dort in den „leeren" Gebieten wie dem Boötes-Void zu finden sind, führen ein ruhiges Leben, das in keiner Weise durch Einflüsse aus der Umgebung gestört wird. Doch in einem dicht besiedelten Galaxienhaufen ist eine Galaxie ständig dieser Art Einflüsse ausgesetzt. Die Möglichkeit von beispielsweise zu engen Passagen oder Frontalzusammenstößen ist viel größer als außerhalb eines Galaxienhaufens – was auch der Grund dafür ist, dass es in den zentralen Teilen von Galaxienhaufen so viele elliptische Galaxien gibt. Außerdem ist der Raum zwischen den Galaxien in einem Galaxienhaufen nicht wirklich leer. Die ersten Röntgenteleskope, die in eine Umlaufbahn um die Erde gebracht wurden, entdeckten, dass Galaxienhaufen mit extrem dünnem aber auch extrem heißem Gas angefüllt sind. Wegen der hohen Temperatur – mehrere Dutzend Millionen Grad – sendet dieses Gas energiereiche Röntgenstrahlen aus. Eine Galaxie, die sich mit hoher Geschwindigkeit durch dieses „Intracluster-Medium" bewegt, kann nahezu vollständig sauber geblasen werden und ihren Gasvorrat verlieren, was der Geburt neuer Sterne Schranken setzt.

Gravitationslinsen

Verdunklungspraktiken

Die Ablenkung von Sternenlicht wurde 1919 erstmals während einer totalen Sonnenfinsternis nachgewiesen, als die helle Oberfläche der Sonne hinter dem Mond verschwand und in der Nähe der Sonne auch Sterne im Hintergrund sichtbar waren. Die silberweiße Korona ist die dünne Gashülle der Sonne. Dieses Foto wurde während der Sonnenfinsternis am 20. März 2015 auf Spitzbergen gemacht.

Ich bin in einem Haus aus den 1920er-Jahren aufgewachsen. Ein Haus mit klemmenden Türen, undichten Dachgauben und knarrenden Dachbalken. Und mit „Kriegsglas" in den meisten Fensterrahmen – ein preiswertes, ziemlich mit Blasen durchsetztes Fensterglas, das gewiss nicht den heutigen Standards genügt. Für einen neugierigen und aufmerksamen kleinen Jungen war das jedoch fantastisch: Die Blasen im Glas wirkten wie kleine Linsen. Wenn ich am Esstisch saß, hatte ich oft ein Auge zugekniffen und bewegte meinen Kopf so hin und her, dass der Laternenpfahl in der Ferne sich genau hinter einem solchen Glasbläschen befand. Und ich schaute: Die Linsenwirkung des Glases zerlegte den Laternenpfahl in zwei Teile. Magisch.

Die Wirkung einer Linse beruht immer auf der Krümmung von Lichtstrahlen. In Wasser oder Glas bewegt sich das Licht ein wenig langsamer als in der Luft (oder in einem Vakuum). Das führt dazu, dass ein Lichtstrahl seine Richtung leicht ändert, wenn er die Grenzfläche zwischen Luft und Wasser oder zwischen Luft und Glas schräg passiert. Auch dieser Effekt ist den meisten Kindern vertraut: Der Grund, warum ein Trinkhalm in einem Glas Limonade geknickt erscheint. Bei einer rund geschliffenen Linse werden parallel auftreffende Lichtstrahlen so „gebrochen", dass sie in einem Punkt zusammenlaufen – dem Brennpunkt. Dies ist das optische Prinzip, auf dem die Wirkung eines klassischen Teleskops beruht. Es gibt allerdings weitere Methoden, um Licht zu krümmen. Albert Einstein rechnete uns vor rund 100 Jahren vor, dass Lichtstrahlen auch ein klein wenig von der Schwerkraft massereicher Objekte gekrümmt werden. Streng genommen folgt das Licht weiter einem „richtigen Weg" durch die vierdimensionale Raumzeit, doch diese ungreifbare Substanz wird durch die Existenz von Materie gekrümmt, mit der Folge, dass ein Lichtstrahl eine klitzekleine Ablenkung erfährt. Je stärker das Schwerkraftfeld ist und je kleiner die Entfernung, in der ein Lichtstrahl das Objekt passiert, desto größer ist diese Ablenkung.

Einsteins Vorhersage wurde im Mai 1919 spektakulär bestätigt, als Astronomen Präzisionsmessungen an den Positionen von Sternen während einer totalen Sonnenfinsternis vornahmen. Bei einer solchen Finsternis wird die helle Oberfläche der Sonne vom Mond vollständig abgedeckt und man kann mit einem Teleskop Sterne nahe der Sonnenscheibe sehen, die sonst von ihrem Licht überstrahlt werden. Wenn deren Licht tatsächlich durch die Schwerkraft der Sonne gekrümmt wird, muss man das in der beobachteten Position dieser Sterne am Himmel messen können. Die Messungen von 1919 stimmten präzise mit den Vorhersagen der Allgemeinen Relativitätstheorie überein und von einem Tag auf den anderen war Einstein weltberühmt.

Erst viel später, im Jahr 1936, publizierte Einstein seine Ideen über sogenannte Gravitationslinsen. Man stelle sich vor, dass zwei Sterne von der Erde aus gesehen genau hintereinander stehen, der eine ist etwa zweimal so weit entfernt wie der andere. Man würde dann erwarten, dass der hintere Stern nicht sichtbar ist. Doch das Licht dieses entfernten Sterns, das genau auf den Vordergrundstern trifft – und das die Erde also normalerweise nicht erreichen würde – wird ein klein wenig durch die Schwerkraft des „Linsensterns" gekrümmt. Infolge dessen kommt es dennoch auf der Erde an. Würde sich die Erde mit diesen zwei Sternen genau in einer Linie befinden, müsste um den Vordergrundstern ein Ring aus Licht zu sehen sein – ein sogenannter Einsteinring.

Einstein war auch klar, dass solche Lichtringe in der Praxis wohl niemals beobachtet werden könnten. Die Chance, dass zwei Sterne derart genau aufeinander ausgerichtet sind, ist enorm klein. Da ein Stern nicht besonders stark krümmt, ist der Ablenkeffekt nur gering und das Einsteinringlein bleibt verschwindend klein. Doch andere Astronomen rechneten aus, dass dieselbe Erscheinung bei ganzen Galaxien zu beobachten sein muss. Diese verfügen über viel mehr Masse und bewirken daher eine viel stärkere Raumkrümmung. Mehr noch: Wenn die zwei Galaxien nicht

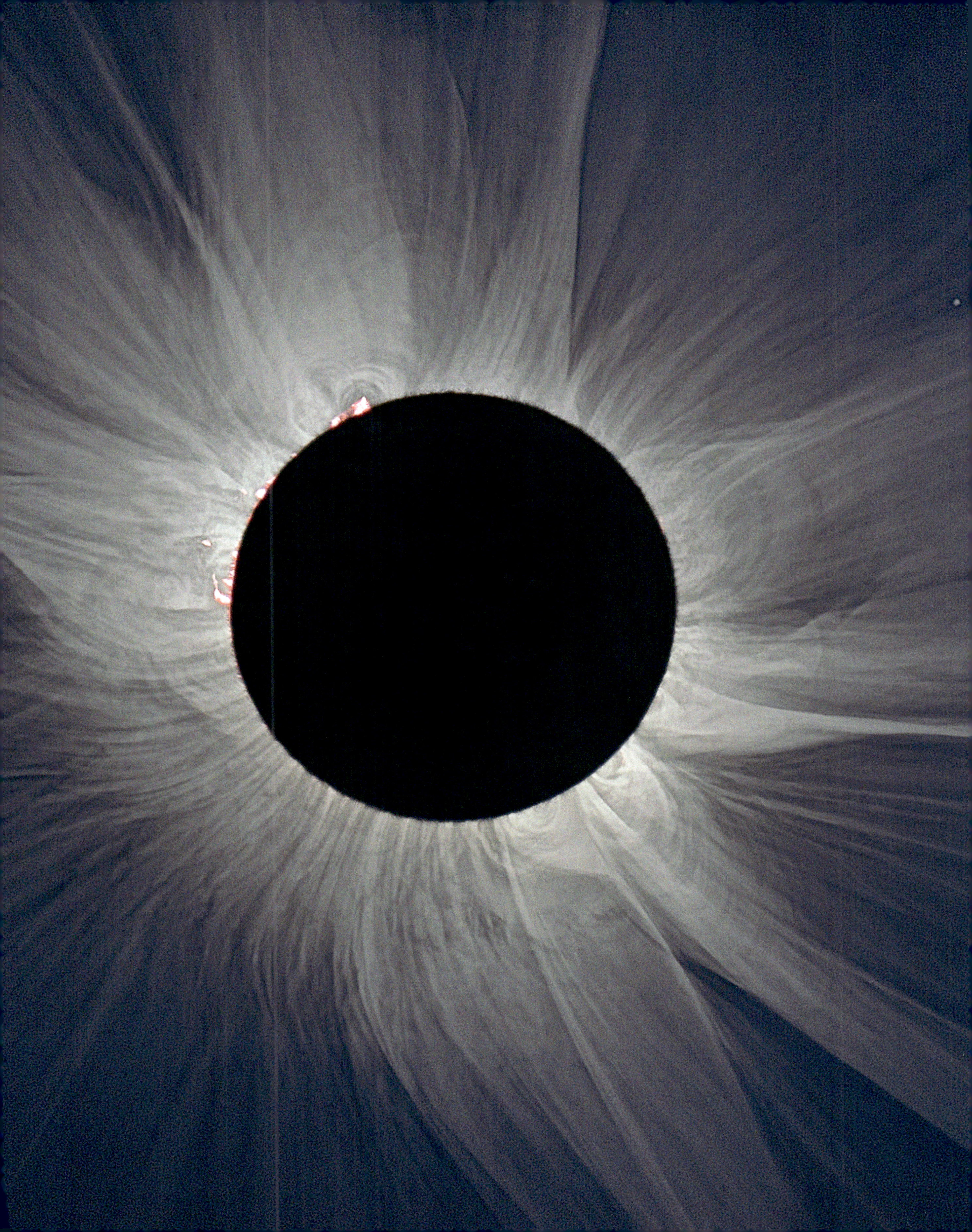

Doppelte Sicht
Die zwei hellen „Sterne" in der Mitte dieses Hubble-Fotos sind zwei Bilder desselben Quasars – der Kern einer weit entfernten Galaxie. Das Quasarlicht erreicht die Erde auf zwei verschiedenen Wegen, sodass das ferne Objekt doppelt zu sehen ist. Rund um die zwei Bilder herum ist ein schwaches „Linsensystem" sichtbar, das für die Ablenkung des Lichts verantwortlich ist.

exakt hintereinander stehen, wird immer noch eine Linsenwirkung erzeugt, auch wenn das daraus resultierende Bild weniger symmetrisch ist.
Im Jahr 1979 wurde im Sternbild Großer Bär die erste kosmische Gravitationslinse entdeckt. An der Position, wo eine kräftige Quelle von Radiostrahlung gefunden worden war, schien sich nicht nur ein Quasar zu befinden (der helle Kern einer aktiven Galaxie), sondern gleich zwei Quasare dicht nebeneinander. Bald stellte sich heraus, dass es sich hierbei um zwei Bilder desselben weit entfernten Objekts handelt. Auf länger belichteten Fotos war auch die (viel schwächere) „Linsengalaxie" zu sehen. Die Schwerkraft dieser Vordergrundgalaxie teilt das Quasarbild in zwei Teile, genauso wie eine Unebenheit im Fensterglas meines Elternhauses das Bild des entfernt stehenden Laternenpfahls in zwei teilte. Inzwischen wurden Hunderte vergleichbarer Gravitationslinsen entdeckt. Oft sieht man zwei Bilder (meist von einem weit entfernten Quasar), doch manchmal sind es auch vier. Es wurden sogar vollständige Einsteinringe gefunden, zunächst nur in Radiowellenlängen, doch später auch im sichtbaren Licht. Für Astronomen stellen Gravitationslinsen buchstäblich ein Geschenk des Himmels dar: Das Bild einer weit entfernten Galaxie wird nämlich nicht nur geteilt und verzerrt, sondern auch verstärkt, wie das bei einer normalen optischen Linse der Fall ist. Dank der Gravitationslinsenwirkung von Vordergrundgalaxien sind Astronomen daher in der Lage, Objekte in enorm großen Entfernungen besser und detaillierter zu untersuchen.
Der Zusammenhang zwischen Gravitationslinsen und Galaxienhaufen wurde erst im Laufe der 1980er-Jahre deutlich. Unabhängig voneinander entdeckten französische und amerikanische Astronomen ungewöhnliche Lichtbögen in drei entfernten Galaxienhaufen.

Einsteinring

Eine weit entfernte Galaxie, in rund zehn Milliarden Lichtjahren Entfernung, steht von der Erde aus gesehen genau hinter einer massereichen Galaxie im Vordergrund. Durch die Schwerkraft der rötlichen Vordergrundgalaxie wird das Licht des fernen blauen Objekts zu einem nahezu perfekten Ring verformt. Die Existenz solcher Gravitationslinsen wurde erstmals von Albert Einstein 1936 vorausgesagt.

Blick in die Tiefe

Abell 2218 ist ein hübscher Galaxienhaufen in einer Entfernung von etwa zwei Milliarden Lichtjahren im Sternbild Drache. Dieses Übersichtsfoto wurde mit dem 3,6-m-Canada-France-Hawaii-Teleskop auf dem Mauna Kea, Hawaii, gemacht. Die Aufnahme zeigt auch einige Vordergrundgalaxien und ein paar Sterne in unserer eigenen Galaxis (rechts im Bild).

Anfänglich hatte niemand irgendeine Vorstellung, um welche fremden Objekte es sich hier handelte; die Lichtbögen erinnerten noch am ehesten an lang gestreckte „Perlenschnüre" von Galaxien. Dann erwies sich jedoch, dass auch hier eine Gravitationslinsenwirkung vorlag, bei der das kleine Bild einer weit entfernten Galaxie enorm lang gezogen (und verstärkt) wird – und zwar nicht aufgrund der Schwerkraft einer einzigen Vordergrundgalaxie, sondern aufgrund des gemeinsamen Schwerkraftfeldes des gesamten Galaxienhaufens.

Die erste spektakuläre Aufnahme der Gravitationslinsenwirkung eines Galaxienhaufens wurde 1995 vom Hubble-Weltraumteleskop gemacht. Hubble fotografierte den Galaxienhaufen Abell 2218, in einer Entfernung von etwa zwei Milliarden Lichtjahren im Sternbild Drache. Zwischen den einzelnen Galaxien im Galaxienhaufen sind unzählige lang gezogene Schlieren und konzentrische Lichtbögen zu sehen – die verzerrten Abbilder ferner Hintergrundgalaxien. Abell 2218 wurde später mit empfindlicheren Kameras erneut aufgenommen, inzwischen sind viele Dutzend prächtige Beispiele für Galaxienhaufen bekannt, die ein verzerrtes Bild vom entfernten Universum zeigen, als sähen wir die uns umgebende Welt durch den Boden eines Marmeladenglases.

Zwischen 2013 und 2017 führten amerikanische Astronomen mit dem Hubble-Weltraumteleskop ein zeitaufwändiges Beobachtungsprogramm durch, in dem einige sorgfältig ausgewählte Galaxienhaufen mehrmals beobachtet wurden. Die gewonnenen Aufnahmen stellen die besten – und spektakulärsten – Beispiele für die Gravitationslinsenwirkung von Galaxienhaufen dar. Dieses Frontier-Fields-Programm hat unter anderem zur Entdeckung der fernsten bekannten Galaxien geführt – Objekte am Rande des sichtbaren Universums, die ohne die Linsenwirkung des Vordergrundgalaxienhaufens niemals nachweisbar gewesen wären. Im letzten Teil dieses Buches werde ich nochmals ausführlich auf die Untersuchung der allerfernsten (und allerersten) Galaxien im Universum eingehen. Ein überraschender Beifang des Fron-

Verzerrte Bilder
Der scharfe Blick des Hubble-Weltraumteleskops zeigt im Zentrum von Abell 2218 unzählige Lichtbögen. Dies sind verzerrte Bilder von Galaxien im Hintergrund, die durch die Schwerkraft des Galaxienhaufens verstärkt und verzerrt werden. Abell 2218 war der erste Galaxienhaufen, in dem diese Gravitationslinsenwirkung so spektakulär fotografiert wurde.

Kosmische Linse

Der ferne und besonders massereiche Galaxienhaufen MACS J0717.5+3745 im Sternbild Herkules war eines der Studienobjekte des Frontier-Fields-Programms, das mit dem Hubble-Weltraumteleskop durchgeführt wurde. Das komplizierte Schwerkraftfeld des Galaxienhaufens liefert verzerrte Bilder von Galaxien in vielen Milliarden Lichtjahren Entfernung.

tier-Fields-Programms war die Entdeckung einer Supernova in einer der „gelinsten" Galaxien, in einer Entfernung von rund neun Milliarden Lichtjahren. Wegen des komplizierten Schwerkraftfeldes des Vordergrundgalaxienhaufens (mit der Katalogbezeichnung MACS J1149+2223) wird diese Spiralgalaxie mehrmals abgebildet und das Licht der Supernova gelangte Ende 2014 auf vier verschiedenen Routen zur Erde. An einer anderen Stelle im Galaxienhaufen stößt man auf ein weiteres Bild der fernen Galaxie. Deren Licht hatte einen längeren Weg zurückgelegt und hier sahen die Astronomen dieselbe Supernova erst ein Jahr später aufflammen, exakt wie vorherberechnet. Auch für den vorhin erwähnten Doppelquasar gilt, dass sich Helligkeitsschwankungen im einen Bild erst nach geraumer Zeit (417 Tage, um genau zu sein) in dem anderen Bild zeigen. Diese Zeitdifferenz wird auch durch die Expansionsgeschwindigkeit des Universums verursacht und Messungen an Gravitationslinsen stellen daher eine unabhängige (wenn auch nicht besonders genaue) Methode dar, um diese Expansionsgeschwindigkeit zu ermitteln. So erweist sich, dass uns die Forschung an Galaxienhaufen nicht nur Einblick in den Vorgang gewährt, wie der Lebenslauf einer einzelnen Galaxie durch ihre Umgebung beeinflusst wird, sondern gleichzeitig Informationen über die Eigenschaften und die Evolution des Universums insgesamt verschafft, ja sogar über die mysteriöse dunkle Materie im Kosmos, wie wir im nächsten Kapitel sehen werden.

Büchse der Pandora

Abell 2744 im Sternbild Bildhauer ist auch als „Pandoras Galaxienhaufen" bekannt. Er ist vermutlich aufgrund von Zusammenstößen von nicht weniger als vier kleineren Galaxienhaufen entstanden. Die Linsenwirkung des Galaxienhaufens ermöglicht es, das Licht ferner Hintergrundgalaxien zu erforschen, die normalerweise nicht oder kaum sichtbar wären.

Finstere Kräfte

Galaxienhaufen bilden die größten zusammenhängenden Strukturen im Universum. Ein mittelgroßer Galaxienhaufen umfasst schnell mal viele Hundert oder sogar einige Tausend Galaxien, von großen elliptischen Riesen – sie befinden sich oft im Zentrum des Galaxienhaufens – bis hin zu kleineren Spiralgalaxien (meist an den Rändern) und unauffälligen kleinen Zwerggalaxien. In einem Galaxienhaufen ist der Raum zwischen den Galaxien überdies nicht wirklich leer: Es sind viele „intergalaktische" Sterne, planetarische Nebel und Sternhaufen entdeckt worden, außerdem enthalten Galaxienhaufen enorme Mengen von extrem heißem Gas. Dieses ist zwar sehr dünn, doch alles in allem hat dieses Intracluster-Gas doch mehr Masse als alle Galaxien zusammen. Und das ist noch nicht alles. Der schweizerisch-amerikanische Astronom Fritz Zwicky entdeckte in den 1930er-Jahren, dass Galaxienhaufen auch sehr viel unsichtbare, dunkle Materie enthalten. Zwicky war ein vielseitiger Astronom, der unter anderem den

Staubige Galaxie
Neben Sternen, interstellarem Gas und dunklem Staub enthalten Galaxien auch große Mengen dunkler Materie, deren wahre Natur ein Rätsel ist. Dieses Hubble-Foto zeigt auffällige Staubwolken in NGC 1316, der zentralen Galaxie im Fornax-Galaxienhaufen. Die mysteriöse dunkle Materie im Universum besteht jedoch nicht aus normalen Atomen und ist daher unsichtbar.

Schwerkraftkarte

Durch Vermessung der verzerrten Bilder ferner Hintergrundgalaxien haben Astronomen das Schwerkraftfeld des Vordergrundgalaxienhaufens MCS J0416.1-2403 aufzeichnen können (blau). Die beobachtete schwache Linsenwirkung ist nur zu erklären, indem man voraussetzt, dass der Galaxienhaufen große Mengen an dunkler Materie enthält.

Kosmisches Kugelstoßen

Der Bullet-Cluster besteht aus zwei Galaxienhaufen, die aufeinandergeprallt sind. Das heiße Intracluster-Gas (rosa) hat sich zwischen den zwei Galaxienhaufen aufgetürmt, doch die dunkle Materie (blau) ist noch immer in gleicher Weise verteilt wie die einzelnen Galaxien in den zwei Galaxienhaufen. Mit alternativen Schwerkrafttheorien ist diese Verteilung nicht richtig zu erklären.

Begriff „Supernova" erdacht hat und – zusammen mit seinem Kollegen Walter Baade – die Existenz von Neutronensternen voraussagte. 1933 erforschte er die Geschwindigkeiten von Galaxien im Coma-Galaxienhaufen. Diese erwiesen sich als so hoch, dass sie schon lange aus dem Galaxienhaufen hinausgeflogen wären, wenn nicht ein starkes Schwerkraftfeld vorliegen würde – viel stärker, als man aufgrund der gesamten sichtbaren Materie erwarten würde.

Ein Jahr zuvor hatte Jan Oort in Leiden bereits in vergleichbarer Weise gefolgert, dass es unsichtbare Materie in der Scheibe unseres eigenen Milchstraßensystems geben müsse. Nun kam Zwicky mit überzeugenden Hinweisen auf das Vorhandensein gigantischer Mengen dunkler Materie in Galaxienhaufen. Wie bereits früher in diesem Buch ausgeführt, wurde die Existenz dunkler Materie in Galaxien später überzeugend von Vera Rubin und Kent Ford und aufgrund von Radiobeobachtungen schnell rotierender Gaswolken bewiesen. Auch Messungen an den Geschwindigkeiten von Galaxien in Galaxienhaufen haben Mal für Mal belegt, dass sie viel dunkle Materie enthalten, selbst wenn man berücksichtigt, dass heißes Intracluster-Gas vorliegt.

Heute wird das Vorhandensein dunkler Materie nicht nur aus solchen Geschwindigkeitsmessungen hergeleitet. Im letzten Kapitel haben wir gesehen, dass die Schwerkraft eines Galaxienhaufens das Licht weiter entfernt liegender Galaxien verstärkt und verbiegt.

Auch aus der Gravitationslinsenwirkung kann man berechnen, wie viel Materie der Galaxienhaufen enthält. Jedes Mal scheint dies viel mehr zu sein als die mit optischen Teleskopen (Sterne) und Röntgenteleskopen (heißes Gas) wahrgenommene sichtbare Materie. Und indem man den Schwerkrafteffekt auf das Licht von Hintergrundgalaxien besonders genau beobachtet, können die Astronomen sogar die Verteilung dieser dunklen Materie kartieren. Die langgestreckten Lichtbögen in manchen Galaxienhaufen fallen enorm auf. Sie entstehen, da das Bild einer weit entfernten Galaxie zufällig sehr stark verzerrt und langgezogen wird. Doch in der Realität unterliegt jede Hintergrundgalaxie in gewissem Maße den Folgen der Gravitationslinsenwirkung. Anfang der 1980er-Jahre entdeckte der amerikanische Astronom Anthony Tyson, dass man in manchen Galaxienhaufen eine auffällige Ausrichtung von Hintergrundgalaxien feststellen kann, als seien sie alle ein wenig in dieselbe Richtung hin gedehnt – meist mehr oder minder konzentrisch um das Galaxienhaufenzentrum herum. Dieser Effekt wird „schwache Linsenwirkung" genannt.

Von einer einzigen länglichen Galaxie weiß man natürlich nie mit Sicherheit, ob diese Form durch eine schwache Linsenwirkung bewirkt wird oder ob tatsächlich eine langgezogene Form vorliegt: eine zigarrenförmige elliptische Galaxie oder eine Spiralgalaxie, auf die man schräg von der Seite blickt. Doch wenn

3D-Bild

Indem man in verschiedenen Entfernungen im Universum die Auswirkungen der so genannten schwachen Linsenwirkung untersucht hat, ist es möglich geworden, die dreidimensionale Verteilung dunkler Materie zu ermitteln. Diese Illustration basiert auf Messdaten des Hubble-Weltraumteleskops (links im Bild); die weißen Tupfer sind Galaxien, die blauen Wolken markieren die Verteilung dunkler Materie.

man von vielen Dutzenden oder Hunderten kleiner Hintergrundgalaxien die Form ausmisst, kann man doch feststellen, ob hier eine unerwartete Präferenzrichtung vorliegt. Dann ist man so gut wie sicher der schwachen Linsenwirkung auf der Spur und kann die Verteilung dunkler Materie im Vordergrundgalaxienhaufen aufzeichnen; das ist einfach eine Frage der Statistik.

Doch nicht jeder ist von der Existenz dunkler Materie überzeugt, denn die Schlussfolgerungen beruhen immer auf den gängigen Vorstellungen von Schwerkraft. Newton und Einstein zufolge nimmt die Schwerkraft eines Himmelskörpers quadratisch mit seiner Entfernung ab: In dreimal so großer Entfernung von der Erde beträgt die dort vorliegende Schwerkraft nur ein Neuntel. Die Theorie einer modifizierten Newtonschen Dynamik, kurz MOND (für MOdified Newtonian Dynamics), geht davon aus, dass dieses Verhältnis für sehr schwache Gravitationsfelder nicht mehr stimmt. Dann würden wir aus den Schwerkraftmessungen im Universum falsche Schlüsse über die Menge der vorhandenen Materie ziehen.

Beobachtungen an dem inzwischen berühmten Bullet-Cluster („Geschosshaufen") im südlichen Sternbild Carina (Schiffskiel) schienen 2004 jedoch definitiv diese alternative Schwerkrafttheorie zu entkräften. Der Bullet-Cluster (offiziell 1E 0657-558 genannt) besteht aus zwei Galaxienhaufen, die in den vergange-

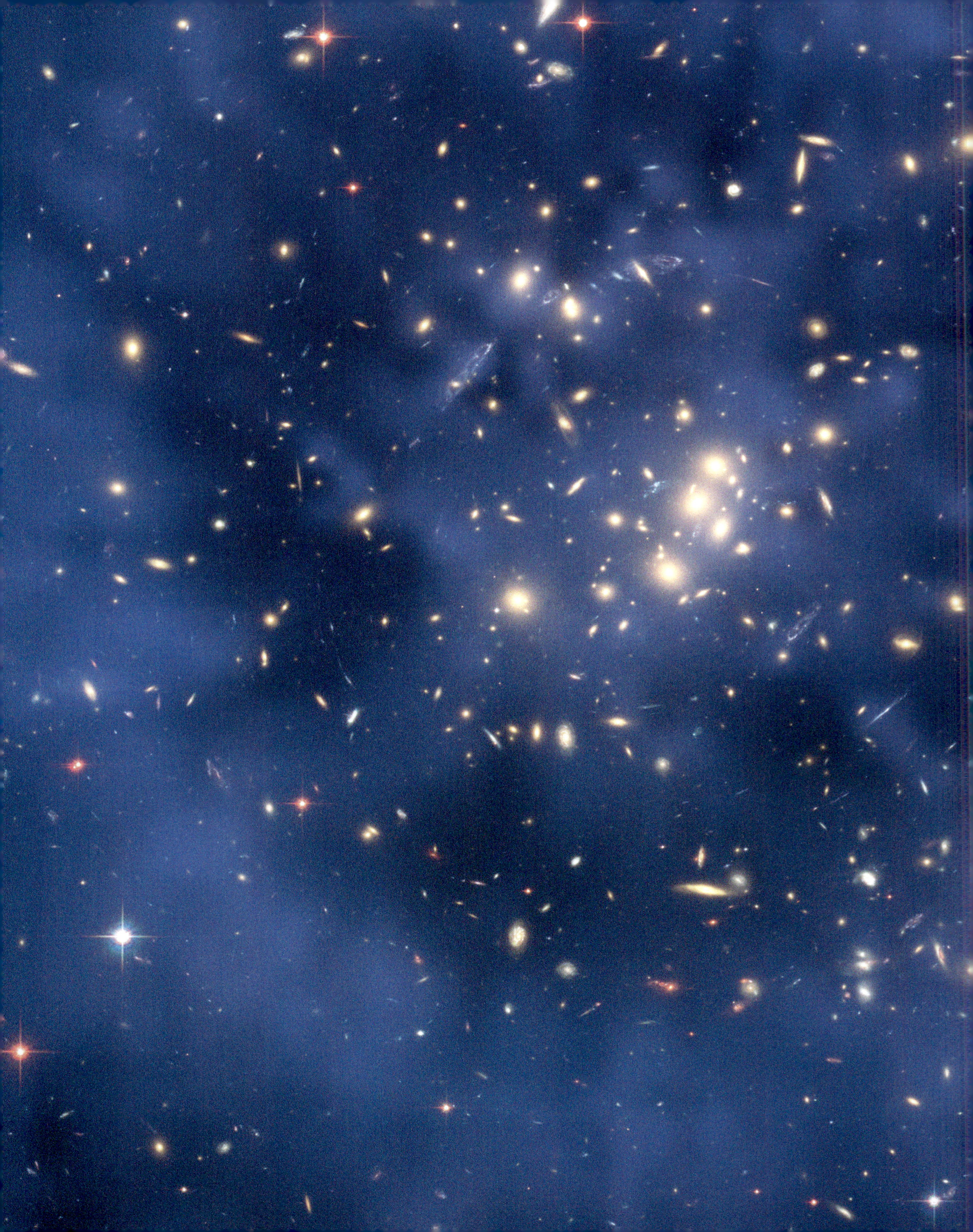

nen Hundertmillionen Jahren miteinander kollidiert sind. Tatsächlich sind die zwei Galaxienhaufen sogar quer durch einander hindurch geflogen. Die Galaxien selbst haben davon nicht sehr viel bemerkt (die Möglichkeit von Zusammenstößen untereinander war nur gering), doch das heiße Gas in den zwei Galaxienhaufen prallte aufeinander. Aus Röntgenmessungen geht hervor, dass es sich – genau wie erwartet – zwischen den zwei Galaxienhaufen aufgetürmt hat. Dort befindet sich also die größte Menge an normaler Materie; das Gas in einem Galaxienhaufen enthält immer mehr Masse als alle Galaxien zusammen.

Messungen an der schwachen Linsenwirkung des Bullet-Clusters ergeben jedoch, dass der größte Teil der Schwerkraft innerhalb oder um die zwei einzelnen Galaxienhaufen herum konzentriert ist. Nach der MOND-Theorie kann das nicht erklärt werden; sie besagt, dass normale Materie und Schwerkraft in gleicher Weise verteilt sind. Mit dunkler Materie allerdings ist die schwache Linsenwirkung des Bullet-Clusters recht gut zu erklären. Dunkle Materie besteht aus noch unbekannten Elementarteilchen, die (abgesehen von ihrer Schwerkraft) kaum Wechselwirkungen ausüben. Wenn die Galaxien in den zwei gegeneinander prallenden Galaxienhaufen in ausgedehnte Halos aus dunkler Materie gehüllt sind, fliegen auch die dunkle-Materie-Wolken quer durch einander hindurch. Man erwartet dann tatsächlich, dass die dunkle Materie (und damit auch die Schwerkraft) auf gleiche Weise verteilt ist wie die Galaxien im Galaxienhaufen.

Dennoch ist das Rätsel dunkler Materie in Galaxien und Galaxienhaufen noch lange nicht gelöst. Alle Beobachtungen des mysteriösen Stoffes sind indirekt. Experimente in irdischen Teilchenbeschleunigern haben noch keine dunkle-Materie-Teilchen erzeugen können. Auch Messungen mit empfindlichen unterirdischen Detektoren konnten die mysteriöse dunkle Materie nicht nachweisen. Physiker haben keine Vorstellung, um welche Art Teilchen es sich handelt; das Einzige, was sie mit Sicherheit wissen, ist, dass die dunkle Materie im Universum nicht aus gewöhnlichen Atomen und Molekülen bestehen kann. Vorläufig scheinen Wissenschaftler für die Enträtselung dieses Mysteriums vollkommen auf astronomische Beobachtungen angewiesen zu sein, doch die sind, wie gesagt, auch nicht immer eindeutig. Nicht nur Galaxienhaufen zeigen eine schwache Linsenwirkung; dieser Effekt ist ebenfalls im Umkreis einzelner großer Galaxien zu beobachten. Auf diese Weise ist es daher auch möglich, den Halo dunkler Materie um eine solche Galaxie aufzuzeichnen.

Im Jahr 1967 wies der amerikanische Astronom James Gunn bereits darauf hin, dass das Abbild jeder weit entfernten Hintergrundgalaxie mehr oder minder durch schwache Linsenwirkung verzerrt wird, auch wenn das Licht dieser Galaxie nicht durch einen Galaxienhaufen hindurch oder eng an einer Vordergrundgalaxie vorbeizieht. Diese Erscheinung wird kosmi-

Rätselhafter Ring

Aus Messungen an der schwachen Linsenwirkung eines Galaxienhaufens (in diesem Fall ZwCl 0024+1652 im Sternbild Fische) leiten die Astronomen die Verteilung der Schwerkraft im Galaxienhaufen ab und damit die Dichte von dunkler Materie, hier in blauen Farben wiedergegeben. Die Herkunft des auffälligen Rings aus dunkler Materie in großer Entfernung vom Zentrum des Galaxienhaufens ist nicht bekannt.

Diffuses Leichtgewicht

In 65 Millionen Lichtjahren Entfernung von der Erde fotografierte das Hubble-Weltraumteleskop diese sehr lichtschwache Galaxie (NGC 1052-DF2), die ebenso groß ist wie unsere Milchstraße, jedoch nur ein Zweihundertstel der Sterne enthält. Aus Geschwindigkeitsmessungen an Kugelsternhaufen geht zudem hervor, dass in der Galaxie so gut wie keine dunkle Materie vorkommt.

sche Scherung genannt. Wenn man die Formen von vielen Tausend fernen Galaxien statistisch untersucht, kann man auf diese Weise sogar dreidimensionale Karten der räumlichen Verteilung dunkler Materie im Universum erstellen. Dies ist eine Art, Kosmologie zu betreiben, von der Fritz Zwicky niemals hat träumen können. Seinerzeit brauchte man Belichtungszeiten von vielen Stunden, um ferne, schwache Galaxien zu fotografieren. Und die Messungen ihrer Eigenschaften mussten eine nach der anderen von Hand erfolgen. Heute zeichnen große Teleskope mit extrem empfindlichen Digitalkameras in wenigen Sekunden Tausende ferne Galaxien auf und bestimmen mit Hilfe von klugen Computeralgorithmen ihre Positionen, Ausmaße, Formen und Orientierungen vollautomatisch. Mit der großen OmegaCam-Kamera des europäischen VLT Survey Telescope und mit der Dark Energy Camera des amerikanischen Blanco-Teleskops (beide in Chile) sind die ersten großen Beobachtungsprogramme der kosmischen Scherung inzwischen absolviert worden. In Zukunft werden noch viel lichtempfindlichere Messungen von dem im Bau befindlichen Large Synoptic Survey Teleskop (auch in Chile) und dem europäischen Weltraumteleskop Euclid vorgenommen, das den Sternenhimmel mit der Empfindlichkeit des Hubble-Weltraumteleskops erfassen wird. So wird das 100-jährige Rätsel der dunklen Materie möglicherweise bald gelöst.

Farbenprächtiger Zeuge

Diese Fotomontage des Galaxienhaufens Abell 520 in ca. zwei Milliarden Lichtjahren Entfernung kombiniert Messungen im optischen Licht (orange), Röntgenstrahlung (grün) und dunkler Materie (blau). Anders als im Bullet-Cluster scheint die dunkle Materie hier in gleicher Weise wie das Cluster-Gas verteilt zu sein. Mit den heutigen Theorien über dunkle Materie ist das nicht ausreichend zu erklären.

Die großräumige Struktur des Universums

Der Kosmos besitzt eigentlich einen verblüffend einfachen hierarchischen Aufbau, der Betriebswirtschaftlern und Managern sehr bekannt vorkommen wird. Ein großer internationaler Konzern besteht aus verschiedenen Unternehmen, die jeweils ihre eigenen Bereiche haben. Jeder Bereich ist seinerseits wieder in verschiedene Abteilungen gegliedert und erst auf dem „niedrigsten" Niveau trifft man auf individuelle Arbeitnehmer. Für die Struktur des Universums gilt Ähnliches. Die Erde ist einer der acht Planeten in einer Umlaufbahn um die Sonne und die Sonne ist einer der etwa 400 Milliarden Sterne im Milchstraßensystem. Galaxien sind Teil kleiner Gruppen und größerer Galaxienhaufen; ganz oben in der Hierarchie finden wir Superhaufen wie Laniakea.

Die Existenz von Superhaufen ist bereits seit Ende der 1950er-Jahre bekannt und der erste große Supervoid (der Boötes-Void) wurde 1981 entdeckt – vor fast 40 Jahren. Dennoch dauerte es geraume Zeit, bis die Astronomen die großräumige Struktur des Universums systematisch zu ergründen begannen. Eigentlich geschah dies erst ab Mitte der 1980er-Jahre, als Margaret Geller, John Huchra und Valerie de Lapparent die Positionen und Rotverschiebungen von einigen Tausend Galaxien in einem schmalen Streifen am nördlichen Sternenhimmel bestimmten. Wie bereits erklärt, ist die Rotverschiebung einer entfernten Galaxie ein Maß für die Zeit, die das Licht dieser Galaxie dafür benötigt hat, um die Erde zu erreichen und damit auch ein Maß für die Entfernung. Geller, Huchra und de Lapparent entdeckten, dass die vermessenen Galaxien nicht gleichmäßig im Universum verteilt sind, sondern dass es lang gestreckte Strukturen und relativ leere Gebiete gibt. Eine dieser Strukturen auf

Fingerzeig
Die erste 3D-Karte des Universums wurde Mitte der 1980er-Jahre angefertigt. Unsere Milchstraße befindet sich unten; die Entfernungen von Galaxien (gelbe Punkte) wurden durch Messungen der Rotverschiebung ermittelt. Die langgestreckte Struktur wird der „Finger Gottes" genannt; er entsteht infolge der Eigenbewegungen von Galaxien im Coma-Galaxienhaufen.

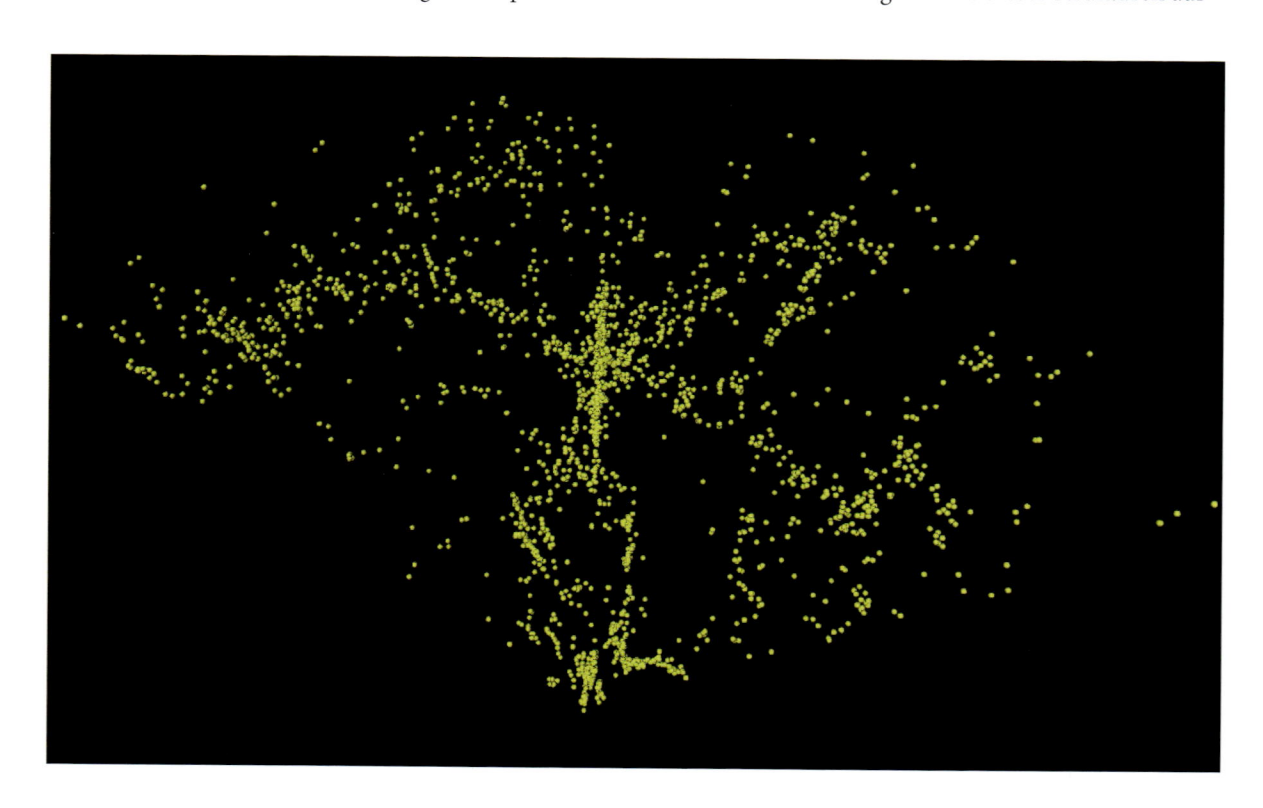

Computerkosmos

Ein Bild aus der EAGLE-Simulation, mit der die Entwicklung der großräumigen Struktur des Universums mit einem Supercomputer imitiert wird. EAGLE steht für „Evolution and Assembly of GaLaxies and their Environments". Es ist gut zu erkennen, wie sich die Materie zunächst in faserigen Schlieren ansammelt und dann zu den Knotenpunkten strömt, wo die meisten Galaxien entstehen.

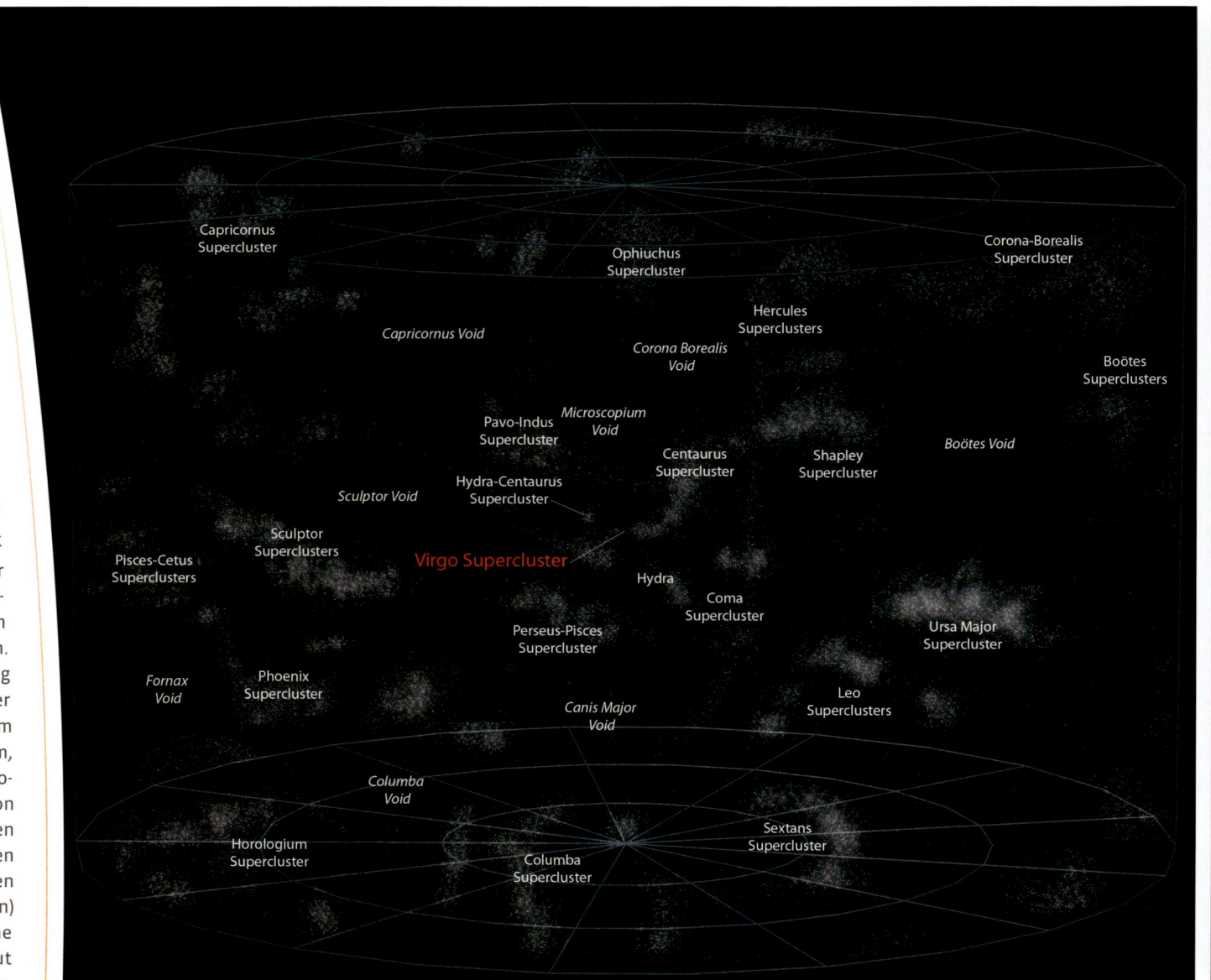

Räumlicher Einblick

Darstellung der räumlichen Verteilung von Galaxien und Galaxienhaufen. Auf dieser Zeichnung befindet sich unser Milchstraßensystem exakt im Zentrum, am Rande des Virgo-Superhaufens. Von anderen Superhaufen (bis zu Entfernungen von einer halben Milliarde Lichtjahren) wird die räumliche Position recht gut wiedergegeben.

Farbige Karte

Hier sind die Rotverschiebungen – und damit die Entfernungen – von Hunderttausenden Galaxien am Himmel in verschiedenen Farben wiedergegeben, vermessen mit dem 2MASS Redshift Survey. Der helle violette Fleck oben ist der Virgo-Galaxienhaufen; der hellblaue Fleck ganz links ist der Perseus-Galaxienhaufen. Die diagonale Struktur unter der Kartenmitte ist der Pavo-Indus-Superhaufen.

der sich ergebenden Karte scheint wie ein ausgestreckter Zeigefinger in Richtung unseres Milchstraßensystems zu deuten und erhielt daher den Beinamen „Finger Gottes". Tatsächlich handelt es sich hierbei um den bekannten Coma-Galaxienhaufen. Die langgestreckte Form ist nur scheinbar; sie entsteht, da die einzelnen Galaxien in den Galaxienhaufen ziemlich hohe Bewegungsgeschwindigkeiten haben, was auch auf die gemessene Rotverschiebung einen Einfluss hat – wiederum ein „Fingerzeig", dass Entfernungsbestimmungen im Universum noch nicht so einfach sind.

Was allerdings sonnenklar aus diesen ersten Messungen hervorging, war die „Große Mauer" – eine gigantische, langgestreckte Ansammlung von Galaxien mit einer Länge von ungefähr 500 Millionen Lichtjahren, einer Höhe von rund 200 Millionen Lichtjahren, doch einer Dicke von nur 15 Millionen Lichtjahren. Etwas später wurde andernorts im Universum der Perseus-Cetus-Superhaufen-Komplex entdeckt – ebenfalls eine ausgedehnte Struktur mit Dimensionen von etwa einer Milliarde Lichtjahren, 2003 gefolgt von der Entdeckung der Sloan Great Wall mit einer Länge von 1,3 Milliarden Lichtjahren. Außerdem entdeckten

Astronomen größere Gebiete im Universum, die sehr wenige Galaxien enthalten, etwa dem Giant Void (1,3 Milliarden Lichtjahre im Durchmesser) und dem Eridanus-Supervoid (1,8 Milliarden Lichtjahre).

Die ersten Rotverschiebungs-Durchmusterungen von Geller, Huchra und de Lapparent wurden mit einem 1,5-m-Teleskop auf dem Mt. Hopkins in Arizona erstellt. Dies war eine zeitraubende Schinderei: Die Astronomen mussten von jeder einzelnen Galaxie das Spektrum fotografieren, sodass die Rotverschiebung bestimmt werden konnte. Später ersannen sie pfiffige Techniken, um viele Dutzend Galaxien gleichzeitig vermessen zu können. Außerdem wurden die digitalen Detektoren immer empfindlicher und die Astronomen konnten größere Teleskope einsetzen. So wurden im Laufe von Jahrzehnten zahlreiche Rotverschiebungs-Surveys fertiggestellt, wie der 2dF-Survey (mit einem großen Teleskop der Siding-Spring-Sternwarte in Australien) und der Sloan-Survey (mit einer fortschrittlichen Kamera an einem relativ kleinen Teleskop in New Mexico).

Dank all dieser Forschungsprojekte, mit denen die Astronomen immer weiter in das Universum vordringen, haben die Kosmologen gegenwärtig ein gutes

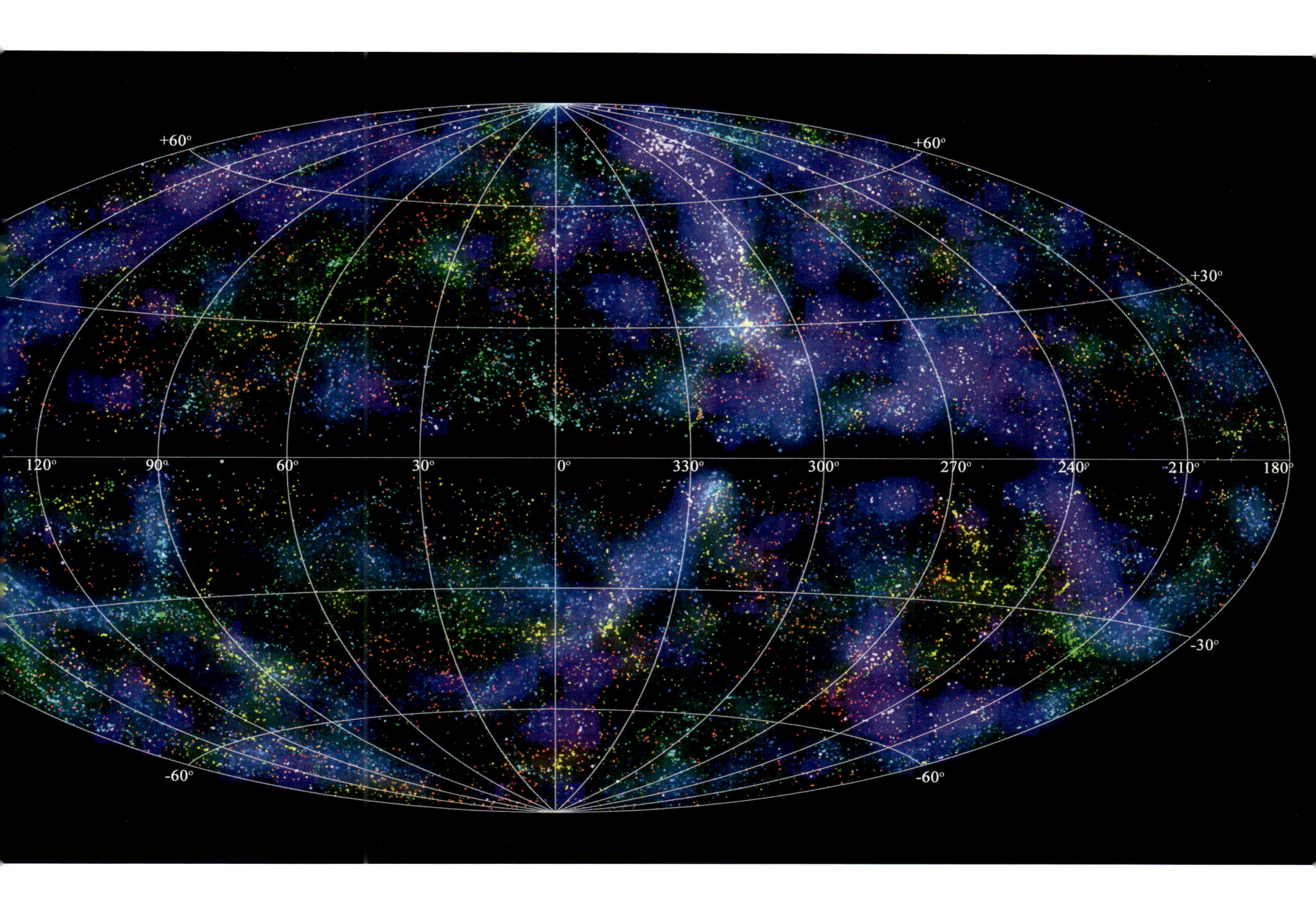

Bild der dreidimensionalen großräumigen Struktur des Universums gewonnen. Diese ist mit der Struktur von Seifenschaum vergleichbar: Mehr oder weniger kugelförmige Leerräume werden von relativ dünnen Wänden umgeben, in denen die Galaxiendichte viel höher ist. Dort, wo einige dieser Wände aufeinander treffen, stößt man auf langgedehnte Filamente mit nochmals höherer Dichte und an den Überschneidungen dieser Filamente findet man die größten und am dichtesten besiedelten Galaxienhaufen.

Die Astronomen nennen dies das „kosmische Netz", da die einzelnen Galaxien und Gruppen in faserartigen Strukturen mit sehr dünnem und relativ kühlem Gas miteinander verwoben sind. Das kosmische Netz wurde sogar bildlich dargestellt (wenn auch etwas indirekt): Das intergalaktische Gas hinterlässt eine Art Fingerabdruck im Licht weit entfernter Quasare, da das Quasarlicht in bestimmten UV-Wellenlängen absorbiert wird.

Eines ist jedenfalls klar: Die Galaxien – die Bausteine des Universums – sind alles andere als gleichmäßig im Universum verteilt. Aber wie ist diese seifenschaumartige großräumige Struktur überhaupt entstanden?

Kurz nach dem Urknall, vor etwa 13,8 Milliarden Jahren, war das Universum eine recht homogene, heiße „Suppe" aus Wasserstoff- und Heliumgas. Die energiereiche Strahlung, die die heiße Ursuppe verströmte, ist noch immer als sogenannte kosmische Hintergrundstrahlung wahrnehmbar – eigentlich die abgekühlte Restwärme des Urknalls. Irgendwie muss sich aus dem heißen, einheitlichen Anfangszustand das heutige Universum entwickelt haben, mit seinen Fasern und Filamenten aus Galaxien.

Ende der 1980er-Jahre stellte sich heraus, dass die heutige großräumige Struktur des Universums unter dem Einfluss von Schwerkraft entstanden sein muss. Kleine, zufällige Verdichtungen im Urknallgas könnten im Laufe der Zeit ständig mehr Materie angezogen haben und auf diese Weise dem Kosmos seine klumpige Struktur gegeben haben. (Diese ursprünglichen Dichteschwankungen sind in den minimalen Temperaturunterschieden der Hintergrundstrahlung gleichsam eingraviert.) Doch wie dieser Vorgang genau ablief, war vor 30 Jahren noch nicht klar. Nach Auffassung einiger Kosmologen entstanden die größten Strukturen zuerst und anschließend vollzog sich eine Art Fragmentation in kleineren Galaxienhaufen, Gruppen und einzelnen Galaxien – das sogenannte

Illustre Entwicklung

Dieses Bild aus der Illustris-Simulation zeigt die Verteilung dunkler Materie in blauen Farbtönen und die Verteilung normaler Materie (dünnes Gas) in orange. Aus solcherart detaillierten Computersimulationen geht hervor, dass dunkle Materie als erste zu einem faserigen kosmischen Netz verklumpt; in den Gebieten mit der höchsten Dichte entstehen danach die meisten Galaxien.

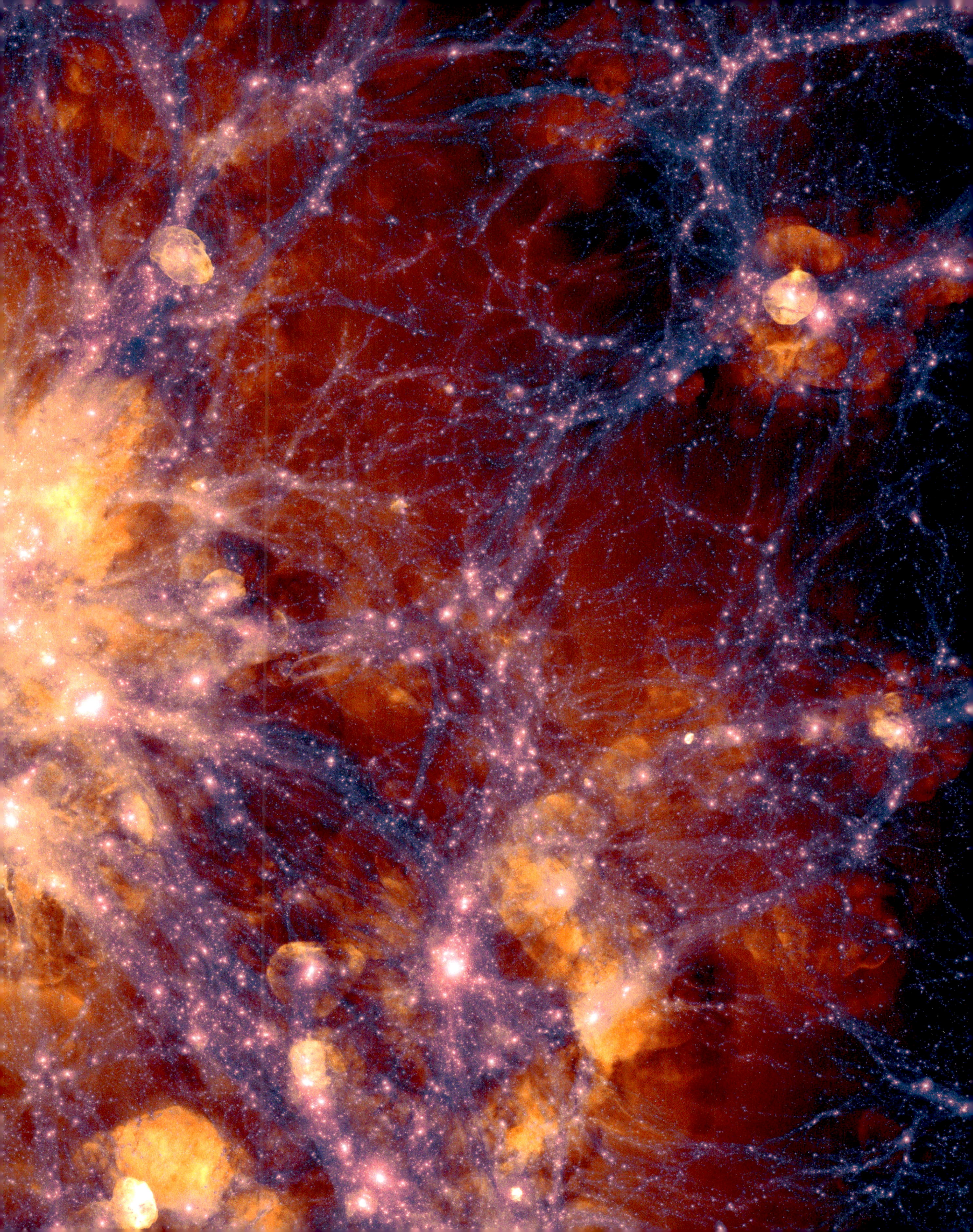

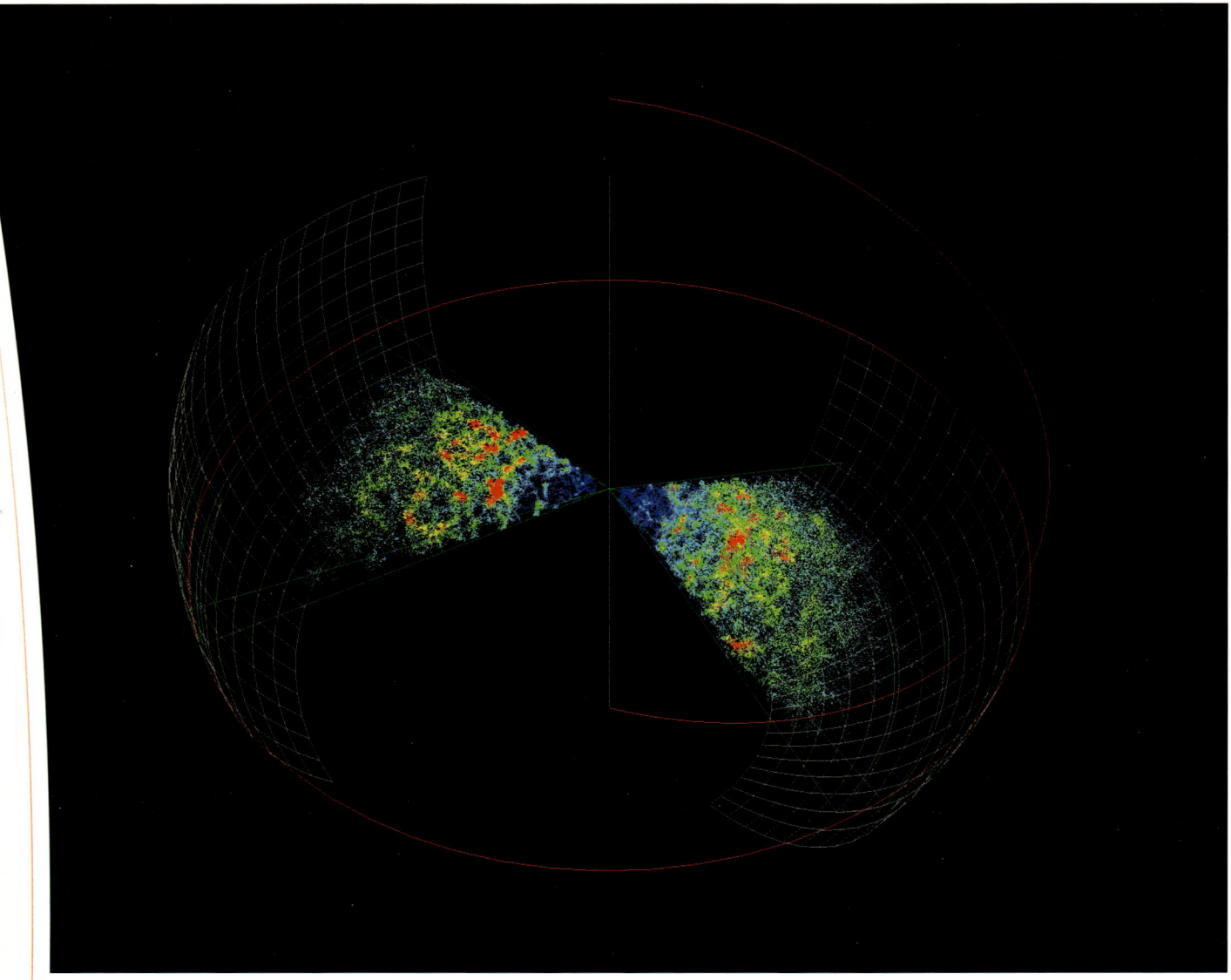

Kosmische Tortenstücke

Dank des australischen 2dF Galaxy Redshift Survey konnten die räumlichen Positionen von vielen Zehntausenden Galaxien bildlich dargestellt werden, in zwei flachen Segmenten bis zu Entfernungen von etwa 2,5 Milliarden Lichtjahren. Die Dichte von Galaxien wird hier in verschiedenen Farben wiedergegeben; deutlich sind die lang gedehnten Filamente und die großen Superhaufen zu unterscheiden.

top down-Modell. Andere Forscher dachten genau andersherum: Individuelle Galaxien würden zuerst entstehen und sich in einem späteren Stadium zu Galaxienhaufen und Superclustern gruppieren – das bottom up-Modell.

Heute wissen wir, dass diese zweite Theorie die Realität am besten beschreibt. Das geht unter anderem aus Beobachtungen der entferntesten und somit allerersten Galaxien im Universum hervor, über die im letzten Teil dieses Buches mehr zu lesen ist. Doch das bottom up-Modell wird auch durch moderne Computersimulationen unterstützt, mit denen die Evolution des Universums im Zeitraffertempo nachgeahmt wird. Eine solche Computersimulation geht von einem würfelförmigen Stück Kosmos aus, das mit Wasserstoff- und Heliumatomen, dunkler Materie und Strahlung – den Grundbestandteilen des Universums – angefüllt ist. Wichtige Beigabe: kleine Dichteschwankungen in diesem Urgemisch, sorgfältig abgestimmt mit den Messungen der kosmischen Hintergrundstrahlung. Anschließend wird dieser Kubus in alle Richtungen hin gestreckt (das Universum dehnt sich aus) und die Schwerkraft kann zu Werke gehen.

Ergebnis: Die dunkle Materie konzentriert sich in einem faserigen Muster – dem kosmischen Netz – und die normale Materie strömt in die Richtung der größten Dichtekonzentrationen. Schon recht schnell entstehen die ersten Sterne und Galaxien; in einem späteren Stadium gruppieren sich diese zu dünnen Wänden, lang gezogenen Fasern und dichtbesiedelten Galaxienhaufen. Nach 13,8 Milliarden Jahren beschleunigter kosmischer Geschichte ähnelt das Ergebnis der Computersimulation verblüffend dem echten Universum – ein Indiz dafür, dass wir dem tatsächlichen Ursprung und der Evolution der großräumigen Struktur auf der Spur sind.

Es klingt schon ziemlich ambitioniert, die Evolution eines kompletten Universums mit einem Computer imitieren zu wollen. Man benötigt dafür überdies eine unvorstellbare Menge an Rechenkraft. Die ersten bescheidenen Versuche waren daher recht primitiv. Doch in dem Maße, in dem starke Supercomputer bezahlbarer wurden, verbesserte sich die Qualität der Simulationen ständig. In den neuesten Berechnungen werden sogar komplizierte hydrodynamische Prozesse berücksichtigt, um das Verhalten zusammenklumpenden Gases auch in kleinem Maßstab so gut wie möglich beschreiben und sich auf das Niveau von einzelnen Galaxien einstellen zu können.

Die Erforschung der Evolution des Universums und des Entstehens von Galaxien wurde in den letzten Jah-

Schockierende Bilder

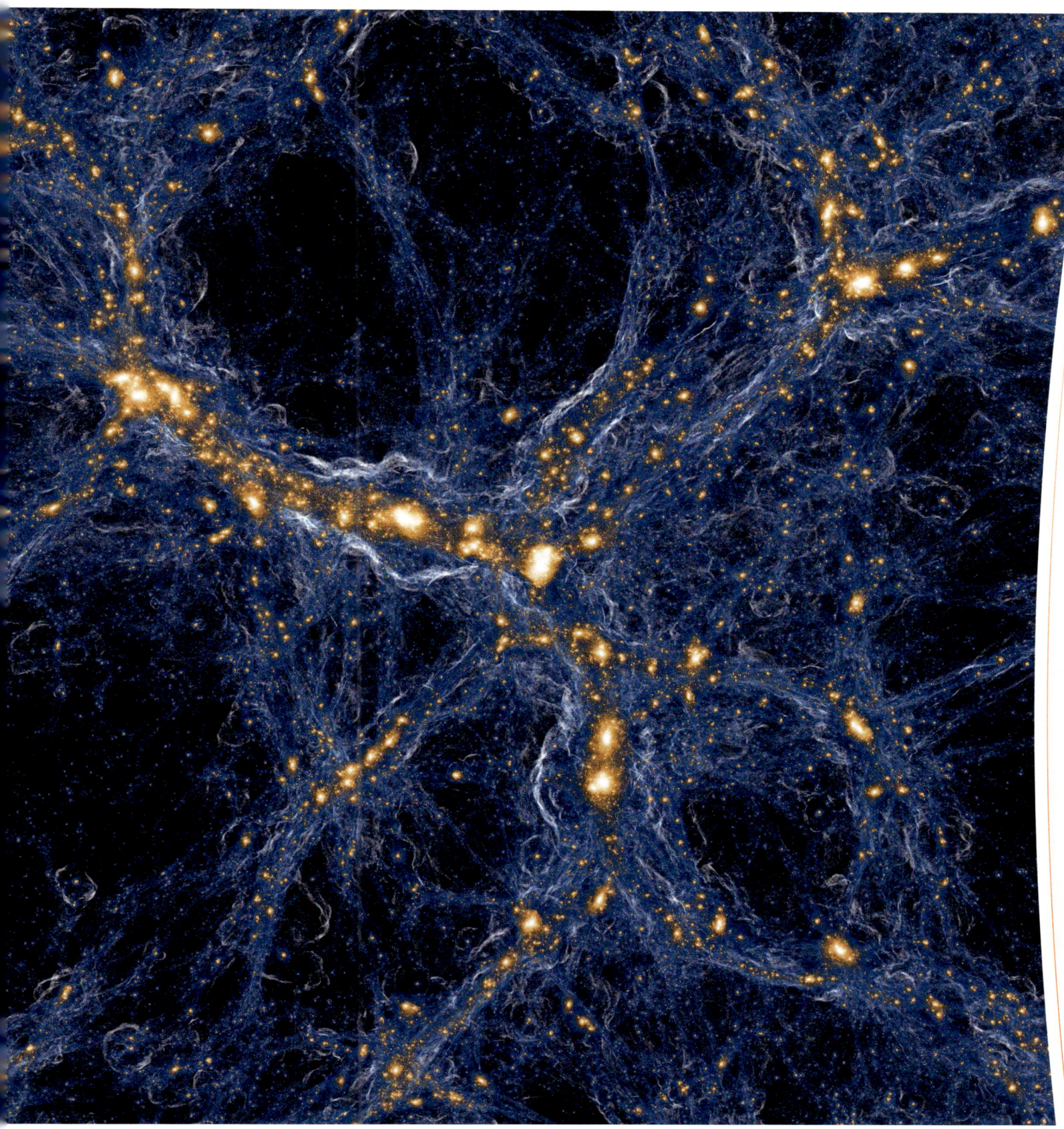

Die neuesten Computersimulationen der Evolution des Universums beobachten nicht nur den Prozess des Zusammenklumpens von dunkler Materie (blaue Farbtöne) und der Geburt von Galaxien (in den gelben Gebieten), sondern auch die Stoßwellen, die im dünnen intergalaktischen Gas entstehen. Dieses Bild stammt aus der Illustris-TNG-Simulation, wobei TNG für „The Next Generation" steht.

ren immer mehr zur Symbiose zwischen Experiment und Theorie, zwischen Beobachtungen und Simulationen. Die kosmische Hintergrundstrahlung ist in gewisser Weise ein Babyfoto des Universums, während wir um uns herum das heutige Universum im gesetzten Alter sehen; das sind die Beobachtungen. Und es scheint nur ein theoretisches Modell zu geben, das Beobachtungen und Simulationen miteinander vereint. Dieses kosmologische Standardmodell, das all diesen eindrucksvollen Computersimulationen zugrunde liegt, berücksichtigt neben dunkler Materie auch große Mengen mysteriöser dunkler Energie. Dieser rätselhafte Bestandteil des Universums jedoch bleibt dem letzten Teil dieses Buches vorbehalten.

• INTERMEZZO •

Blick in die Vergangenheit

Im Universum schaut man nicht nur weit in den Weltraum hinein, sondern gleichzeitig auch weit zurück in der Zeit. NGC 7331 ist eine Spiralgalaxie im Sternbild Pegasus. Sie befindet sich in einer Entfernung von 45 Millionen Lichtjahren. Das Licht der Galaxie hat also 45 Millionen Jahre gebraucht, um zur Erde zu gelangen. Wir sehen die Galaxie daher so, wie sie vor 45 Millionen Jahren, im Eozän, aussah, als Australien sich von Antarktika abtrennte und Europa und Nordamerika begannen auseinander zu driften. Vom frühesten Vorläufer des Menschen war damals noch keine Spur zu finden. Indem weit entfernte Galaxien beobachtet werden, gelingt es den Astronomen, mehr über die Geschichte des Universums zu erfahren. Je weiter man blickt, umso weiter reist man gleichsam zurück in der Zeit. Teleskope sind eigentlich Zeitmaschinen.

195

Himmlische Stichprobe

Dieses Foto eines kleinen Teils vom Sternenhimmel im Sternbild Schild wurde im Rahmen des Frontier-Fields-Programms vom Hubble-Weltraumteleskop aufgenommen. Mit Aufnahmen von verschiedenen, willkürlich ausgewählten Feldern erhalten die Astronomen ein gutes Bild der sogenannten kosmischen Varianz – das Maß, in dem Abweichungen vom Durchschnitt vorkommen.

Geburt und Evolution

Am Rand des Raumes

Niemand hat sie jemals genau zählen können, doch die Zahl der Galaxien im Universum wird auf einige Hundert Milliarden geschätzt. Das sind also einige Dutzend für jeden Erdbewohner. Eine unvorstellbar große Anzahl mit einer ebenso unvorstellbar großen Verschiedenartigkeit, wie wir bereits in diesem Buch gesehen haben. Leider fällt es nicht leicht, alle diese Galaxien detailliert zu beobachten, insbesondere wegen ihrer enormen Entfernungen. Um sich davon eine Vorstellung zu machen: Die Andromeda-Galaxie ist „nur" 2,5 Millionen Lichtjahre von uns entfernt, doch die meisten Galaxien befinden sich in Entfernungen, die mehrere Hundert oder sogar mehrere Tausend Mal so groß sind.

Blick in die Zukunft

Das 6,5-m-James-Webb-Weltraumteleskop, das 2021 in den Weltraum gebracht werden soll, gilt als der Nachfolger von Hubble. Auch das Webb-Teleskop soll für lang belichtete Aufnahmen kleiner Teile des Sternenhimmels verwendet werden, vornehmlich in Infrarotwellenlängen. Diese Computersimulation gibt eine Vorstellung davon, was die Astronomen von diesem Webb Deep Field erwarten.

Tauchen in die Tiefe

Das erste Hubble Deep Field zeigt etwa 2000 Galaxien in einem winzig kleinen Teil des Sternenhimmels im Sternbild Großer Bär. Insgesamt wurde 141 Stunden lang belichtet, um auch die entferntesten und schwächsten kleinen Galaxien sichtbar zu machen. Die seltsamen treppenartigen Stufen rechts oben sind der Konstruktion von Hubbles Wide Field and Planetary Camera 2 zu verdanken, mit der die Aufnahmen gemacht wurden.

Licht, Kamera, Action!
Die Advanced Camera for Surveys des Hubble-Weltraumteleskops, die 2009 von Shuttle-Astronauten installiert wurde, bestimmte rund 10.000 extrem entfernte Galaxien im Hubble Ultra Deep Field im Sternbild Fornax (Chemischer Ofen). Diese Fotomontage kombiniert Aufnahmen in sichtbarem Licht, in Ultraviolett und in Infrarot.

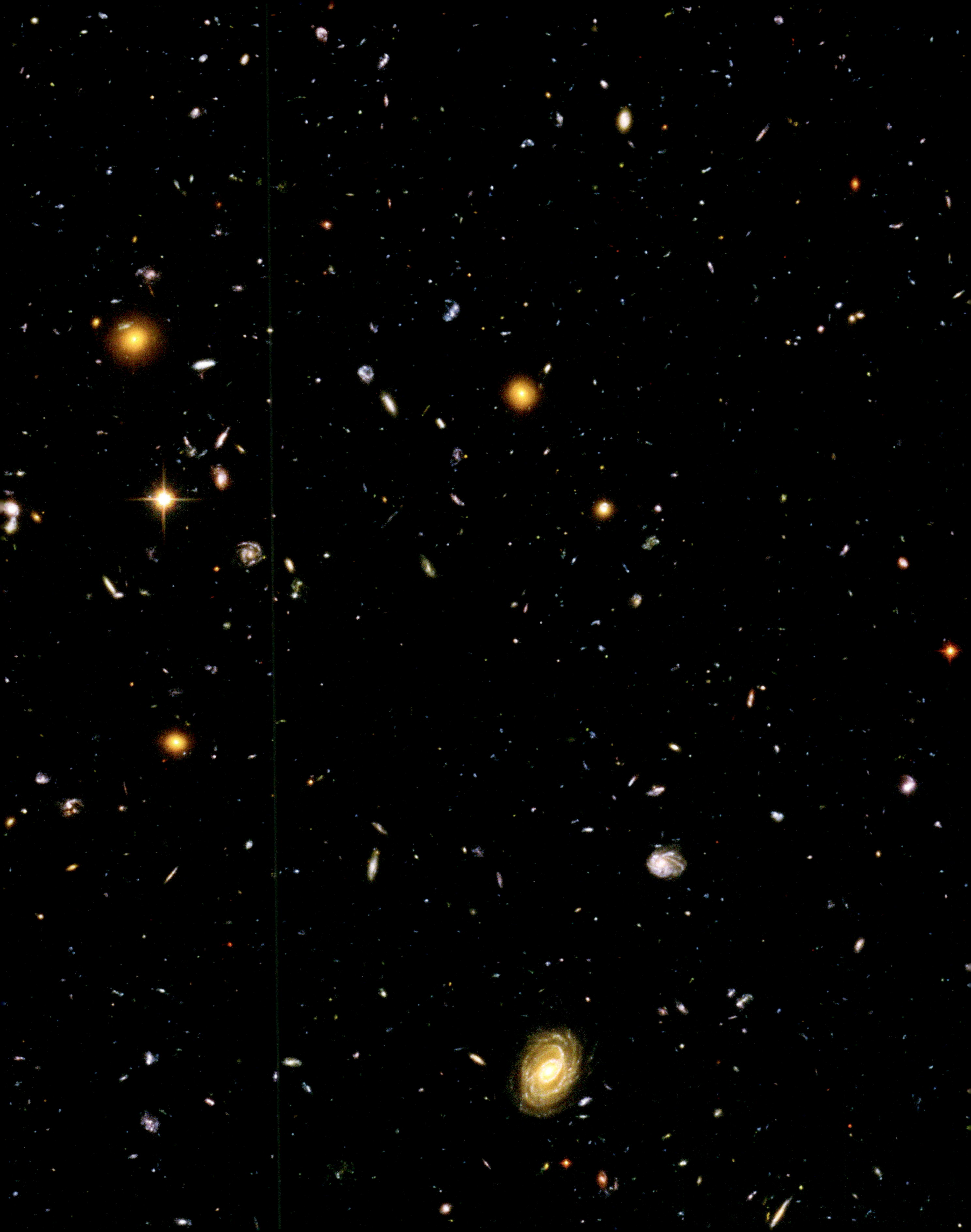

Jenseits der Grenze

Im Zentrum des Galaxienhaufens Abell S1063, im südlichen Sternbild Kranich, ist die Gravitationslinsenwirkung so stark, dass unscheinbare Hintergrundgalaxien doch für die Kameras des Hubble-Weltraumteleskops sichtbar werden. Dieses Foto wurde im Rahmen des Frontier-Fields-Programms gemacht.

Unter der Lupe
Ein entfernter Galaxienhaufen, der von zwei hellen elliptische Galaxien dominiert wird, bildet eine kosmische Linse für Objekte in viel größeren Entfernungen – so entstehen die langgezogenen Abbilder dieser Hintergrundgalaxien. Die Gravitationslinsenwirkung ermöglicht es, diese entfernten Objekte im Detail zu betrachten. Der Stern links ist ein Vordergrundstern in unserem Milchstraßensystem.

Dennoch ist die Forschung an diesen enorm weit entfernten Galaxien von großer Wichtigkeit und dies nicht nur wegen eines neuen Eintrags in das Guinness-Buch der Rekorde. Das Licht einer Galaxie in zehn Milliarden Lichtjahren Entfernung braucht zehn Milliarden Jahre, um zur Erde zu gelangen. Wir sehen diese Galaxie also so, wie sie vor zehn Milliarden Jahren aussah, als das Universum noch keine 30 Prozent seines heutigen Alters hatte. Weit in den Raum hineinschauen bedeutet automatisch, weit in der Zeit zurückschauen. Die Forschung an fernen Galaxien ermöglicht es somit, ihre kosmische Evolution zu beobachten.

Da das Licht eine begrenzte Geschwindigkeit hat, können wir nur einen begrenzten Teil des Universums wahrnehmen. Das Universum entstand vor 13,8 Milliarden Jahren, sodass ein Lichtstrahl nicht länger als 13,8 Milliarden Jahre unterwegs gewesen sein kann. In der Entfernung, die einer Lichtreisezeit von 13,8 Milliarden Jahren entspricht, beendet dieser „Beobachtungshorizont" einen tieferen Blick ins All. Hinter diesem Horizont befinden sich noch unzählige Galaxien, doch deren Licht hat uns noch nicht erreicht. Die zuvor genannte Zahl von einigen Hundertmilliarden Galaxien bezieht sich somit auf das sogenannte beobachtbare Universum. Wie weit sich der Kosmos jenseits dieses Horizonts noch erstreckt, weiß kein Mensch; vielleicht unendlich weit.

Kurz nach dem Start des Hubble-Weltraumteleskops im April 1990, als das Instrument infolge eines Herstellungsfehlers des Hauptspiegels etwas „kurzsichtig" war, machte der amerikanische Astronom Mark Dickinson einige sehr lang belichtete Fotos von kleinen Abschnitten des Sternenhimmels. Auf diesen Hubble-Fotos waren extrem schwache Lichtfleckchen sichtbar – Galaxien in Entfernungen von acht bis neun Milliarden Lichtjahren. Überwiegend waren das keine schön symmetrischen Spiralgalaxien, sondern kleine, unregelmäßig geformte Zwerggalaxien. Hubble erlaubte den Astronomen einen Blick in die Jugend des Universums und auf die frühe Evolution der Galaxien. Als das Weltraumteleskop endlich mit einer Korrekturoptik ausgestattet war, gab es allen Grund, Dickinsons Aufnahme zu wiederholen.

Kosmische Evolution

Im Rahmen des Great Observatories Origins Deep Survey (GOODS) ist ein relativ großer Teil des Sternenhimmels detailliert von verschiedenen Teleskopen, darunter Hubble, untersucht worden. Die sich ergebende Aufnahme dringt weniger tief vor als das Hubble Ultra Deep Field, doch sie bildet einen größeren Bereich des Himmels ab. So erforschen die Astronomen die Evolution von Galaxien.

Unter der Leitung von Bob Williams, dem damaligen Direktor des Space Telescope Science Institute in Baltimore, wurde ein einzigartiges Projekt durchgeführt, das in die Geschichte als das „Hubble Deep Field" einging. Williams und seine Kollegen wählten einen augenscheinlich leeren Teil des Sternenhimmels im Sternbild Großer Bär aus und machten davon Ende Dezember 1995 insgesamt 342 Aufnahmen mit einer Gesamtbelichtungszeit von 141 Stunden. Manche Astronomen waren streng gegen dieses Projekt, da es viel kostbare Hubble-Zeit verpulverte, obwohl niemand garantieren konnte, dass es auch wertvolle Erkenntnisse einbringen würde. Doch das Ergebnis übertraf alle Erwartungen.

Auf dem ursprünglichen Hubble Deep Field-Foto waren etwa 2000 einzelne Galaxien sichtbar! Einige relativ groß und hell, wie eine auffallende Spiralgalaxie in der linken unteren Bildecke und einige elliptische Galaxien in der oberen Hälfte der Aufnahme, doch die meisten sind winzig klein und unförmig. Lässt man seinen Blick langsam über das Foto wandern, kann man sich vorstellen, dass man eine Reise von Hunderten von Millionen Lichtjahren durch das weite Universum macht. Wenn man sich dann noch vergegenwärtigt, dass all diese kleinen Lichtpünktchen komplette Galaxien mit oft vielen Milliarden Sternen sind, dann ist man von dem Ausmaß des Universums sehr beeindruckt. Mit großen empfindlichen terrestrischen Teleskopen wie dem 10-m-Keck-Teleskop auf dem Mauna Kea, Hawaii, wurden die meisten Galaxien im Hubble Deep Field im Detail untersucht. Von den hellsten Exemplaren konnte das Keck-Teleskop das Spektrum bestimmen und die Rotverschiebung – ein direktes Maß für die Entfernung der Galaxie – tatsächlich messen. Bei den schwächsten Galaxien war das nicht mehr genau möglich, aber indem man die Helligkeit dieser Galaxien in verschiedenen Farben maß, konnte man ziemlich verlässliche Hinweise auf die Rotverschiebung erhalten. So verwandelten die Astronomen das „flache" Hubble Deep Field-Foto in eine dreidimensionale Karte von einem kleinen Teil des Sternenhimmels – eine Art kosmischer Bohrkern.

Nach dem Erfolg des Hubble Deep Field-Projekts hatten die Kosmologen den Bogen raus. Im Herbst 1998 machte man eine vergleichbare Aufnahme von einem kleinen Teil des Sternenhimmels im südlichen Sternbild Fornax (Chemischer Ofen) – das Hubble Deep Field South-Projekt. Dies wurde nicht nur in sichtbaren Wellenlängen, sondern auch im Infrarotlicht durchgeführt. Später, als das Weltraumteleskop mit neuen, empfindlicheren Kameras (die überdies ein etwas größeres Bildfeld hatten) ausgestattet war, folgten noch das Hubble Ultra Deep Field (2003/2004) und das Hubble Extreme Deep Field (2012). Mit anderen Projekten brachte man größere Teile des Himmels ins Bild, doch mit einer kürzeren Gesamtbelichtungszeit. Natürlich wurden die verschiedenen Hubble Deep Fields auch genauestens von Weltraumteleskopen wie Chandra und Spitzer untersucht, sodass auch Beobachtungen in Röntgenwellenlängen und im Ferninfrarot vorliegen. Immer mit demselben Ziel: Soviel wie möglich über die Evolution von Galaxien in Erfahrung zu bringen – das gelingt nur, indem man weit in die Zeit zurückschaut. All diese Beobachtungen haben jedenfalls deutlich gemacht, dass das Universum im Laufe der ersten Milliarden Jahre eine tiefgreifende Entwicklung erlebt hat. Relativ schnell entstanden die ersten unregelmäßig geformten Galaxien. Auch da die Dichte des Universums vor Milliarden Jahren merklich größer war als heute, ereigneten sich damals viel mehr Kollisionen und Verschmelzungen untereinander. So verklumpten die ersten Proto-Galaxien zu ständig größeren Exemplaren. Vor etwa elf Milliarden Jahren erreichte der Geburtenzuwachs neuer Sterne seinen Höhepunkt; danach pendelte sich das Sternbildungstempo Schritt für Schritt niedriger ein. Seitdem das amerikanische bemannte Raumfahrtprogramm eingestellt wurde, können keine Wartungsflüge mehr zum Hubble-Weltraumteleskop durchgeführt werden. Es ist daher nicht mehr möglich, die heutigen Kameras durch noch empfindlichere Geräte zu ersetzen. Doch den Astronomen ist ein Trick eingefallen, wie sie im Prinzip noch weiter in die Zeit zurückschauen können. Im Zuge des Frontier-Fields-Programms, das zwischen 2013 und 2016 lief, wurde das Weltraumteleskop auf sechs entfernte Galaxienhaufen gerichtet, von denen bekannt ist, dass sie einen starken Gravitationslinseneffekt auf das Licht von ferneren Hintergrundgalaxien ausüben. Durch diese „natürliche" Teleskopwirkung kann Hubble Objekte erkennen, die sonst niemals sichtbar wären.

Neben diesen sechs Galaxienhaufen wurden auch sechs willkürlich ausgewählte Teile des Sternenhimmels auf genau dieselbe Weise beobachtet. Dies könnte man als eine Art Kontroll-Stichprobe betrachten. Letztendlich sieht das Universum in jeder Richtung etwa gleich aus, doch natürlich nicht genau identisch. Die zusätzlichen Felder sind erforderlich, um sich ein gutes Bild von dieser kosmischen Varianz zu verschaffen. Die Beobachtungen in den Frontier Fields wurden noch nicht alle vollständig ausgewertet. Diese Arbeit ist sehr aufwändig, denn die stärksten Gravitationslinseneffekte finden ausgerechnet im Zentrum des Galaxienhaufens statt, wo das störende Licht von Vordergrundobjekten die Sicht erschwert. Deutlich ist allerdings, dass hiermit wirklich das Letzte aus Hubble herausgeholt wurde. Erst 2021, nach dem Start des James-Webb-Weltraumteleskops, werden Astronomen in der Lage sein, noch weiter in die kosmische Vergangenheit vorzudringen.

Was übrigens nicht bedeuten soll, dass überhaupt nichts über die Geburt der allerersten Galaxien im Universum bekannt ist. Dank der Beobachtungen in Infrarot- und Millimeterwellenlängen ist es gelungen, Galaxien in so großen Entfernungen zu beobachten, dass ihr Licht mehr als 13 Milliarden Jahre zur Erde unterwegs gewesen sein muss. Damit schauen wir in eine Periode zurück, in der das Universum noch keine 800 Millionen Jahre alt war. Einfach ist dies alles nicht, doch dank der Forschung an diesen allerersten Galaxien steht die Astronomie fast an der Wiege des Universums.

Die allerersten Galaxien

Altes Licht
NGC 1015 ist eine große Balkenspiralgalaxie im Sternbild Walfisch. Der gemessenen Rotverschiebung ist zu entnehmen, dass sie sich in einer Entfernung von 120 Millionen Lichtjahren befindet. Das Licht, das wir hier auf der Erde von der Galaxie empfangen, wurde also vor 120 Millionen Jahren ausgesandt; in der Kreidezeit, als die Erde von Dinosauriern bevölkert wurde.

Es bleibt schwierig, sich von der Ausdehnung des Kosmos eine Vorstellung zu machen. Der Mensch kam nie weiter als bis zum Mond – eine Reise von wenigen Hunderttausend Kilometern, das entspricht gerade mal zehn Erdumrundungen. Mit unbemannten Raumsonden haben wir andere Planeten aus der Nähe erforscht und einige dieser Planetensonden verlassen momentan sogar das Sonnensystem. Auch das bedeutet auf kosmischer Ebene nur wenig: 20 Milliarden Kilometer (die Entfernung, die Voyager 1 bis Anfang 2018 zurückgelegt hatte) sind nur ein Zwanzigstel Prozent der Entfernung bis zum nächsten benachbarten Stern.

Da die Lichtgeschwindigkeit mit 300.000 Kilometern pro Sekunde die höchstmögliche Geschwindigkeit in der Natur ist, drücken Astronomen Entfernungen oft in der Zeit aus, die ein Lichtstrahl braucht, um diese Entfernung zurückzulegen. Für den Mond sind das weniger als eineinhalb Sekunden; für die Sonne etwas über acht Minuten und für den entfernten Zwergplaneten Pluto ungefähr sechs Stunden. Die Radiosignale der Raumsonde Voyager 1, die auch mit Lichtgeschwindigkeit unterwegs sind, brauchen beinahe 20 Stunden, um zur Erde zu gelangen; zum Nachbarstern Proxima Centauri ist ein Lichtstrahl mehr als vier Jahre lang unterwegs.

Doch in der Welt der Galaxien ist sogar ein Lichtjahr unbedeutend. Das Licht der Andromeda-Galaxie ist – mit dieser unvorstellbar hohen Geschwindigkeit von 9,5 Billionen Kilometer im Jahr – immer noch 2,5 Millionen Jahre unterwegs zur Erde; andere Galaxien stehen in Dutzenden oder Hunderten von Millionen Lichtjahren Entfernung. Wenn man viel darüber liest (oder schreibt), beginnt man sich schließlich doch daran zu gewöhnen, aber niemand kann sich eine richtige Vorstellung von deratig gigantischen Entfernungen machen.

Es ist oft ein wenig hilfreich, wenn man sich vergegenwärtigt, dass weit in den Raum hineinzuschauen auch immer bedeutet, dass man weit in die Zeit zurückschaut. Ein Radiosignal von Voyager 1, das heute die Erde erreicht, wurde gestern von der entfernten Raumsonde ausgesandt. Licht, das wir 2018 von Proxima Centauri empfangen, ging 2014 auf die Reise. Und wer in einer klaren Herbstnacht zur Andromeda-Galaxie schaut, sieht Photonen, die vor 2,5 Millionen Jahren ihre Reise zur Erde antraten, als der Homo habilis zum ersten Mal primitive Steinwerkzeuge verwendete. Die Entfernung zum Virgo-Galaxienhaufen beträgt 65 Millionen Lichtjahre. Wir sehen die Galaxien in diesem Galaxienhaufen, wie sie aussahen, als die Dinosaurier ausstarben. Doch diese Vergangenheit von 65 Millionen Jahren umfasst noch immer nicht mehr als ein halbes Prozent der Lebenszeit des Universums. So wird erst richtig deutlich, mit welchen Herausforderungen sich Astronomen konfrontiert sehen, wenn sie bis in die frühesten Jugendjahre des Universums zurückblicken möchten. Es geht dann um Galaxien, die so weit entfernt sind, dass ihr Licht viele Milliarden Jahre dafür gebraucht hat, um die Erde zu erreichen.

Schließlich stellt sich heraus, dass kosmische Zeitspannen wohl ebenso unvorstellbar sind wie kosmische Entfernungen. Das Universum besteht seit knapp 14 Milliarden Jahren. Vergleichen kann man das mit einer Enzyklopädie, die aus 14 dicken Bänden mit jeweils 1000 Seiten besteht. Dann wären Sonne und Erde auf der Hälfte von Band 10 entstanden, die Dinos auf Seite 935 von Band 14 ausgestorben, der Homo sapiens wäre irgendwo auf der unteren Hälfte von Seite 1000 aufgetaucht. Die schriftlich niedergelegte Geschichte der Menschheit steht in der zweiten Hälfte der allerletzten Zeile. Astronomen versuchen tatsächlich, bis in den ersten Band der Enzyklopädie zurückzublicken, als die allerersten Sterne und Galaxien entstanden.

Die Andromeda-Galaxie ist unter günstigen Bedingungen gerade noch mit bloßem Auge sichtbar. Doch die scheinbare Helligkeit eines Himmelskörpers nimmt quadratisch zu seiner Entfernung ab: In zweimal so großer Entfernung beträgt die Helligkeit nur noch ein Viertel; in dreimal so großer Entfernung nur-

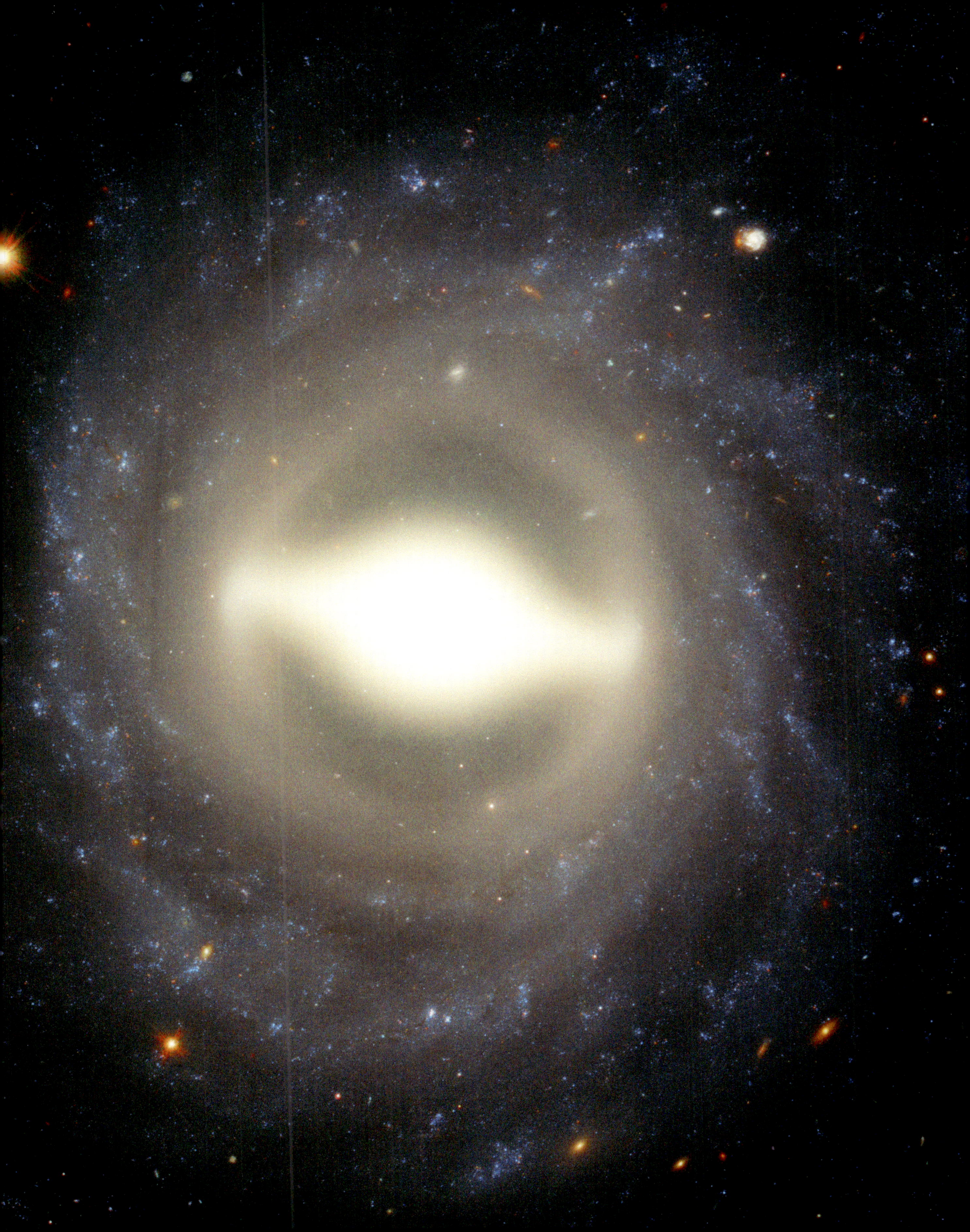

Babygalaxie
Mit dem ALMA-Observatorium in Chile wurde eine extrem weit entfernte, sehr staubreiche Galaxie entdeckt. Wir sehen die Galaxie A2744_YD4 so, wie sie aussah, als das Universum kaum 600 Millionen Jahre alt war. Diese Darstellung zeigt, dass die neugeborene Galaxie fast noch ohne Struktur ist und dass in kürzester Zeit neue Sterne in ihr entstehen.

Schräger Durchschnitt

Auf diesem Hubble-Foto sind die unterschiedlichsten Galaxien aus ganz verschiedenen Entfernungen zu sehen. Die großen Galaxien stehen relativ nahe beieinander, doch die Aufnahme zeigt auch unzählige unscheinbare kleine Lichtpünktchen – neugeborene Galaxien in der Frühzeit des Universums, in Entfernungen von vielen Milliarden Lichtjahren. Der helle orangefarbene Stern ist ein Vordergrundstern in unserer Milchstraße.

mehr ein Neuntel. Würde sich die Andromeda-Galaxie in einer Entfernung von zehn Milliarden statt 2,5 Millionen Lichtjahren befinden (4000-mal so weit entfernt), dann wäre sie 16 Millionen Mal so schwach. Um die entferntesten Galaxien im Universum beobachten zu können, wobei die Astronomen auch am weitesten in die Zeit zurückschauen, sind daher extrem lichtempfindliche Instrumente erforderlich.

Wie bereits dargelegt, werden die Lichtwellen einer weit entfernten Galaxie auf ihrem Weg zur Erde aufgrund der Ausdehnung des Universums in die Länge gezogen: Sie erreichen die Erde mit einer längeren Wellenlänge als die, mit der sie ausgesendet worden sind. Ihr Licht ist in Richtung Rot verschoben; diese Rotverschiebung – ein verlässliches Maß für die Entfernung – kann man messen, indem man das Licht der Galaxie in die Spektralfarben zerlegt und das sich ergebende Spektrum genau untersucht. Doch wenn die Galaxie von Beginn an bereits extrem schwach ist, bleibt nach der Aufspaltung des Lichts überhaupt kein Signal mehr übrig. Diese Methode zur Entfernungsbestimmung funktioniert dann nicht mehr. Stattdessen verwenden die Astronomen die sogenannte drop-out-Technik. Dabei wird eine ferne, licht-schwache Galaxie durch verschiedene Farbfilter betrachtet und man misst die Helligkeit der Galaxie in diesen verschiedenen Wellenlängenbereichen. Strahlung mit einer Wellenlänge von weniger als 91,2 Nanometer (Ultraviolett) wird von neutralem Wasserstoffgas in der Galaxie selbst und in ihrer direkten Umgebung absorbiert. Daher kommt auf der Erde nur Strahlung mit einer Wellenlänge von mehr als 91,2 Nanometer an. Doch wenn all diese Strahlung eine hohe Rotverschiebung erfährt, sehen wir auf der Erde nur Licht mit einer längeren Wellenlänge als beispielsweise 600 Nanometer (Orange) ankommen. Durch einen Rotfilter betrachtet ist die Galaxie dann noch gut sichtbar, doch auf Fotos, die mit einem Gelb-, Blau- oder Ultraviolettfilter gemacht wurden, ist sie nicht mehr zu sehen. Bei welcher Wellenlänge dieses drop-out, das bildhafte Verschwinden der Galaxie, erfolgt, ist ein ungefährer Hinweis für ihre Entfernung.

Übrigens spielt oft noch ein anderer Effekt mit. Wenn eine Galaxie große Mengen Staub enthält, wird das Sternlicht von den Staubwolken absorbiert. Der Staub erwärmt sich, strahlt selbst Infrarotstrahlung aus und die Galaxie ist im Infraroten heller.

Today

Kosmische Evolution

Im berühmten Stimmgabeldiagramm von Edwin Hubble (links) sind die Galaxien auf der Grundlage ihrer Form und Struktur angeordnet: elliptische Galaxien (ganz links), Spiralgalaxien (oben) und Balkenspiralgalaxien (unten). Von all diesen verschiedenen Galaxientypen haben Astronomen ermittelt, wie sie vor Milliarden von Jahren ausgesehen haben müssen (rechte Seite).

4 billion years

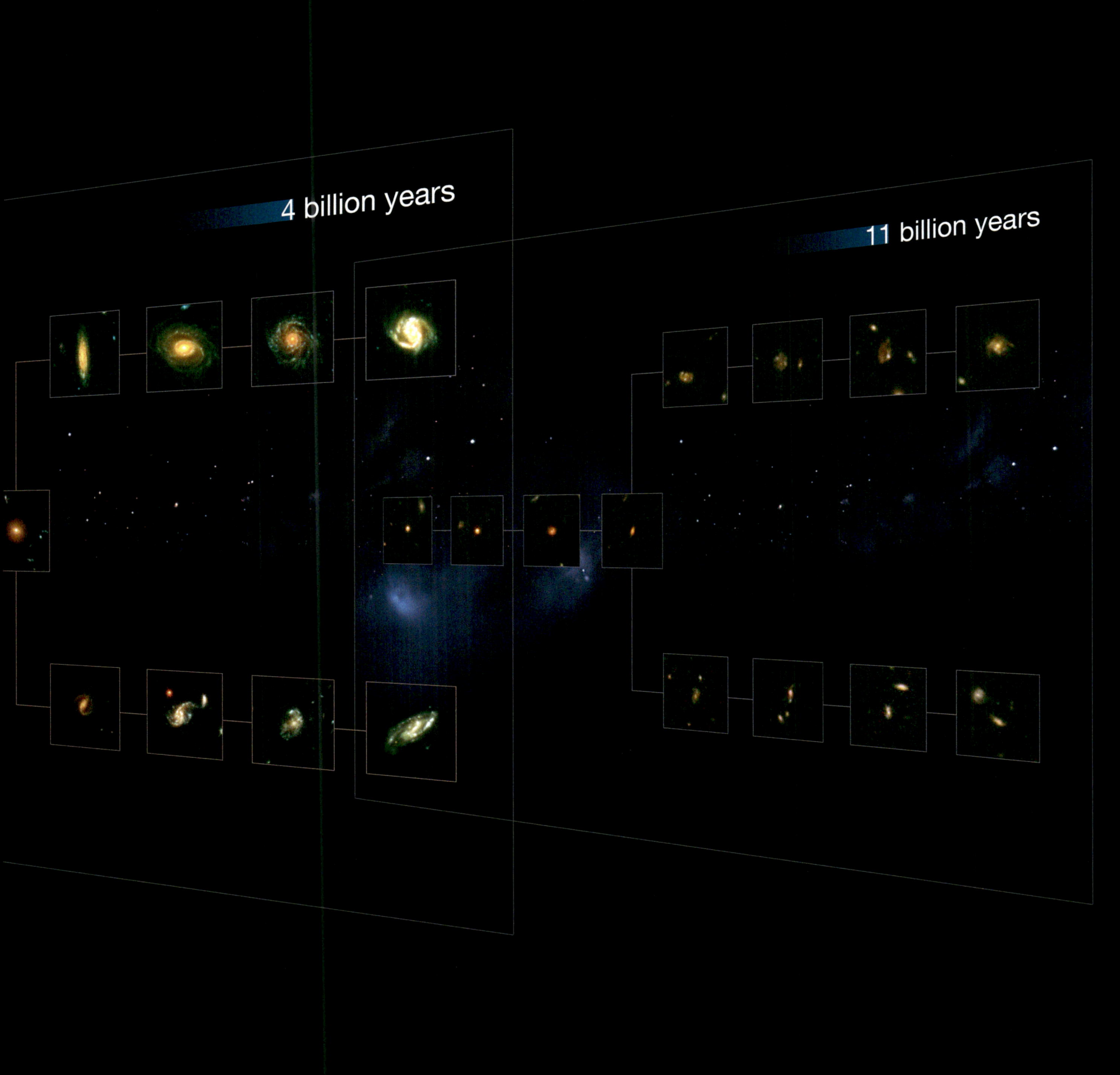

11 billion years

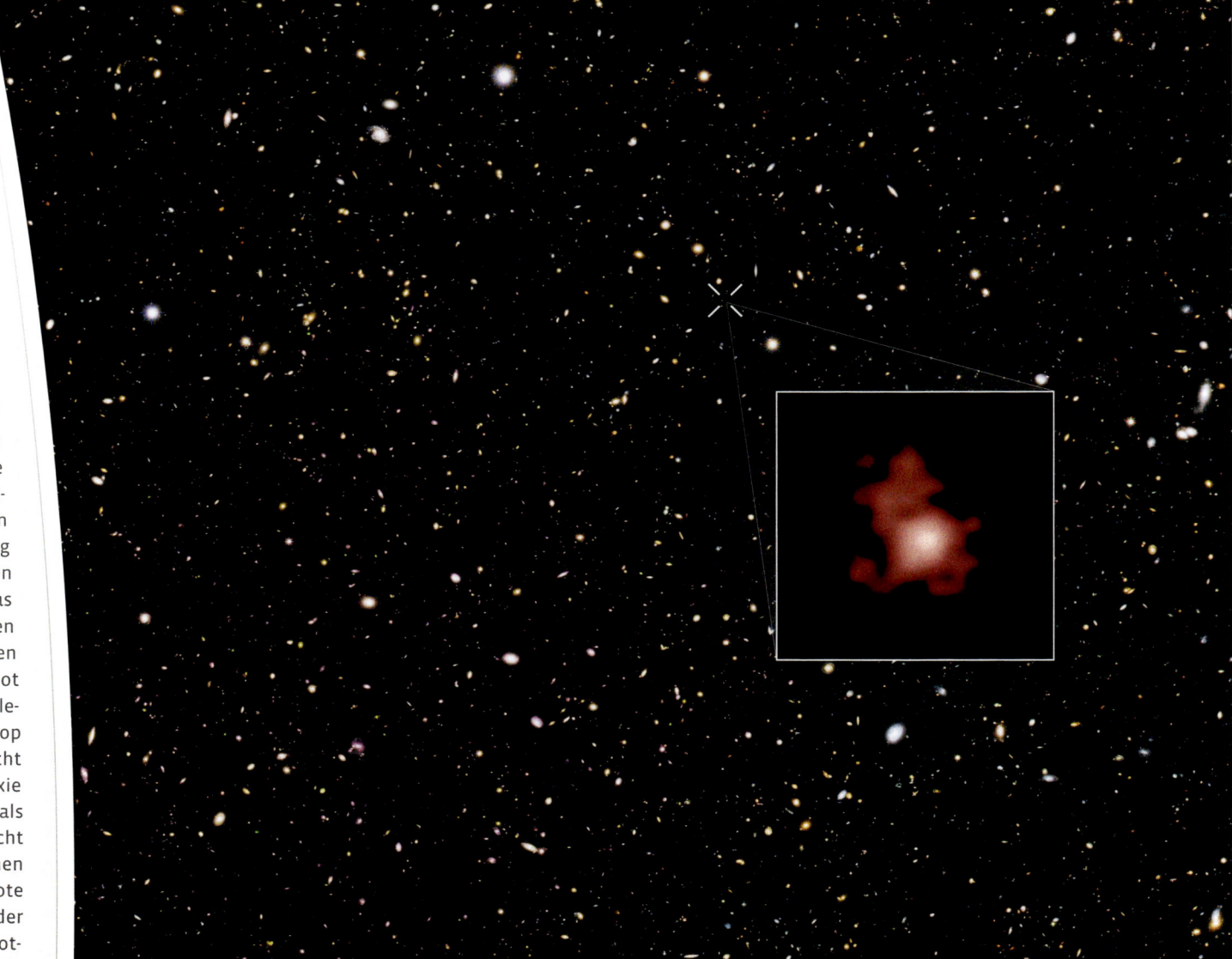

Entfernungs-rekord

GN-z11 war im Frühjahr 2016 die entfernteste bekannte Galaxie, in einer Entfernung von 13,4 Milliarden Lichtjahren. Das formlose Klümpchen aus Gas und Sternen ist mit Müh und Not mit dem Hubble-Weltraumteleskop sichtbar. Das Licht dieser Proto-Galaxie ging auf die Reise, als das Universum nicht älter als 400 Millionen Jahre war. Die rote Farbe ist Folge der enorm großen Rotverschiebung.

Wenn die Galaxie sich sehr weit entfernt befindet, das ausgestrahlte Licht also eine starke Rotverschiebung erfahren hat, kommt diese Infrarotstrahlung auf der Erde als Mikrowellenstrahlung mit einer Wellenlänge in der Größenordnung von einem Millimeter an. Solche Galaxien sind mit einem normalen Teleskop überhaupt nicht zu sehen. Astronomen suchen sie mit einer Anlage von großen Parabolschüsseln wie dem Atacama Large Millimeter/submillimeter Array (ALMA) im Norden Chiles, die diese Mikrowellenstrahlung sehr wohl orten können.

Schöne Fotos liefert uns diese Forschung leider nicht. Die entfernten Galaxien sehen wie unscheinbare, verschwommene Lichtflecken aus, mit denen kein Staat zu machen ist. In vielen Fällen sind es kleine, unregelmäßig geformte Objekte. Manche sind im Durchmesser nicht mehr als ein paar Hundert Lichtjahre groß und haben noch nicht einmal ein Prozent der Masse unseres eigenen Milchstraßensystems. In vielerlei Hinsicht sind sie mit großen Sternentstehungsgebieten in heutigen Galaxien zu vergleichen, wie dem Tarantel-Nebel in der Großen Magellanschen Wolke. Das alles hat mit dieser kolossalen Rückblickzeit zu tun: Im zarten Kindesalter des Universums hatte die Geburt der Sterne gerade eingesetzt und die ersten Verdichtungen in der kosmischen „Ursuppe" hatten noch wenig Gelegenheit zur Verschmelzung zu größeren Galaxien gehabt. Aus genau solchen formlosen Gas- und Sternklümpchen ist vor Milliarden Jahren unsere Galaxis entstanden.

Trotz des enormen Fortschritts in der Erforschung der allerersten Galaxien in den vergangenen Jahren gibt es noch viele ungelöste Rätsel. So haben Astronomen in Entfernungen von vielen Milliarden Lichtjahren auch Quasare, die extrem hellen Kerne von Galaxien, entdeckt. Allgemein wird angenommen, dass Quasare ihre Energie aus der Anwesenheit eines supermassereichen Schwarzen Lochs beziehen, doch es ist nicht klar, wie so schnell im Laufe der Evolution des Universums schon so massive Schwarze Löcher entstehen konnten. Auch die Herkunft großer Mengen von Staub in manchen dieser frühen Galaxien ist nicht einfach zu erklären: So kurz nach dem Urknall bestand das Universum größtenteils nur aus Wasserstoff und Helium.

Zu hoffen ist, dass Beobachtungen mit der zukünftigen Generation von Teleskopen, dem James-Webb-Weltraumteleskop und dem Extremely Large Telescope, die früheste Phase des Universums mit neuem Licht erhellen wird und damit auch die Entstehung von Galaxien.

Früher Strudel

Messungen mit dem ALMA-Observatorium in Nord-Chile haben ergeben, dass manche Galaxien bereits kurz nach ihrer Entstehung eine schöne, geordnete Struktur aufwiesen. Diese Illustration zeigt eine gerade entstandene Galaxie, in fast 13 Milliarden Lichtjahren Entfernung, von der man herausgefunden hat, dass sie in derselben Weise rotiert wie unser eigenes Milchstraßensystem.

Die Frühzeit des Universums

Am Anfang schuf Gott Himmel und Erde. So lautet der erste Satz der biblischen Schöpfungsgeschichte. Kurz, einfach und übersichtlich; jahrhundertelang konnte jeder hiermit gut zurechtkommen. Sogar im 17. und 18. Jahrhundert waren die meisten Astronomen davon überzeugt, dass die Frage nach dem Ursprung des Universums nicht im Bereich der Wissenschaft, sondern in dem der Religion lag. Und als sich diese zwei Welten immer mehr voneinander entfernten, wurde der Einfachheit halber oft angenommen, dass das Universum immer schon bestanden habe – so schätzte das Albert Einstein vor rund hundert Jahren beispielsweise noch ein.

Die Entdeckung des sich ausdehnenden Universums Ende der 1920er-Jahre machte jedoch einen energischen Strich durch diese kosmische Beständigkeit. Wenn die Entfernungen zwischen Galaxien heute immer größer werden, müssen sie vor langer Zeit viel kleiner gewesen sein. Der belgische Astronom und Jesuitenpriester Georges Lemaître war 1931 der Erste, der eine wissenschaftliche Alternative für die Schöpfungsgeschichte präsentierte: Der Kosmos sei aus einer Art „Uratom" oder „kosmischem Ei" mit einer unvorstellbaren Dichte und Temperatur entstanden. Lemaître wird heute allgemein als der geistige Vater der Urknalltheorie betrachtet.

Erste Sterne
Die ersten Sterne im Universum erzeugten große Mengen ultravioletter Strahlung. Durch die Energie dieser Strahlung wurde das kalte, neutrale Wasserstoff- und Heliumgas im Universum (rot) langsam aber sicher erneut ionisiert (blau), wie diese künstlerische Impression zeigt. Es ist immer noch recht wenig über dieses besondere Reionisationszeitalter in der kosmischen Geschichte bekannt.

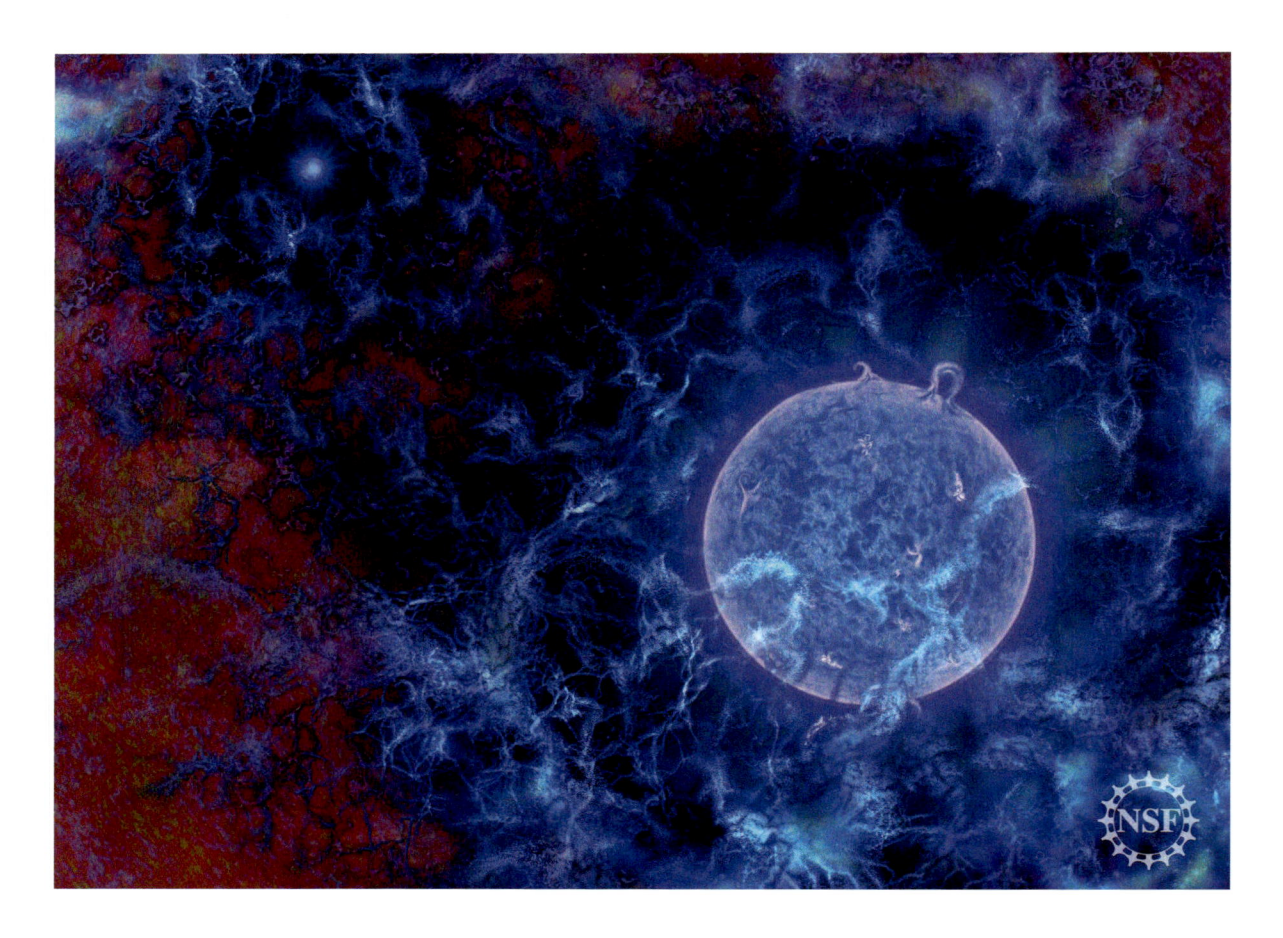

Auf der Flucht

Infolge der Ausdehnung des Universums vergrößert sich die Entfernung zwischen unserem Milchstraßensystem und NGC 3621 um ungefähr 500 Kilometer pro Sekunde. Diese Galaxie, hier auf einem Foto des 2,2-m-Teleskops der ESO in Chile, steht momentan in einer Entfernung von 22 Millionen Lichtjahren. Es wird noch Hunderte von Millionen Jahren dauern, bis die Entfernung auf 23 Millionen Lichtjahre angewachsen ist.

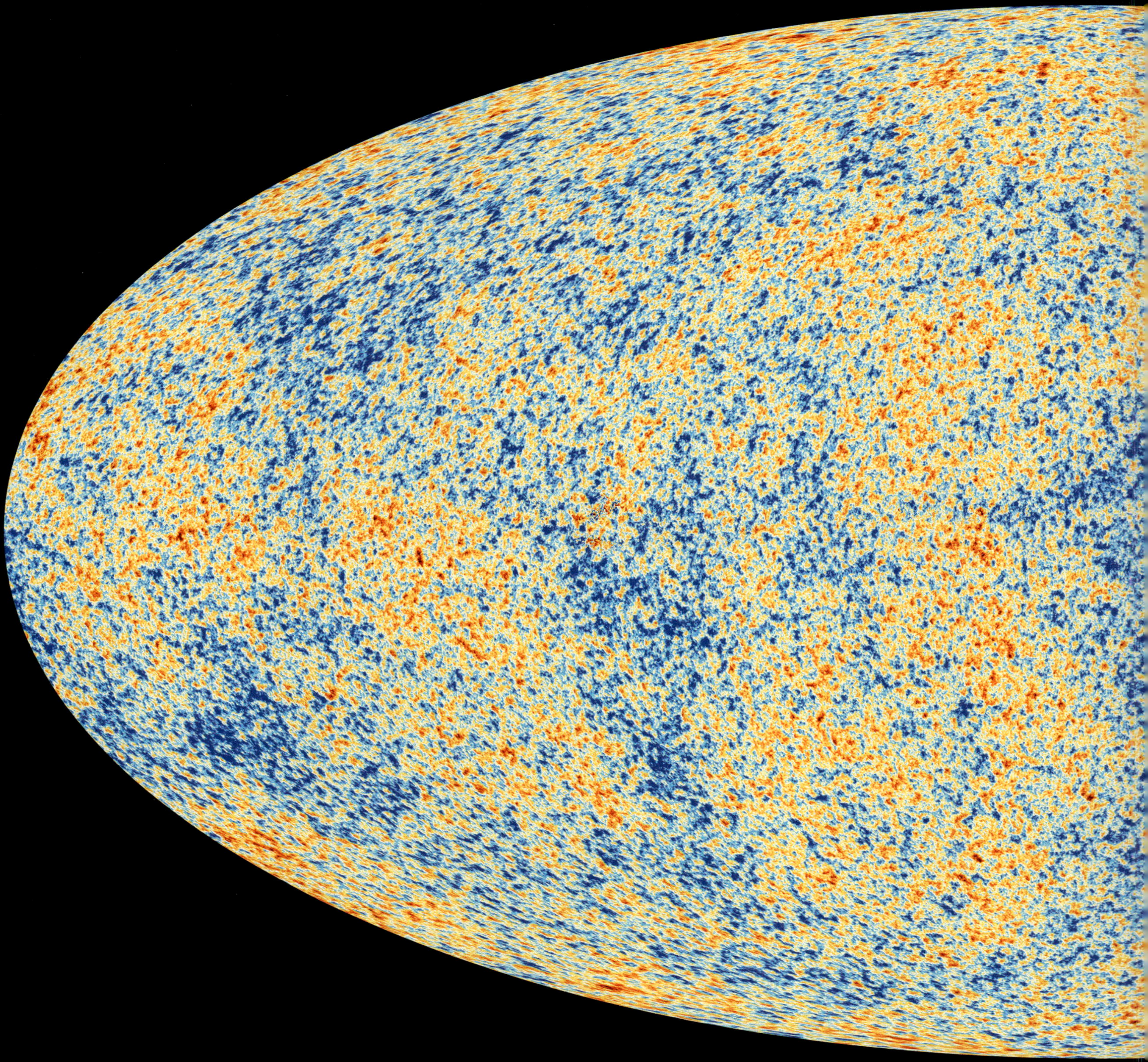

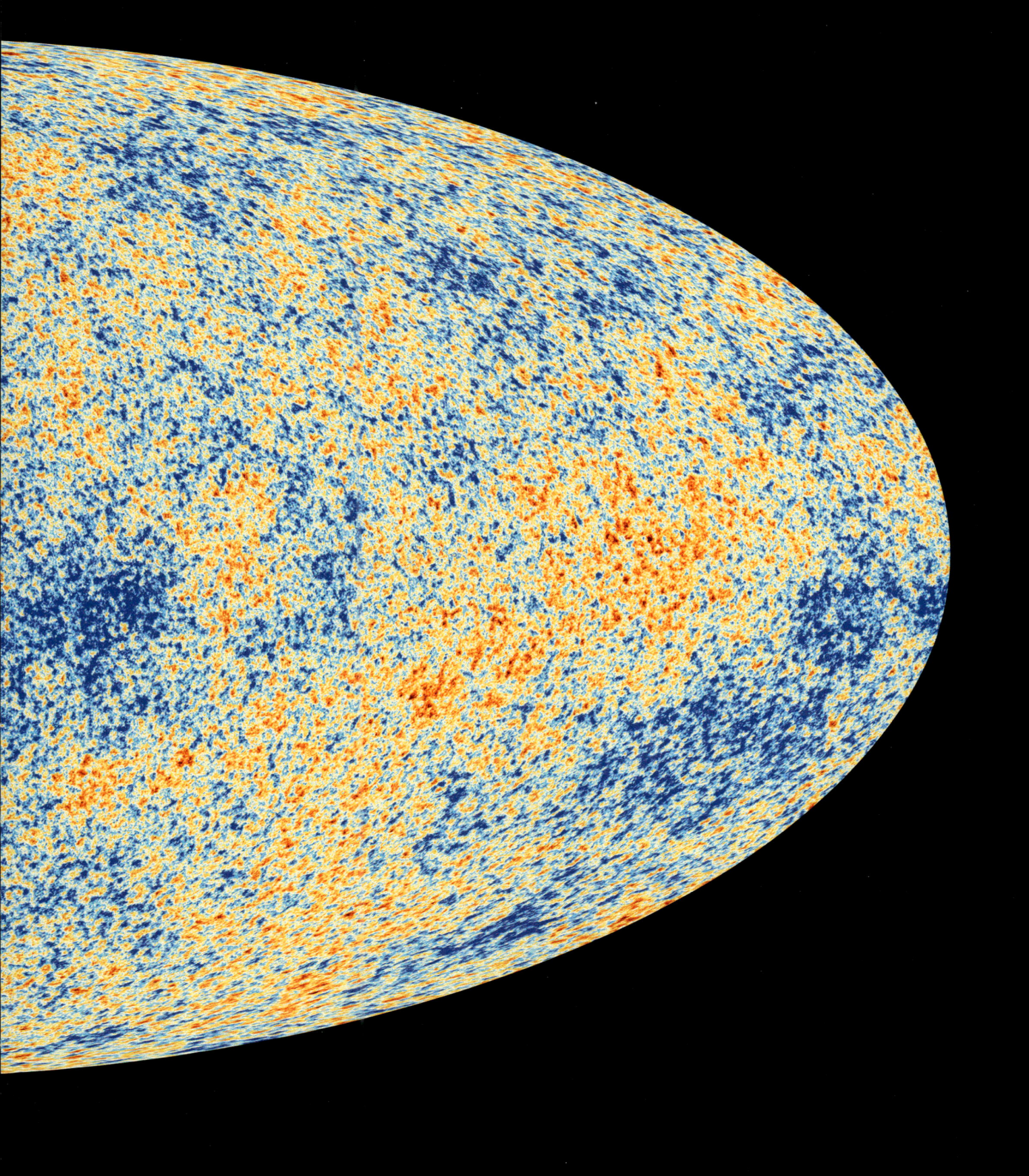

Babyfoto

Die roten und blauen Fleckchen auf dieser Karte des Sternenhimmels geben winzigkleine Temperaturunterschiede in der kosmischen Hintergrundstrahlung wieder, wie sie mit dem europäischen Weltraumteleskop Planck erfasst wurden. Diese schwachen Temperaturunterschiede sind die Folge minimaler Dichteschwankungen im neugeborenen Universum. Aus diesen Keimzellen entstanden später die Galaxien.

Wachstumszuckungen
Künstlerische Darstellung zweier zusammenprallender Galaxien in der Frühzeit des Universums, wie sie vom ALMA-Observatorium in Nord-Chile beobachtet wurden. Solche Kollisionen und Verschmelzungen ereigneten sich vor langer Zeit viel öfter als heute; sie gaben Anlass für die Entstehung großer Galaxien wie unserer Milchstraße.

Embryonale Galaxie

SPT0615-JD ist die Andeutung einer der fernsten Galaxien, die jemals beobachtet wurden. Die stark rotverschobene Proto-Galaxie ist dank der Gravitationslinsenwirkung eines massereichen Galaxienhaufens im Vordergrund (rechts im Bild) sichtbar. Die frühe Galaxie ist nur 2500 Lichtjahre groß und wiegt nur ein Prozent der Masse unseres Milchstraßensystems.

Über den Urknall kursieren unerhört viele Missverständnisse. Die meisten Menschen stellen sich die Geburt des Kosmos als eine Art Explosion im leeren Raum vor, doch dieses Bild ist falsch. Der Urknall ereignete sich nicht an einem Punkt im Raum, sondern überall zur gleichen Zeit: Bei der Entstehung des Universums war der ganze Raum ein siedendes Meer an Energie. Man kann die Geburt des Universums daher auch besser als eine Explosion des Raumes bezeichnen als eine Explosion im Raum. Im Übrigen gibt dieser allererste Beginn sehr viele Rätsel auf. So haben Wissenschaftler noch immer keine Antwort auf die Frage, ob der Urknall selbst eine Ursache gehabt haben muss und ob auch die Zeit beim Urknall entstand.

Aus der brodelnden Energie des Urknalls entstanden ständig Paare von Teilchen und Antiteilchen, die einander sofort wieder auslöschten unter Ausstoß von Gammastrahlung – alles entsprechend Einsteins berühmter Formel $E=mc^2$. Doch aus irgendeinem Grund blieb schließlich ein klein wenig Materie übrig. Das neugeborene Universum bestand aus energiereichen Photonen (Lichtteilchen) und einem Mix aus Elementarteilchen: Protonen, Neutronen, Elektronen, Neutrinos und mysteriösen Dunkle-Materie-Teilchen. Etwa drei Minuten nach dem Urknall entstanden Atomkerne von Helium (aufgebaut aus zwei Protonen und zwei Neutronen), das Universum setzte sich grob gesagt zu drei Vierteln aus Wasserstoffkernen (Protonen) und zu einem Viertel aus Heliumkernen zusammen.

Da Atomkerne eine positive elektrische Ladung besitzen und Elektronen negativ geladen sind, spricht man von einem sogenannten Plasma: ein Gemisch aus elektrisch geladenen Teilchen. Licht kann sich in einem derartigen Plasma nicht ungehindert fortbewegen, was zur Folge hat, dass ein Plasma undurchsichtig ist wie die Flamme einer Kerze. Erst nach 380.000 Jahren war das sich ausdehnende Universum genügend abgekühlt, sodass sich ungeladene Atome bildeten: Negativ geladene Elektronen verbanden sich mit positiv geladenen Atomkernen. Nach dieser Verknüpfung war die Ursuppe elektrisch neutral und die verbleibende Strahlung aus der Entstehungsphase des Universums konnte sich ungehindert in den Raum ausbreiten.

Knappe 14 Milliarden Jahre später ist diese kosmische Hintergrundstrahlung noch immer überall im Universum vorhanden. Natürlich hat ihre Intensität enorm abgenommen und ihre Wellenlänge wurde infolge des sich ausdehnenden Universums ungeheuer stark gedehnt. Die Intensitätsspitze der Hintergrundstrahlung liegt nicht mehr im sichtbaren Teil des Lichts, sondern im Bereich der Mikrowellen bei einer Wellenlänge

Unfallopfer

Mit dem Hubble-Weltraumteleskop wurden Dutzende von spektakulären Beispielen für Galaxien entdeckt, die einander in geringer Entfernung passieren oder sogar miteinander kollidieren. Solche Begegnungen, bei denen sich die zwei Galaxien aufgrund der gegenseitigen Anziehungskraft verformen, kamen in der Frühzeit des Universums viel öfter vor, da sich das Universum zu jener Zeit noch nicht so stark ausgedehnt hatte.

von einem Millimeter. Die dazugehörige Strahlungstemperatur beträgt nur 2,7 Grad über dem absoluten Nullpunkt. Kein Wunder, dass die kosmische Hintergrundstrahlung erst 1965 entdeckt wurde!

Die Temperaturverteilung der Hintergrundstrahlung am Sternenhimmel sagt etwas über die Eigenschaften des Universums zu der Zeit aus, als die Strahlung zuerst freigesetzt wurde, etwa 380.000 Jahre nach dem Urknall. Wäre alle Materie damals gleichmäßig im Raum verteilt gewesen, hätte die Temperatur der Hintergrundstrahlung überall am Himmel exakt denselben Wert gezeigt. Doch dann wären auch niemals Galaxien, Sterne und Planeten im Universum entstanden. Stattdessen spricht man von minimalen Temperaturschwankungen in der Hintergrundstrahlung, hervorgerufen durch subtile Dichteunterschiede im jungen Universum. Kleine Gebiete, in denen die Materie gerade ein wenig dichter beieinander saß als im Durchschnitt, fungierten auf diese Weise als Keimzellen für die spätere Bildung von Galaxien.

Es sollte jedoch noch mehr als 100 Millionen Jahre dauern, bis die ersten Sterne und Galaxien das Licht erblickten. Besser gesagt: Bevor der Kosmos das Licht erneut erblickte. Die Materie im neugeborenen Universum war anfänglich glühend heiß und strahlte ebenso blendend wie die Sonne. Doch schnell kühlte sich das Gas so weit ab, dass es kein sichtbares Licht mehr verströmte. Die mysteriöse dunkle Materie im Universum begann sich zunächst immer mehr zu einem schlierenartigen dreidimensionalen Netzwerk zu verklumpen. Wasserstoff- und Heliumatome strömten, beeinflusst durch die Schwerkraft, in die Gebiete mit der höchsten Materiedichte. Dieser ganze Prozess spielte sich im Dunkeln ab, im dunklen Zeitalter des frühen Universums. Irgendwann muss sich irgendwo in dieser raumgreifenden Finsternis der allererste Stern entzündet haben, als eine kleine Konzentration von Wasserstoff- und Heliumgas sich so stark unter seiner eigenen Schwerkraft zusammengezogen hat, dass im Inneren Kernfusionsreaktionen einsetzten. Nicht viel später gingen auch anderswo im Universum die Lichter an.

Formlose Wolken aus neutralem Gas – die Bausteine der späteren Galaxien – wurden plötzlich von innen heraus erleuchtet und von der Energie neugeborener Sonnen erhitzt. Schließlich verströmte diese erste Generation von Sternen so viel energiereiche ultraviolette Strahlung, dass die Materie in und um die Proto-Galaxien erneut ionisiert wurde: Die Wasserstoff- und Heliumatome verloren ihre Elektronen und das neutrale Gas verwandelte sich in ein dünnes heißes Plasma.

Wie sich diese Reionisierung genau abspielte, ist eine der ungelösten Fragen der Kosmologie. Vermutlich gab es einige Hundert Millionen Jahre lang sich ausdehnende Plasmablasen in einem Meer von neutralem Gas, die sich im Laufe der Zeit zu überlappen begannen. Forschung an der Verteilung des neutralen Gases, sowohl im Raum als auch in der Zeit, muss die wahren Zusammenhänge für das genaue Timing und den Verlauf dieses Prozesses erklären. Das ist jedoch nicht einfach: Um so weit in die Zeit zurückzublicken, müssen die Astronomen Signale beobachten, die mehr als 13 Milliarden Jahre unterwegs waren, bevor sie die Erde erreichten. Die geringe Menge an Radiostrahlung des neutralen Gases hat während dieser Reise noch weiter abgenommen und wurde zudem in extrem lange Wellenlängen gedehnt. Derart schwache, niederfrequente Radiowellen aus dem fernen Universum werden leicht von der Radiostrahlung unseres eigenen Milchstraßensystems oder durch terrestrische Störsender überdeckt.

Mit speziellen Antennen, die die längsten Wellen und niedrigsten Frequenzen empfangen können, wird schon seit Jahren Jagd auf das heißbegehrte Reionisationssignal gemacht. Inzwischen wurde herausgefunden, dass das neutrale Gas, kurz bevor es erneut ionisiert wurde, eine Art Fingerabdruck im Spektrum der kosmischen Hintergrundstrahlung hinterlassen hat. Diese Beobachtungen lassen vermuten, dass das Reionisationszeitalter etwa 180 Millionen Jahre nach dem Urknall seinen Anfang nahm; das muss jene Periode gewesen sein, in der die allerersten Sterne im Universum zu strahlen begannen. Übrigens beweisen die Messungen auch, dass das neutrale Gas damals kälter als erwartet war, möglicherweise infolge einer speziellen Wechselwirkung mit dunkler Materie.

Der australische Teil des künftigen Square Kilometre Array (SKA), das größte Radio-Observatorium, das je gebaut wurde, soll in der Lage sein, diese Phase in der frühen Evolution des Kosmos tatsächlich nachzuweisen. So hoffen Kosmologen, den Entstehungsprozess von Galaxien vollständig zu ergründen – von den minimalen Dichteschwankungen im gerade geborenen Universum bis hin zu den kleinen, formlosen Proto-Galaxien aus der Zeit ein paar Hundert Millionen Jahre nach dem Urknall, die vom Hubble-Weltraumteleskop und dem ALMA-Observatorium gesehen wurden. Wenn wir wissen, wie Galaxien entstanden sind, und wenn wir verstehen, wie sie sich im Lauf der kosmischen Geschichte zu ihrer heutigen eindrucksvollen Vielfalt entwickelt haben, dann bleibt immer noch eine Frage: Wie sieht ihre Zukunft aus und wie steht es um das Schicksal des Universums?

221

Dunkle Energie

Das Universum entstand vor knapp 14 Milliarden Jahren als ein heißes Gebräu aus Wasserstoff- und Heliumatomen. Dank der Expansion des Universums wurde dieses Gas ständig dünner und kühlte sich ab. Beeinflusst durch die Schwerkraft der mysteriösen dunklen Materie verklumpte es zu den ersten formlosen Vorläufern von Galaxien – den Bausteinen des Kosmos. Im Laufe vieler Hundertmillionen Jahre verschmolzen kleine Proto-Galaxien zu großen, stattlichen Spiralen wie unserem Milchstraßensystem und zu gigantischen elliptischen Galaxien wie M 87. In all diesen Galaxien wurden aus den sich zusammenziehenden Gaswolken Sterne und Planeten geboren. Auf wenigstens einem dieser Planeten entstand Leben.
So sieht in Kurzfassung die Geschichte des Universums aus, wie sie Astronomen im vergangenen halben Jahrhundert erschlossen haben. Eine Entstehungsgeschichte, in der die Schwerkraft der große Baumeister ist: Die Bildung der ersten Proto-Galaxien, die Kollision und Verschmelzung von Galaxien, die Entstehung von Galaxienhaufen und Superhaufen und auch die Geburt von Sternen und Planeten – alles ist der ordnenden Kraft und dem langen Atem dieser schwachen Naturkraft zu verdanken. Zu welcher Vielfalt im Kosmos und welchem Reichtum in der Struktur dies beigetragen hat, kann man in diesem Buch lesen und bewundern.
Die Evolution des Universums ist noch immer im Gange. Auch in den kommenden Milliarden Jahren werden Galaxien weiterhin kollidieren, Planeten zusammenklumpen und Supernovae explodieren. Doch die größte Geburtswelle neuer Sterne liegt inzwischen Milliarden Jahre hinter uns und in ferner Zukunft wird die Sternbildungsaktivität im Universum weiter abnehmen. Das ist gar nicht so verwunderlich: Am Ende seines Lebens bläst ein Stern zwar einen Teil seiner Materie zurück in den Raum, doch ein Teil bleibt verschlossen in den sterblichen Überresten des Sterns – ein Weißer Zwerg, ein Neutronenstern oder ein Schwarzes Loch. Daher steht im Laufe der Zeit immer weniger Material für die Bildung neuer Sterne zur Verfügung.

Himmlischer Einsiedler
MCG+01-02-015, in einigen Hundert Millionen Lichtjahren Entfernung im Sternbild Fische, ist ein einsames Objekt, das sich in einer ausgedehnten kosmische Leere befindet, weit entfernt von anderen Galaxien. Infolge der beschleunigten Ausdehnung des Universums werden in ferner Zukunft alle Galaxien ein Leben als Einzelgänger führen.

Kosmische Weiten

Die Sterne auf diesem Foto sind Teil unseres Milchstraßensystems; viel weiter entfernt (70 Millionen Lichtjahre) ist die Galaxie NGC 1964 zu sehen. In allerfernster Zukunft werden andere Galaxien infolge der beschleunigten Ausdehnung des Universums nicht mehr sichtbar sein. Das Foto wurde mit dem 2,2-m-Teleskop der ESO an der La-Silla-Sternwarte in Chile gemacht.

Galaktisches Treibholz

Rund um die elliptische Galaxie NGC 5291 im südlichen Sternbild Zentaur sind ungleichmäßig geformte Strukturen aus Gas und Sternen zu sehen. Vermutlich handelt es sich um Material, das im Gefolge einer katastrophalen kosmischen Kollision in den Raum geschleudert wurde, die vor Hunderten von Millionen Jahren geschah.

Auch Zusammentreffen von Galaxien untereinander werden in ferner Zukunft weniger häufig stattfinden. In großen Galaxienhaufen ereignen sich anfangs noch Kollisionen, doch letztendlich werden die meisten Galaxien von der großen elliptischen Galaxie im Herzen des Galaxienhaufens verschlungen. Und im Großen und Ganzen wachsen die Entfernungen zwischen den Galaxien infolge der Ausdehnung des Universums. Da der Raum immer mehr Raum beansprucht, werden die Galaxien auseindergetrieben und gehen immer mehr als Einzelgänger ihren eigenen Weg. Lange Zeit haben Astronomen gedacht, diese Vereinsamung sei nur vorübergehend. Denn alle Materie im Universum übt Schwerkraft aus, wie gering sie auch sein mag. Aus den Feldgleichungen von Albert Einsteins Allgemeiner Relativitätstheorie ergibt sich, dass diese Schwerkraft der Ausdehnung des Universums Schranken setzt. Ein hypothetisch leeres Universum

Geschichte mit Schweif

UGC 10214 ist eine Galaxie in 400 Millionen Lichtjahren Entfernung im Sternbild Drache. Wegen des langen Schleiers aus Gas und Sternen hat die Galaxie den Beinamen „Kaulquappengalaxie" erhalten. Der Schweif wurde durch die Gezeitenwirkung einer kleinen vorbeiziehenden Galaxie verursacht. In ferner Zukunft des Universums werden derartige Zusammentreffen immer seltener vorkommen.

Auslaufendes Geschäft

Diese Spiralgalaxie im Sternbild Herkules, in einer Entfernung von etwa 300 Millionen Lichtjahren, zeigt noch eine erhebliche Sternbildungsaktivität, das bezeugen die hellen blauen Sternhaufen in den Spiralarmen. In Zukunft wird das ganze vorhandene Gas jedoch verbraucht sein und es werden keine neuen Sterne mehr in der Galaxie geboren. Der helle Stern rechts gehört zu unserer Milchstraße.

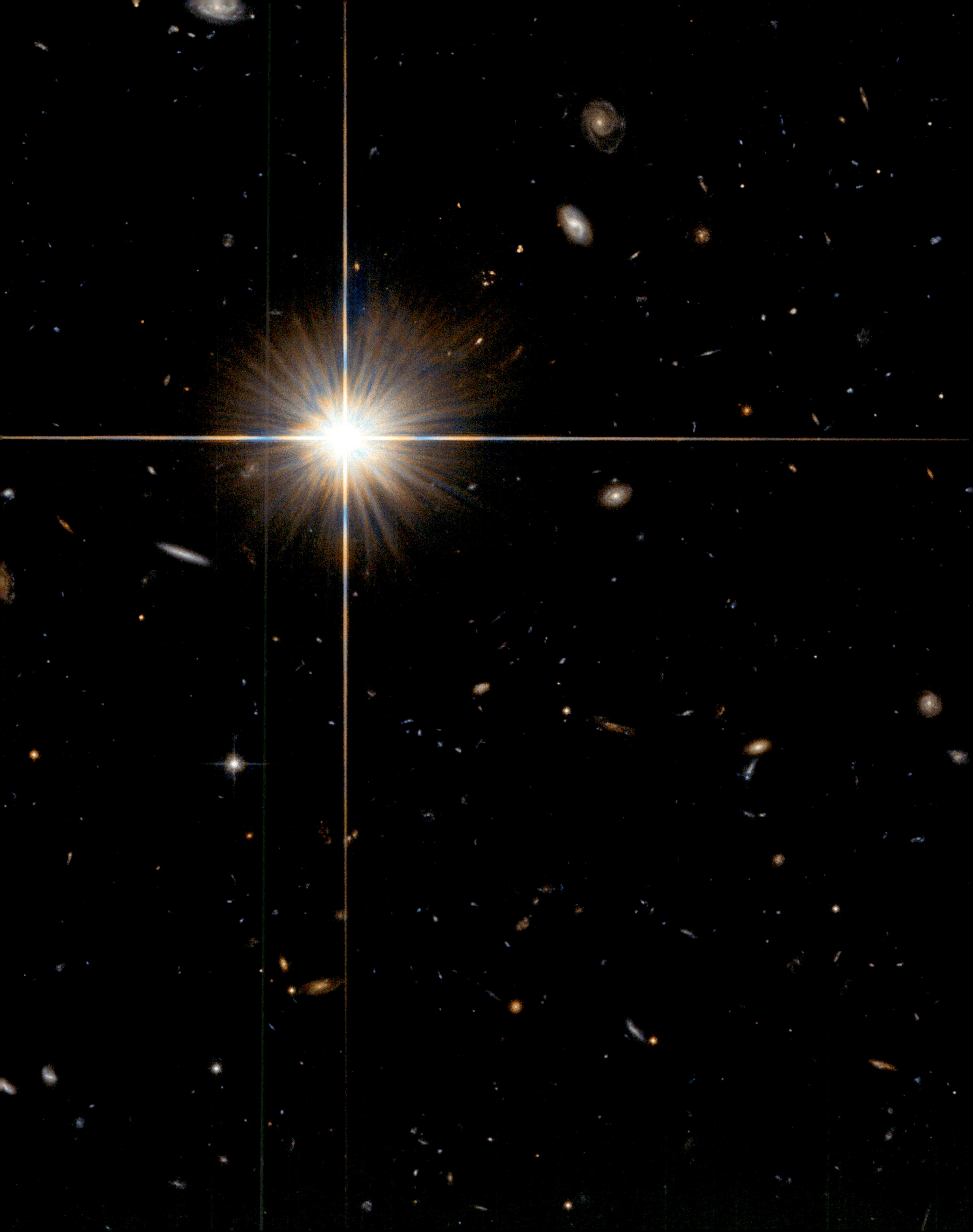

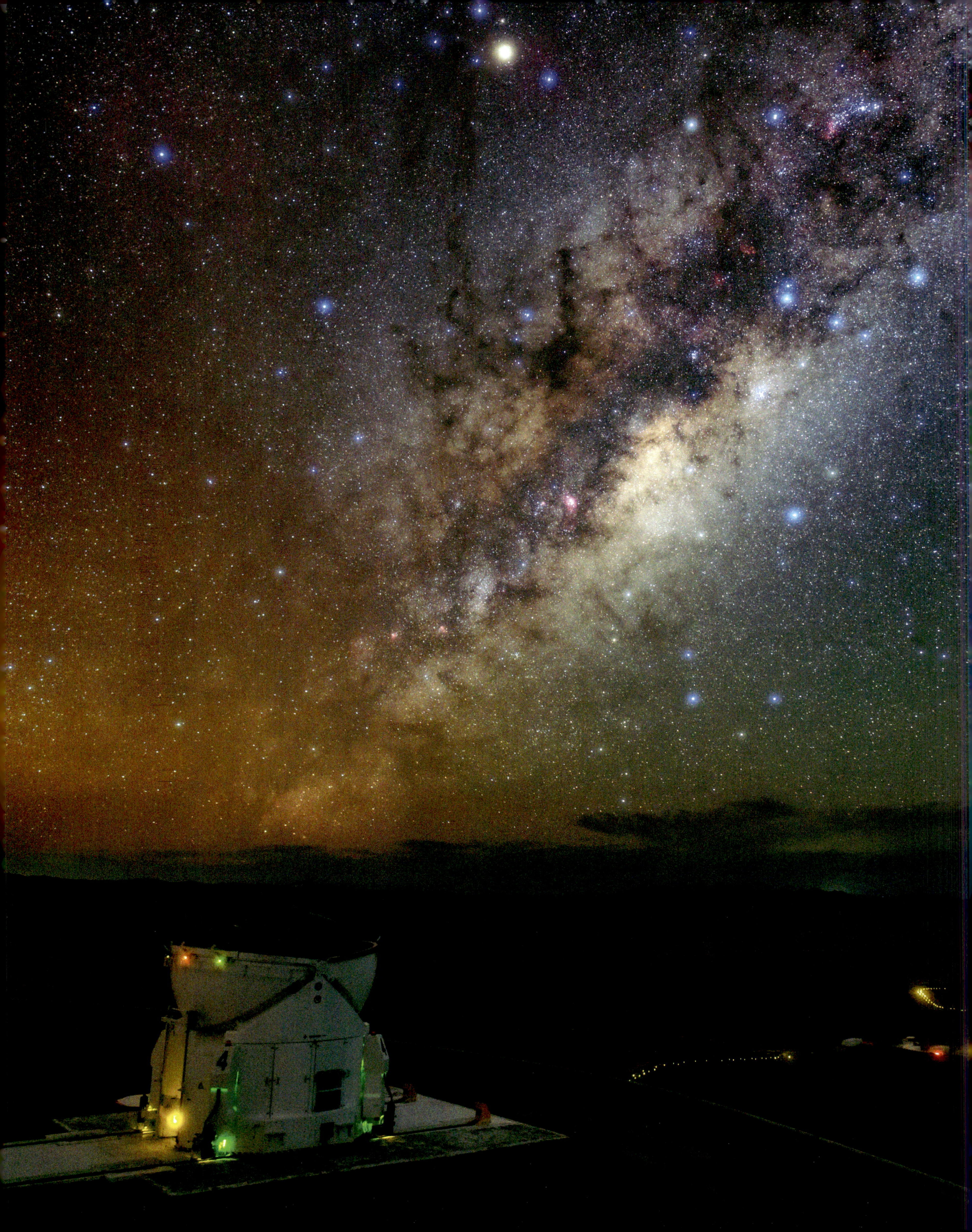

kann im Prinzip ewig im selben Tempo weiterwachsen, doch sobald der Kosmos mit Materie angefüllt ist, muss die Ausdehnungsgeschwindigkeit im Laufe der Zeit abnehmen. Und wenn die durchschnittliche Dichte des Universums über einem bestimmten kritischen Wert liegt, könnte sich die Ausdehnung in ferner Zukunft sogar wieder in ein Zusammenziehen umkehren.

Nach diesem Szenario beginnen die Galaxien in weit entfernter Zukunft, sich wieder einander anzunähern. Abermals kommt es zu Kollisionen und Verschmelzungen; dies hat neue Geburtswellen von Sternen zur Folge. Mit der Zeit ist das Universum so stark geschrumpft, dass einzelne Sterne miteinander kollidieren. Der Kosmos wandelt sich in ein siedendes Meer aus Feuer. Wenn die gesamte Materie in ein gigantisches Schwarzes Loch gepresst wird, läuft der Film vom Urknall eigentlich rückwärts. Vielleicht ist dieser „Endknall" der Ausgangspunkt für einen neuen Lebenszyklus des Universums. Um die zukünftige Evolution des Universums besser im Blick zu haben, müssen die Astronomen die Expansionsgeschichte des Universums zu ergründen versuchen. Wenn sich herausstellt, dass die Ausdehnungsgeschwindigkeit in den vergangenen Milliarden Jahren stark gesunken ist, wäre dies ein Hinweis darauf, dass das Universum in ferner Zukunft irgendwann wieder schrumpfen wird. Doch wenn dieser Geschwindigkeitsverlust in der Vergangenheit viel geringer ausfiel, enthält das Universum offensichtlich nicht genügend Materie, um der Ausdehnung wirklich Einhalt zu gebieten. Dann wird es niemals zu einem Endknall kommen.

Es sind komplizierte Messungen und es dauerte bis zum Ende des letzten Jahrhunderts, bis Astronomen zuverlässige Ergebnisse erhielten. Mit ihnen gewann man ein vollständig neues Bild von der Evolution des Universums. Im Gegensatz zu den Erwartungen aller scheint die Expansionsgeschwindigkeit nicht abzunehmen, sondern ständig größer zu werden! Seit einigen Milliarden Jahren liegt eine beschleunigte Ausdehnung vor. Es scheint, als sei der Bremseffekt der Schwerkraft von einer Art Anti-Schwerkraft im leeren Raum außer Kraft gesetzt worden – etwas, worauf Einstein übrigens bereits hingewiesen hatte.

Das wahre Wesen dieser mysteriösen dunklen Energie ist noch immer nicht bekannt. Genauso wenig wissen wir, ob möglicherweise eine Beziehung zur ebenso mysteriösen dunklen Materie besteht, die bereits in diesem Buch zur Sprache kam. Tatsache ist wohl, dass das Universum in den letzten Jahrzehnten nicht begreifbarer geworden ist. Dunkle Energie und dunkle Materie stellen den übergroßen Teil des Inhalts des Universums dar; die normale Materie, aus der Sterne, Planeten und lebendige Wesen bestehen, macht nur vier Prozent des gesamten Materie- und Energie-Inhalts aus.

Auch Präzisionsmessungen an der kosmischen Hintergrundstrahlung bestätigen die Existenz großer Mengen dunkler Materie und dunkler Energie. Nur wenn man diese rätselhaften Bestandteile berücksichtigt, ist die Evolution und die großräumige Struktur des Universums richtig zu verstehen. Es ist eine ernüchternde Tatsache: Kosmologen können die Entstehungsgeschichte von Sternen und Galaxien bis ins Detail beschreiben, doch dies gelingt nur, wenn sie die Wirkungen dunkler Materie und dunkler Energie in ihre Berechnungen mit einbeziehen. Aber niemand weiß, was die wahre Natur dieser rätselhaften Komponenten ist.

Die Entdeckung, dass sich das Universum ständig schneller ausdehnt, lässt die ferne Zukunft und das Schicksal der Galaxien in neuem Licht erscheinen. Es ist eine Zukunft voller Leere, Kälte und Finsternis, in der irgendwann der letzte Stern erlischt, Galaxien allmählich zerfallen und Schwarze Löcher langsam aber sicher verdampfen. Nach unendlich langer Zeit stirbt der Kosmos zu guter Letzt einen stillen Tod.

Nach Auffassung einiger Kosmologen ist es möglich, dass in einem solchen expandierenden und erlöschenden Universum jäh und unangekündigt doch ein neuer Urknall erfolgt – eine Art Reinkarnation des Kosmos. Andere Wissenschaftler denken, dass unser Universum nicht einzigartig ist, sondern Teil eines schier unendlichen Multiversums von Paralleluniversen. Dies sind die Fantasie ansprechende Theorien, doch man muss bezweifeln, dass sie jemals bestätigt werden. Die Frage, was sich in Raum oder Zeit außerhalb unseres eigenen Universums abspielt, eignet sich vielleicht nicht einmal für wissenschaftliche Forschung und ihre Beantwortung müssen wir wohl der Philosophie überlassen.

Wie dem auch sei, es ist ein faszinierender Gedanke, dass sich unser Leben in der Frühzeit des Universums abspielt. 14 Milliarden Jahre sind nach menschlichen Maßstäben eine unvorstellbar lange Zeit, doch in gewissem Sinne ist die Gewalt des Urknalls noch nicht zur Ruhe gekommen. Natürlich konnten die Erde und das Leben nicht entstehen, ohne dass in einer früheren Sternengeneration durch Kernfusionsprozesse Elemente wie Kohlenstoff, Sauerstoff und Stickstoff produziert wurden. Doch unsere Existenz haben wir auch der Tatsache zu verdanken, dass im Milchstraßensystem noch immer Supernovae explodieren, Sterne geboren werden und Planeten entstehen. In der allerfernsten Zukunft des Universums ist davon nicht mehr die Rede. Da sitzen wir dann auf einem unscheinbaren Krümel in einer Umlaufbahn rund um ein unscheinbares Sternchen in einem Außenbezirk einer völlig durchschnittlichen Galaxie. Der Homo sapiens ist nicht mehr als ein kleines Tröpfchen in den Weiten des Ozeans; eine kosmische Eintagsfliege, die eine Momentaufnahme des Universums zu deuten versucht, um so Vergangenheit, Gegenwart und Zukunft des Universums zu enträtseln. Ob das je gelingen wird, ist nicht bekannt, doch das ist kein Grund, die Hände in den Schoß zu legen.

„Schau hinauf zu den Sternen", sagte Stephen Hawking einmal, „und nicht hinab auf die Füße. Versuche zu verstehen, was du siehst, und wundere dich über die Entstehung des Universums. Sei neugierig."

Großartiger Ausblick

Über der Paranal-Sternwarte der ESO in Chile erhebt sich das eindrucksvolle und farbige Band der Milchstraße, die Innenansicht unserer eigenen Galaxie. Es ist Astronomen gelungen, von unserem untergeordneten Platz in Raum und Zeit aus, Vergangenheit, Gegenwart und Zukunft des Universums in großen Zügen zu ergründen, vor allem dank genauester Forschung an anderen Galaxien.

• INTERMEZZO •

Präzisionskosmologie

Dieses hypnotisierende Bild stammt aus einer Computersimulation zur Evolution des Universums. Es zeigt, wie dunkle Materie zu einem faserigen kosmischen Netz verklumpt. In den Gebieten mit der größte Dichte (grün) entstehen die Galaxien. Solche Simulationen, kombiniert mit Messungen an der kosmischen Hintergrundstrahlung (der „Nachglut" des Urknalls), der Verteilung der Galaxien im Raum und der Ausdehnungsgeschichte des Universums, haben das heutige Standardmodell der Kosmologie ergeben. Nach diesem Modell sind nur rund fünf Prozent des Inhalts des Universums normale Materie. Der Kosmos enthält vorwiegend große Mengen dunkler Materie und dunkler Energie. Obwohl das wahre Wesen dieser mysteriösen Substanzen noch immer nicht enträtselt ist, sprechen die Astronomen dennoch von Präzisionskosmologie.

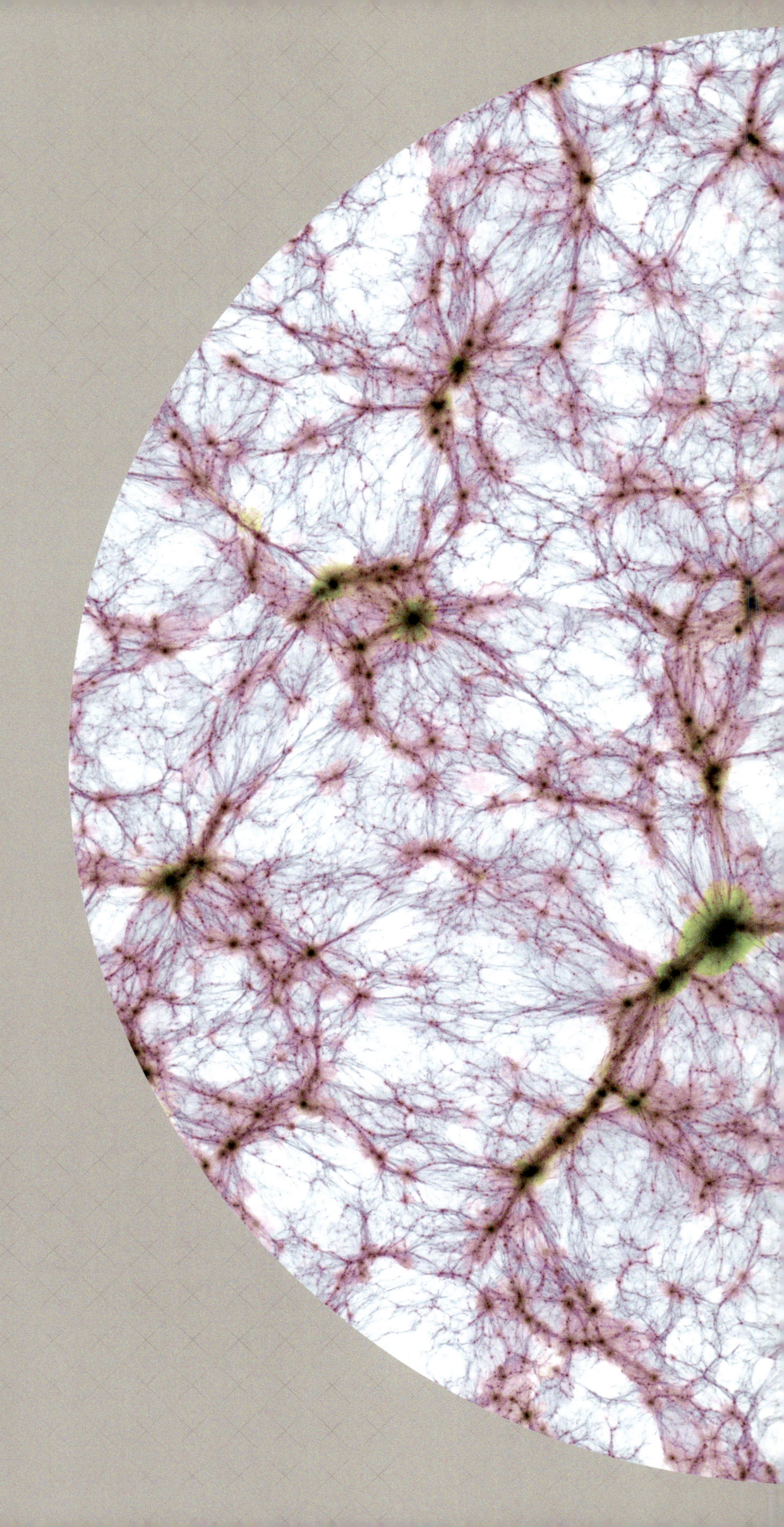

231

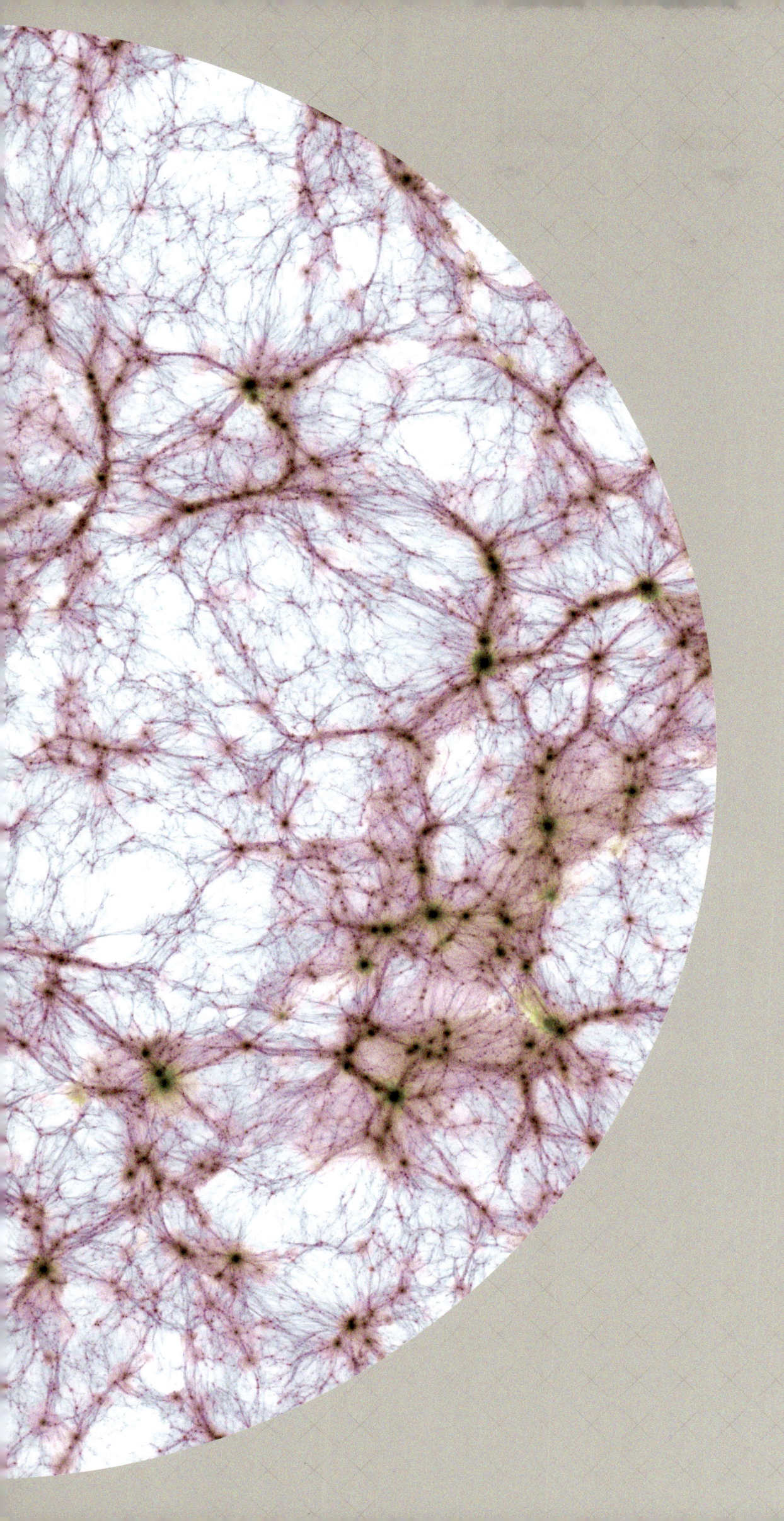

Verärgerter Riese

Um die gigantische elliptische Galaxie NGC 5018 winden sich dünne Streifen und Schalen von Sternströmen, die durch Gezeitenstörungen benachbarter Galaxien verursacht werden. NGC 5018 befindet sich 110 Millionen Lichtjahre entfernt im Sternbild Jungfrau. Der blaue Stern oben rechts ist ein Vordergrundstern in unserer Milchstraße. Die Aufnahme wurde mit dem europäischen VLT-Survey-Teleskop gemacht.

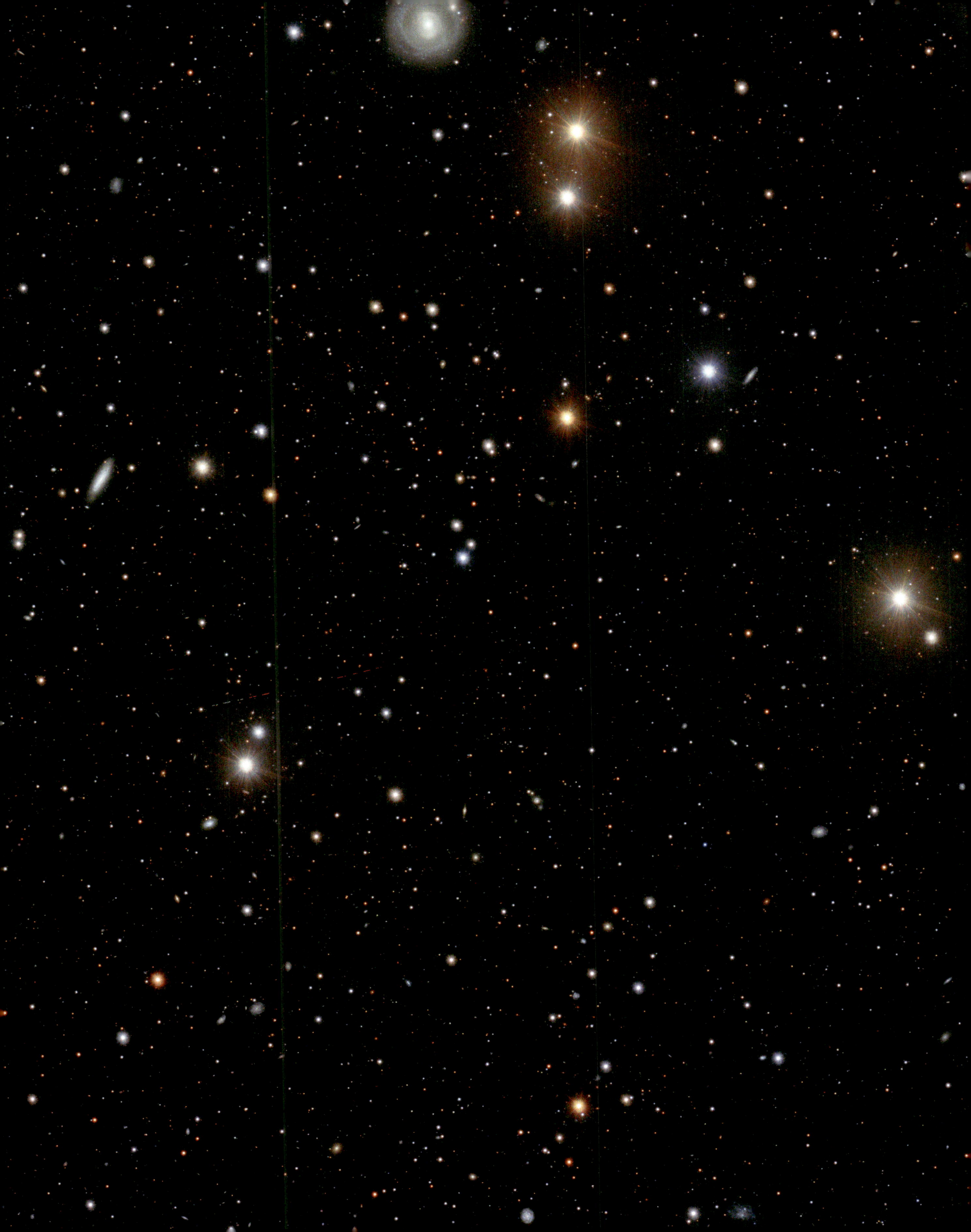

Bildnachweis

S. 3: ESA/Hubble & NASA. S. 7: NASA/ESA/M. Mutchler (STScI). S. 9: NASA/ESA/STScI. S. 10/11: ESO. S. 12/13: ESO. S. 14/15: ESO. S. 16/17: ESO/Y. Beletsky. S. 19: Rogelio Bernal Andreo. S. 20/21: NASA/ESA/N. Smith (University of California, Berkeley)/Hubble Heritage Team (STScI/AURA). S. 22: NASA/ESA/Orsola De Marco (Macquarie University). S. 23: NASA/ESA/Hubble Heritage Team. S. 24/25: ESA/Hubble/NASA. S. 26: ESA/Hubble/NASA/D. Padgett (GSFC)/T. Megeath (University of Toledo)/B. Reipurth (University of Hawaii). S. 27: NASA/JPL-Caltech. S. 28: Gemini Observatory/AURA/Lynette Cook. S. 29: ALMA (ESO/NAOJ/NRAO). S. 30: ESO/N. Bartmann. S. 32: NASA/ESA/Hubble Heritage Team (AURA/STScI). S. 33: ESA/Hubble/NASA/Gilles Chapdelaine. S. 34: NASA/JPL-Caltech/SSC/Judy Schmidt (Geckzilla). S. 35: T. A. Rector/University of Alaska, Anchorage/H. Schweiker/ NOAO/AURA/NSF. S. 36/37: NASA/ESA/G. Dubner (University of Buenos Aires) et al./A. Loll et al./T. Temim et al./F. Seward et al./NRAO/AUI/NSF/CXC/SSC/JPL-Caltech/XMM-Newton/ STScI. S. 38: NSF/Laser Interferometry Gravitational-wave Observatory/Sonoma State University/A. Simonnet. S. 39: NASA/GSFC/S. Wiessinger. S. 40/41: ESO/L. Calçada/M. Kornmesser. S. 43: NASA/JPL-Caltech. S. 44/45: ESO/S. Guisard (www.eso.org/~sguisard). S. 46: NASA/JPL-Caltech/ESA/CXC/STScI. S. 47: ESO/S. Gillessen et al.. S. 48: ESO. S. 49: NASA/GSFC. S. 50/51: ESA/ATG medialab/ESO/S. Brunier. S. 52/53: ESA/Hubble/NASA. S. 54: V. Belokurov/D. Erkal (Cambridge, UK)/M. Putman (Columbia University, USA)/Axel Mellinger. S. 55: Atacama Large Millimeter/submillimeter Array (ALMA)/ESO/NAOJ/NRAO/B. Tafreshi (twanight.org). S. 56: Zdeň ek Bardon/ESO. S. 57: ESO/R. Fosbury. S. 58/59: NASA/ESA/P. Crowther (University of Sheffield). S. 60: NASA/ESA/A. Nota (STScI/ESA). S. 61: ESO. S. 62: NASA/JPL-Caltech/P. Barmby (CfA). S. 63: NAOJ/HSC Collaboration/Kavli Institute for the Physics and Mathematics of the Universe/STScI/Local Group Survey/NOAO/Digitized Sky Survey/Robert Gendler. S. 64/65: NASA/ESA/J. Dalcanton, B. F. Williams, L. C. Johnson (University of Washington, USA)/PHAT Team/R. Gendler. S. 66: NASA/ESA/Thomas M. Brown, Charles W. Bowers, Randy A. Kimble, Allen V. Sweigart (NASA GSFC)/Henry C. Ferguson (STScI). S. 67: NASA/JPL-Caltech. S. 68: Johannes Schedler (Panther Observatory). S. 69: NASA/ESA/Z. Levay, R. van der Marel (STScI)/T. Hallas/A. Mellinger. S. 70: NASA/ESA/Hubble Heritage Team (AURA/STScI). S. 71: T. A. Rector (NRAO/AUI/NSF/NOAO/AURA)/M. Hanna (NOAO/AURA/NSF). S. 72/73: ESO. S. 75 boven: ESA/Hubble/NASA. S. 75 onder: NASA/JPL-Caltech/UCLA. S. 76/77: NASA/JPL-Caltech. S. 79: ESO/Digitized Sky Survey 2. S. 80/81: NASA/JPL-Caltech/UCLA. S. 82: NASA/JPL-Caltech/R. Hurt (SSC/Caltech). S. 83: NASA/ESA/A. Sarajedini (University of Florida)/Gilles Chapdelaine. S. 84: ESO/INAF-VST/OmegaCAM/A. Grado/L. Limatola/INAF-Capodimonte Observatory. S. 85: Virgo Consortium. S. 86/87: NASA/ESA/Hubble Heritage Team (STScI/AURA). S. 88/89: ESO. S. 91: ESA/Hubble/NASA/Judy Schmidt (Geckzilla). S. 92: NASA/ESA/A. Riess (STScI/JHU)/L. Macri (Texas A/M University)/Hubble Heritage Team (STScI/AURA). S. 93: NASA/ESA/Hubble Heritage Team (STScI/AURA)/Davide De Martin/Robert Gendler. S. 94/95: ESA/NASA. S. 96: NASA/ESA/Hubble Heritage Team (STScI/AURA)/M. Crockett, S. Kaviraj (Oxford University, UK)/R. O'Connell (University of Virginia)/B. Whitmore (STScI)/WFC3 Scientific Oversight Committee. S. 97: ESA/Hubble/NASA. S. 99: NASA/ESA/Hubble SM4 ERO Team. S. 100/101: NASA/ESA/Hubble Heritage Team (STScI/AURA). S. 102: ESA/Hubble/NASA/Judy Schmidt (Geckzilla). S. 103: ESO/Instrument Center for Danish Astrophysics/R. Gendler/J. E. Ovaldsen/C. Thöne/C. Feron. S. 104: NASA/ESA. S. 105: ESO. S. 106: NASA/ESA/Hubble Heritage Team (STScI/AURA). S. 107: NASA/ESA. S. 108: NASA/ESA/Andy Fabian (University of Cambridge, UK). S. 110/111: NASA/ESA/Hubble Heritage Team (STScI/AURA). S. 112: NASA/ESA. S. 113: ESA/Hubble/NASA. S. 115: ESO. S. 116: ESA/Hubble/NASA/LEGUS Team/R. Gendler. S. 117: NRAO/AUI/Erwin de Blok (ASTRON, Netherlands)/THINGS survey. S. 118/119: NASA/ESA/Hubble Heritage Team (STScI/AURA)/A. Zezas, J. Huchra (CfA). S. 120/121: NASA/ESA/Hubble Heritage Team (STScI/AURA)/William Blair (JHU). S. 122/123: ESO/Aniello Grado/Luca Limatola. S. 124/125: NASA/ESA/Hubble Heritage Team (STScI/AURA)/R. Gendler/J. GaBany. S. 126: NASA/ESA/Hubble Heritage Team (STScI/AURA). S. 127: NASA/ESA/Hubble Heritage Team (STScI/AURA). S. 128/129: NASA/ESA/S. Beckwith (STScI)/Hubble Heritage Team (STScI/AURA). S. 130: NASA/ESA/Hubble Heritage Team (STScI/AURA)/W. Keel (University of Alabama). S. 131: NASA/ESA/Hubble SM4 ERO Team. S. 132: ESO. S. 134: Robert Gendler. S. 135: ESA/Hubble/NASA. S. 136: ESA/Hubble/NASA. S. 137: NASA/ESA/A. Evans (Stony Brook University/University of Virginia/NRAO). S. 138/139: NASA/ESA/CXC/JPL-Caltech. S. 140: NASA/ESA/Judy Schmidt (Geckzilla). S. 143: ESO. S. 144: ESA/Hubble/NASA/Eedresha Sturdivant. S. 145: NASA/ESA/Hubble Heritage Team (STScI/AURA)/P. Cote (Herzberg Institute of Astrophysics)/E. Baltz (Stanford University). S. 146/147: NASA/ESA/S. Baum, C. O'Dea (RIT)/R. Perley, W. Cotton (NRAO/AUI/NSF)/Hubble Heritage Team (STScI/AURA). S. 148: ESA/Hubble/NASA. S. 149: NASA/ESA/Hubble Heritage Team (STScI/AURA)/R. O'Connell (University of Virginia)/WFC3 Scientific Oversight Committee. S. 151: NASA/ESA/M. Kornmesser. S. 152/153: NASA/ESA/M. Beasley (Instituto de Astrofísica de Canarias). S. 154: ESO/L. Calçada. S. 155: NASA/CXC/University of Wisconsin/Y. Bai et al.. S. 156: ESO/M. Kornmesser. S. 157: ESO/UKIRT Infrared Deep Sky Survey/SDSS. S. 158/159: ESO/L. Calçada. S. 160/161: ESO/A. Grado/L. Limatola. S. 163: Rogelio Bernal Andreo. S. 164: NASA/ESA/Hubble Heritage Team (STScI/AURA)/K. Cook (Lawrence Livermore National Laboratory). S. 165: NASA/ESA/Digitized Sky Survey 2/Davide De Martin. S. 166/167: ESO/INAF-VST/OmegaCAM/Astro-WISE/Kapteyn Institute, University of Groningen. S. 168: Brent Tully/Daniel Pomarede. S. 169: NASA/CXO/Fabian et al./Gendron-Marsolais et al./NRAO/AUI/NSF/NASA/SDSS. S. 171: NASA/S. Habbal/M. Druckmüller/P. Aniol. S. 172: ESA/Hubble/NASA. S. 173: ESA/Hubble/NASA. S. 174: ESA/J.-P. Kneib (Observatoire Midi-Pyrénées)/Canada-France-Hawaii Telescope. S. 175: NASA/ESA/Johan Richard (Caltech)/Davide de Martin/James Long. S. 176: NASA/ESA/HST Frontier Fields Team (STScI). S. 177: NASA/ESA/HST Frontier Fields Team (STScI). S. 178: NASA/ESA/Hubble Heritage Team (STScI/AURA). S. 179: ESA/Hubble/NASA/HST Frontier Fields Team/Mathilde Jauzac (Durham University, UK/Astrophysics & Cosmology Research Unit, South Africa)/Jean-Paul Kneib (École Polytechnique Fédérale de Lausanne, Switzerland). S. 180: NASA/CXC/M. Markevitch et al./NASA/STScI/Magellan/University of Arizona/D. Clowe et al./ESO. S. 181: NASA/ESA/R. Massey (Caltech). S. 182/183: NASA/ESA/M. J. Jee, H. Ford (JHU). S. 184: NASA/ESA/P. van Dokkum (Yale University). S. 185: NASA/ESA/CFHT/CXO/M. J. Jee (University of California, Davis)/A. Mahdavi (San Francisco State University). S. 186: CfA/V. de Lapparent et al.. S. 187: Eagle Collaboration/Virgo Consortium. S. 188: Andrew Z. Colvin. S. 189: T. H. Jarrett (SSC). S. 190/191: Illustris Collaboration. S. 192: Matthew Colless/2dF/Anglo-Australian Telescope. S. 193: TNG Collaboration. S. 194/195: ESA/Hubble/NASA/D. Milisavljevic (Purdue University). S. 196/197: NASA/ESA/HST Frontier Fields Team (STScI)/Judy Schmidt (Geckzilla). S. 198: STScI. S. 199: R. Williams (STScI)/Hubble Deep Field Team/NASA/ESA. S. 200/201: NASA/ESA/S. Beckwith (STScI)/Hubble Ultra Deep Field Team. S. 202: NASA/ESA/J. Lotz (STScI). S. 203: ESA/Hubble/NASA. S. 204/205: NASA/ESA/R. Windhorst, S. Cohen, M. Mechtley, M. Rutkowski (Arizona State University, Tempe)/R. O'Connell (University of Virginia)/P. McCarthy (Carnegie Observatories)/N. Hathi (University of California, Riverside)/R. Ryan (University of California, Davis)/H. Yan (Ohio State University)/A. Koekemoer (STScI). S. 207: ESA/Hubble/NASA/A. Riess (STScI/JHU). S. 208: ESO/M. Kornmesser. S. 209: NASA/ESA and Hubble Heritage Team (STScI/AURA). S. 210/211: NASA/ESA/M. Kornmesser/CANDELS Team (H. Ferguson). S. 212: NASA/ESA/P. Oesch (Yale University). S. 213: Institute of Astronomy/Amanda Smith. S. 214: N. R. Fuller/NSF. S. 215: ESO/Joe DePasquale. S. 216/217: ESA/Planck Collaboration. S. 218: NRAO/AUI/NSF. S. 219: NASA/ESA/B. Salmon (STScI). S. 220/221: NASA/ESA/A. Evans (University of Virginia, Charlottesville/NRAO/Stony Brook University)/Hubble Heritage Team (STScI/AURA). S. 222: ESA/Hubble/NASA/N. Gorin (STScI)/Judy Schmidt (Geckzilla). S. 223: ESO/Jean-Christophe Lambry. S. 224: ESO. S. 225: NASA/Holland Ford (JHU)/ACS Science Team/ESA. S. 226/227: ESA/Hubble/NASA/N. Grogin (STScI). S. 228: ESO/B. Tafreshi (twanight.org). S. 230/231: TNG Collaboration. S. 232/233: ESO/Marilena Spavone et al. S. 240: T.A. Rector (University of Alaska Anchorage)/H. Schweiker (WIYN/NOAO/AURA/NSF).

Register

A

Abell, George 162, 165
Absoluter Nullpunkt (Temperatur) 220
Absorptionslinien 142
Adler-Nebel (M 16) 22–23, 25
Akkretionsscheibe 47, 150
Aktive Galaxie NGC 5128 (Centaurus A) 149
Aktive Galaxien 149–150
Al-Sufi, Abd-al-Rahman 54, 62
Aminosäuren 31
Antennengalaxien 134–136
Anti-Schwerkraft, *siehe* dunkle Energie
Antiteilchen 219
Arp, Hilton 136

B

Baade, Walter 180
Balkenspiralgalaxien 56, 98–105, 210
– M 77 142
– NGC 1015 206
– NGC 1073 104
– NGC 1300 100
– NGC 1365 103
– NGC 1398 105
– NGC 4394 102
– NGC 6217 98
Barnard, Edward 92
Bayer, Johannes 56
Beobachtungshorizont 203
Bessel, Friedrich 114
Beteigeuze (Stern) 18
Bewusstsein 31
Blazar 149
Bode-Galaxie, *siehe* Galaxie M 81
Boötes-Hohlraum (Void) 169, 186
Bosma, Albert 117

C

Carina-Nebel 20
Centaurus A, *siehe* Galaxie NGC 5128
Centaurus-Galaxienhaufen 162, 165
Cepheïden (veränderliche Sterne) 61, 66, 86
Coma-Galaxienhaufen 162, 164–165, 180, 186, 188
Computersimulationen 85, 136, 187, 192–193, 196, 198
Curtis, Heber 142

D

de Magalhães, Fernão 54
Deneb (Stern) 62
Denebola (Stern) 162
Deuterium (schwerer Wasserstoff) 29
Dickinson, Mark 203
Doppelstern 22, 31, 34, 41, 58
Dreidimensionales Bild des Kosmos 181–189
Dreiecks-Galaxie, *siehe* Sternbild Dreieck
Dreyer, John 74, 142
Dunkle Energie 222–231
Dunkle Materie 85, 114–121, 178–185, 190, 192, 219–221, 229–231
Dwingeloo 1 und 2, *siehe* Galaxien

E

$E = mc^2$ 26, 219, 224
EAGLE-Simulation 187
Einstein, Albert 22, 26, 47, 150, 170, 173, 181, 214, 224, 229
Einsteinring 170, 172–173
Elektromagnetische Strahlung 41
Elementarteilchen 219
Elliptische Galaxien 102–113, 178, 210
– M 60 107
– M 87 (Virgo A) 142–143, 149–150, 154, 157, 162, 222
– NGC 1275 109, 169
– NGC 4696 113
– NGC 4874 165
– NGC 4889 165
– NGC 5018 238
– NGC 5291 224
– NGC 5866 106
Emissionslinien 142, 148
Eozän 194
Eratosthenes 22
Erde 31.33, 37, 39, 42, 90, 229
Erdklima 31
Eridanus-Supervoid 188
Evolution des Universums 31, 33, 141, 196–231
Exoplaneten 31
Expansion des Universums 122, 209, 214–215, 219–224, 229–230

F

Finger Gottes 186, 188
Fleischerhakengalaxie 133
Ford, Kent 117, 180
Fornax-Galaxienhaufen 160, 162, 178
Frontier-Fields-Programm 174, 176–177, 196, 202, 205

G

Galaxien 6, 8–9, 186, 212, 222
– Andromeda-Galaxie (M 31, NGC 214) 62–69, 72, 74, 77–78, 85–86, 90, 117, 127, 150, 196, 206
– A2744_YD4 208
– Dreiecks-Galaxie (M 33, NGC 598) 70–78
– ESO 520-G13 126
– M 32 66, 150
– M 82 138
– M 83 121
– M 110 68
– MCG + 01-02-015 222
– Milkomeda 69
– NGC 1052-DF2 184
– NGC 205 68
– NGC 1232 88
– NGC 1277 152
– NGC 1316 178
– NGC 1964 223
– NGC 2467 22
– NGC 2623 137
– NGC 2841 96
– NGC 3314 130
– NGC 3344 97
– NGC 3621 25
– NGC 4038 134–136
– NGC 4039 134–136;
– NGC 4298 7
– NGC 4302 7
– NGC 5128 (Centaurus A) 12
– NGC 5195 128, 133
– NGC 5584 92
– NGC 6611 25
– NGC 6744 10
– NGC 6814 90
– NGC 7098 14
– NGC 7252 141
– TON 618 154
– UGC 10214 224
Galaxienhaufen
– Abell 2218 174–175
– Abell 2744 (Pandoras Haufen) 179
– Abell 520 185
– Abell S1063 202
– MACS J0416.1 + 2403 179
– MACS J1149 + 2223 177
– MACS J717.5 + 3745 176
– ZwCl0024 + 1652 183
Galaxy Redshift Survey (2dF) 192
Gammastrahlung 49, 219
Gasnebel 6, 52, 66, 222
Gaswolke G2 48
Geller, Margaret 186, 188
Gezeitenkräfte 56, 78, 82, 85, 127, 133–136, 224, 232
Gold 41

GOODS (Great Observatories Origins Deep Survey) 204
Gravitationsfeld 150, 180
Gravitationslinse 8, 170–177, 180–183, 202–205, 219
Gravitationswellen 22, 25, 29, 31, 38, 41, 47, 114, 117, 130, 136, 169–170, 189, 222, 224
Gunn, James 183

H
Halo 8, 93, 106, 116
Haufen (von Sternen, Galaxien) 6, 8, 161–193, 178, 222
Hawking, Stephen 22, 229
Helium, Gas 22, 31, 37, 39, 56, 189, 214, 219–220
Helix-Nebel 34, 37
Herkules-Galaxienhaufen 146, 162, 166
Herschel, William 35, 114, 134
Herz-und-Seele-Nebel 80
Hintergrundstrahlung, Kosmische 189, 193, 217, 219–221, 229–230
Hipparchus 50
Hohlräume, kosmische (Voids) 169, 186, 222
Homo sapiens 18, 33, 126, 229
Hubble Deep Field 199, 204
Hubble, Edwin 66, 86, 90, 98, 130, 142, 149, 210
Hubble-Sequenz 99–102
Hubble-Weltraumteleskop, *siehe* Teleskope
Huchra, John 186, 188
Huygens, Christiaan 22
Hydra-Galaxienhaufen 162

I
Infrarotstrahlung 37, 42, 46–47, 77, 97
Interstellare Materie 141
Intracluster-Gas 169, 178, 180, 189, 193
Ionisation 214, 220–221
Isfahan 54

J
Jets 26, 31, 144, 145, 148, 150

K
Kapteyn, Jacobus 42
Kaulquappengalaxie, *siehe* Galaxie UCG 10214
Kernfusion 26, 29, 39, 220, 229
Kohlenmonoxid 22
Kohlenstoff 37, 39
Kohlenwasserstoff 31

Kollisionen (zwischen Galaxien) 134–142, 218, 220, 222, 224
Komet 18
Kontraktion des Universums 229
Kosmisches Netz 192, 230
Kosmos 6, 8, 31, 39, 106, 229, 230
Krabben-Nebel (M 1) 37
Kugelsternhaufen (1E0657-558) 180–182
Kugelsternhaufen 12, 33, 82–83, 98, 146, 184

L
Lagunen-Nebel 9
Laniakea-Superhaufen 168–169, 186
Lapparent, Valerie de 186, 188
Le Verrier, Urbain 114
Leavitt, Henrietta 61, 66
Leben (im Universum) 25, 31, 37, 39, 229
Lemaître, Georges 214
Lichtbögen 172, 174–175, 180
Lichtecho 32
Lichtgeschwindigkeit 206
Lichtjahr 18
Lichtkrümmung 170, 172
Linsenförmige Galaxien 106–113, 130
Lokale Gruppe (von Galaxien) 77–78, 130, 165
Lokaler Superhaufen 165
Lord Rosse 90, 133
Lynden-Bell, Donald 150

M
Maffei 1 und 2, *siehe* Galaxien
Maffei, Paolo 78
Magellansche Wolken 52–61, 78, 133, 212
Magnetfeld 22, 39, 109
MASS Redshift Survey 188
Massereicher Stern 39
Merkur 37
Messier, Charles 74, 142, 162
Meteor 18
Milchstraße 6, 8, 10, 16–26, 31, 33–34, 42–51, 77, 85, 90, 98, 104, 150, 168, 186, 212, 215, 222–223, 229
Milkomeda, *siehe* Galaxien
Molekülwolken 22
MOND (MOdified Newtonian Dynamics)-Theorie 181, 183
Mond 133
Multiversum 229

N
Neptun 114
Neutronenstern 37–39, 41, 58, 150, 180, 222
New General Catalogue (NGC) 74
Newton, Isaac 181
Neyman, Jerzy 165
Nova 62

O
Observatorien, *siehe* Teleskope
Oort, Jan 42, 49, 114, 180, 184
Organische Moleküle 37, 41
Orion-Nebel (M 42) 18, 26–27, 58, 75

P
Pandoras Galaxienhaufen, *siehe* Galaxienhaufen Abell 2744
Perseus-Pisces-Superhaufen 152, 162, 165, 169, 188
Photonen 206, 219
Photosynthese 31
Pigafetta, Antonio 56
Planetarischer Nebel 34–35, 37, 39, 178
Planeten 26–35, 41
Plasma 219–221
Platin 41
Pluto, *siehe* Zwergplanet
Präzisionskosmologie 230
Protogalaxie, Protostern 23, 26–27, 29, 31, 41, 60, 205, 212, 219, 220–222
Proton 31
Proxima Centauri, *siehe* Zwergsterne
Ptolemäus, Claudius 70, 74
Pulsar 37, 41

Q
Quasare 8, 148–150, 154, 172
– 3C273 148, 212
– ULAS J1120 + 0641 156–157

R
Radioastronomie 42, 148
Radiogalaxien 144, 149
– Centaurus A 144
– Cygnus A 144
– Virgo A (M 87), *siehe* Elliptische Galaxie M 87
Radiostrahlung 37, 39, 42, 144, 221
Radioteleskope 42, *siehe auch* Teleskope
Raumzeit, Krümmung der 38, 41, 47, 170, 219–221

Rees, Martin 150
Reionisation 210, 220–221
Relativitätstheorie 170
Religion 214
Rho-Ophiuchi-Nebel 44
Riesensterne 37, 39, 47, 52, 75
– R136a1 58
– V838 Monocarotis 32
Ringe 29, 67
Röntgenstrahlung 31, 37, 41–42, 46, 49, 75, 77, 149–150, 169
Röntgenteleskope 180
Rotationsenergie 31, 98, 114, 116–117, 121
Rotverschiebung 186, 188, 206, 209, 212
Rubin, Vera 117, 180

S
Sagittarius A* (Schwarzes Loch, Milchstraßenzentrum) 42, 46–47, 49, 68, 150, 155
Sagittarius-Zwerggalaxie, *siehe* Zwerggalaxie
Satellitengalaxien 78–87
Sauerstoff 37, 39
Schmidt, Maarten 148, 169
Schwarzes Loch 8, 12, 31, 38, 41, 47, 48, 77, 124, 145–146, 149–157, 212, 222, 229; *siehe auch* Sagittarius A*
– Cygnus X-1 150
Schwermetalle 22, 41
Scott, Elizabeth 165
Seifenblasen-Nebel 35, 37
Seyfert, Carl 142
Seyfertgalaxien 124, 142, 149
– NGC 1097 144
Shapley, Harlow 78, 82
Silizium 39
Sirius 114
Sloan Digital Sky Survey 82
Sloan Great Wall (Galaxienhaufen) 188
Sombrerogalaxie M104 110, 113
Sonne 18, 22, 25, 31, 33, 34, 37, 42, 90, 93, 103, 141, 170
Sonnenfinsternis 170
Sonnensystem 31, 90
Spektroskopie 142, 165–166, 209
Spektrum (von Sternen) 103, 221
Spiralarme 10, 71, 88, 90, 92–93, 96, 124, 130, 133, 226
Spiralgalaxien 6, 8, 14, 42, 74, 78, 90–113, 117, 127, 142, 178, 210, 226
– Arp 273 127
– Dwingeloo 1 und 2 78; M 33 74, 77
– M 66 93
– M 81 118, 138

– M 87, *siehe* Elliptische Galaxie M 87
– M 96 116
– M 101 94
– M 106 124
– Maffei 1 und 2 78, 80
– NGC 2442 133
– NGC 4647 107
– NGC 4911 164
– NGC 7331 194
Spyromilia, Jason 18
Stephans Quintett 131, 133
Stern S2 42
Sternbild
– Adler 90
– Andromeda 62
– Bildhauer 78, 114
– Boötes 157
– Chemischer Ofen 78, 103, 105, 144, 160, 200, 204
– Drache 78, 174–175, 224
– Dreieck 70
– Eridanus 88, 100
– Fische 183, 222
– Fliegender Fisch 133
– Großer Bär 62, 69, 90, 94, 96, 112, 118, 172, 197, 204
– Haar der Berenike 7, 162
– Herkules 33, 166, 176, 226
– Jagdhunde 90, 124, 128, 133
– Jungfrau 92, 107, 109, 142, 144, 148, 162, 232
– Kassiopeia 62, 69, 80
– Kleiner Bär 78
– Kranich 202
– Krebs 137
– Löwe 78, 93, 116
– Octant 14
– Orion 18, 58, 62
– Pegasus 130, 194
– Pfau 10
– Rabe 134, 136
– Schiffskiel 20, 78, 181
– Schild 177, 196
– Schlange 23
– Schütze 42, 78
– Schwan 35, 144
– Skorpion 42
– Stier 62, 74
– Walfisch 142, 206
– Wassermann 141
– Wasserschlange 121
– Widder 74
– Zentaur 82, 84, 144, 224
– Zwillinge 62
Sternentstehung 22, 25–41, 52, 58, 72, 141, 205, 226
Sternentstehungsgebiete
– N158 57
– N159 52, 57
– N160 57

– NGC 346 60
– NGC 604 70, 72–73, 75, 77
Sternhaufen 8, 22, 25, 47, 141, 178, 226
– 47 Tucanae 61
– M 54 78, 82
– M 92 33, 74
– NGC 2070 58
– Omega Centauri 82, 84
– Palomar 12 78, 82
– Plejaden (M 45) 74
– Terzan 5 83
– Terzan 7 78, 82
Sternströme 82, 85
Sternwarte, *siehe* Teleskope
Sternwind 39, 75
Stickstoff 37
Stimmgabeldiagramm von Hubble 98, 103, 210
Strudelgalaxie
– M51 90, 128
– NGC 300 114
Südliche Feuerradgalaxie, *siehe* Galaxie M 83
Superhaufen 6, 165, 168, 186
Supermassereiche Schwarze Löcher 150–157
Supernova 9, 37, 39, 41, 58, 75, 77, 92, 141, 150, 157, 174, 177–178, 222, 229
– 1987A 58

T
Tarantel-Nebel 56–58, 77, 212
Teilchenbeschleuniger 183
Teleskope, Radioteleskope, Weltraumteleskope, Sternwarten
– ALMA-Observatorium, Chile 22, 29, 55, 208, 212–213, 218, 221
– Blanco-Teleskop, Chile 184
– Canada-France-Hawaii-Teleskop 174
– Cerro Paranal, Chile (VLT, ESO) 16, 18, 25, 142, 160, 166
– Chandra X-ray Observatory 75
– Dwingeloo-Teleskop 78
– Euklid, Weltraumteleskop 184
– Europäische Südsternwarte (ESO) 8
– Event Horizon Telescope 49
– Extremely Large Telescope (ELT, ESO), Chile 158, 212, 215
– Fermi-Weltraumteleskop 49
– Gaia, Weltraumteleskop 50
– Hale-Teleskop 90
– Hooker-Teleskop 66, 98
– Hubble-Weltraumteleskop 7–9, 58, 60–61, 64, 66, 68–69, 86, 90, 94, 98, 113, 133, 135, 148, 149, 172, 174–176, 181, 184, 196–200, 203–205, 209, 212, 220–221

- James-Webb-Weltraumteleskop 158, 196, 205, 212
- Keck-Teleskop, Hawaii 204
- Kepler, Weltraumteleskop 31
- La-Silla-Observatorium (ESO), Chile 10, 223
- Large Synoptic Survey, Chile 184
- GALEX, Weltraumteleskop 67
- Spitzer, Weltraumteleskop 27, 42, 62
- Wise, Weltraumteleskop 80
- Palomar-Observatorium 162
- Paranal-Observatorium, Chile 229
- Planck, Weltraumteleskop 217
- Radcliffe-Observatorium 58
- Schmidt-Teleskop 162
- SKA (Square Kilometer Array, Radioobservatorium) 221
- Very Large Telescope, Chile 184, 232
- Westerbork-Radioteleskop 117

Toomre, Alar & Juri 136
Tyson, Anthony 180

U
Ultraviolettstrahlung 37, 52, 67, 77, 97, 214, 220
Universum 8–9, 18, 229
Universum, Struktur des 6, 39, 49, 85, 90, 126, 186–193, 206, 219
Uranus 114
Urknall 56, 189, 212, 214, 219–221, 229–230
Ursuppe 212, 219

V
van Maanen, Adriaan 74
Venus 37
Vindemiatrix (Stern) 162
Virgo A, *siehe* Elliptische Galaxie M 87
Virgo(super)haufen 107, 145, 162, 169

W
Wagenradgalaxie (ESO 350-40) 136, 141
Wasserstoff, Gas 10, 22, 31, 37, 39, 54, 56, 189, 214, 219–220
Wasserstoffbombe 29
Wega (Stern) 62
Weißer Zwerg 37, 103, 222
Wellenlänge, Änderung der 117, 122
Weltraumteleskope, *siehe* Teleskope
Whirlpoolgalaxie 90
Williams, Bob 204

Z
Zentrale Verdickung (von Spiralgalaxien) 93
Zigarrengalaxie, *siehe* Galaxie M 82
Zwerggalaxie Holmberg II 112
Sagittarius 78, 82, 83
Zwerggalaxie 78
Zwerggalaxien 78, 85, 98, 178
Zwergplanet Pluto 98, 206
Zwergstern Proxima Centauri 31, 141, 206
Trappist 1 31
Zwicky, Fritz 114, 178, 184